Boris Zacharowitsch Wulich

Geometrie der Kegel

In normierten Räumen

Herausgegeben von
Martin R. Weber

DE GRUYTER

Autor
Boris Zacharowitsch Wulich †

Übersetzer
Prof. Dr. Martin R. Weber
TU Dresden
Institut für Analysis
Helmholtzstr. 10
01062 Dresden
martin.weber@tu-dresden.de

ISBN 978-3-11-047884-6
e-ISBN (PDF) 978-3-11-047888-4
e-ISBN (EPUB) 978-3-11-047891-4

Library of Congress Cataloging-in-Publication Data
A CIP catalog record for this book has been applied for at the Library of Congress.

Bibliografische Information der Deutschen Nationalbibliothek
Die Deutsche Nationalbibliothek verzeichnet diese Publikation in der Deutschen
Nationalbibliografie; detaillierte bibliografische Daten sind im Internet über
http://dnb.dnb.de abrufbar.

© 2017 Walter de Gruyter GmbH, Berlin/Boston
Satz: le-tex publishing services GmbH, Leipzig
Druck und Bindung: CPI books GmbH, Leck
Coverabbildung: Vorlesungsmitschrift des Übersetzers zur Vorlesung „Halbgeordnete normierte
Räume (Частично упорядоченные нормированные пространства)" von Prof. Wulich im
Herbstsemester 1965 an der Staatlichen Universität Leningrad
♾ Gedruckt auf säurefreiem Papier
Printed in Germany

www.degruyter.com

Autor

B. Z. Wulich (* 13.02.1913, † 01.09.1978)

entstammt einer Sankt Petersburger (Leningrader) Familie, in der bereits Großvater und Vater an verschiedenen höheren Lehranstalten St. Peterburgs Mathematik unterrichteten.

B. Z. Wulich studierte 1931–1936 an der Mathematisch-Mechanischen Fakultät der Leningrader Universität und erwarb 1938 den ersten (sowjetischen) Doktorgrad (Kandidat der physikalisch-mathematischen Wissenschaften, Promotion). Sein akademischer Lehrer war G. M. Fichtenholz. 1945 erwarb er den zweiten Doktorgrad (Doktor der physikalisch-mathematischen Wissenschaften, Habilitation). 1941–1942 kämpfte er in den Reihen der Roten Armee und unterrichtete danach an Militärhochschulen der Sowjetunion. B. Z. Wulich war 1947–1957 Leiter des Lehrstuhls für Mathematik an der Akademie der Seestreitkräfte (A. N. Krylow) in Leningrad, 1957–1963 Leiter des Lehrstuhls für Mathematische Analysis an der Leningrader Pädagogischen Hochschule (A. I. Herzen) und von 1963–1978 Leiter des Lehrstuhls für Mathematische Analysis an der Mathematisch-Mechanischen Fakultät der Staatlichen Leningrader Universität.

Von Anfang an galt sein wissenschaftliches Interesse der Funktionalanalysis und insbesondere der Theorie der geordneten Vektorräume, die in den 1930er Jahren von L. W. Kantorowitsch in Leningrad und M. G. Krein in Odessa entwickelt wurde und zu der er viele bedeutende Beiträge leistete. Darunter etwa zur Darstellungstheorie von Vektorverbänden als Räume stetiger Funktionen, zu Integraldarstellungen von Funktionalen und Operatoren, zur (partiellen) Multiplikation in Vektorverbänden, zur Dualität von Kegeln und zu Methoden der Umwandlung normierter Räume in geordnete normierte Räume, deren Kegel qualifizierte Eigenschaften besitzen. 1958 wurde auf seine Initiative hin an der Pädagogischen Hochschule das Leningrader Stadt-Seminar zur Theorie der partiellen geordneten Räume gegründet, das ab 1963 an der Staatlichen Universität weitergeführt wurde und dessen erfolgreiche Arbeit er bis zu seinem Tode 1978 leitete. Viele bekannte sowjetische Mathematiker auf dem Gebiet der Vektorverbände waren langjährige aktive Teilnehmer dieses Seminars, wie etwa A. I. Wexler, D. A. Wladimirow, G. J. Lozanowskij, J. A. Abramowitsch, A. W. Buchwalow, W. A. Gejler, A. W. Koldunow, u. a.

B. Z. Wulich ist Autor und Koautor mehrerer mathematischer Monografien und Lehrbücher. Die bekanntesten sind

L. W. Kantorowitsch, B. Z. Wulich, A. G. Pinsker: *Funktionalanalysis in halbgeordneten Räumen* (Gostechizdat, Moskau-Leningrad, 1950),

B. Z. Wulich: *Einführung in die Theorie der halbgeordneten Räume* (Fizmatgiz. Moskau, 1961. Englische Übersetzung: Wolters-Noordhoff, Groningen, 1967).

Sein Buch *Einführung in die Funktionalanalysis* erschien in deutscher Übersetzung bei Teubner Verlagsgesellschaft, Leipzig, 1962.

Das vorliegende Buch *Geometrie der Kegel in normierten Räumen* fasst die beiden Teile *Einführung in die Theorie der Kegel in normierten Räumen* und *Spezielle Fragen der Geometrie von Kegeln in normierten Räumen* zusammen, die 1976 und 1977 von der Universität Kalinin (heute Universität Twer) in Russisch herausgegeben wurden.

Martin Richard Weber (Übersetzer und Herausgeber)

geboren am 27.04.1944 in Schmölln/Thür.

1958–1961 Erweiterte Oberschule Schmölln/Thür., 1962 Abitur an der Arbeiter-und-Bauern-Fakultät Halle/Saale, Facharbeiterausbildung (Maurer) 1960–1963, zuletzt Chemische Werke Buna.

1963–1968 Mathematikstudium (Diplommathematiker), Promotion (Kandidat der physikalisch-mathematischen Wissenschaften, Dr. rer. nat.) 1974 (bei B. M. Makarow), alles an der Mathematisch-Mechanischen Fakultät der Staatlichen Universität Leningrad (U St. Petersburg).

Habilitation (Dr. sc. nat./Dr. rer. nat. habil.) 1978 an der Technischen Hochschule Karl-Marx-Stadt (TU Chemnitz).

1971–1978 Oberassistent, TH Karl-Marx-Stadt.

1978–1981 Dozent, Universität Greifswald, ab 1981 Sektion/Fachrichtung Mathematik der Technischen Universität Dresden, Institut für Analysis.

1988 a. o. Professor. Seit 2009 (im Ruhestand), Seniorprofessor.

1978–1981 Gastdozent an der Universität Aleppo (Syrien).

1985–1988 Gastprofessor an der Universität Addis Abeba (Äthiopien).

Fachgebiete: geordnete Vektorräume, Vektorverbände, positive Operatoren.

Autor: Martin R. Weber: *Finite Elements in Vector Lattices*. Verlag de Gruyter, Berlin/Boston, 220 pp. 2014.

Inhalt

Teil I: Einführung in die Theorie der Kegel in normierten Räumen (Kap. I–V)

Vorwort des Übersetzers und Herausgebers

Das ursprüngliche Material der vorliegenden Monografie von B. Z. Wulich konnte jeweils nur als Lehrbuch in der Form von zwei kleineren Broschüren in Russisch veröffentlicht werden:

„Einführung in die Theorie der Kegel in normierten Räumen", Izd. Staatl. Universität Kalinin, 1977, (Kapitel I–V, Deckblatt Seite 3) und

„Spezielle Probleme der Geometrie von Kegeln in normierten Räumen", Izd. Staatl. Universität Kalinin, 1978, (Kapitel VI–XI, Deckblatt Seite 91).

Somit enthielt auch der zweite Band, also die Kapitel VI–XI, ein eigenes Vorwort (Vorwort II) des Autors, das die Spezifik und relative Eigenständigkeit des zweiten Teils hervorhebt. Außerdem enthält es die ausdrückliche Würdigung G. J. Lozanowskijs. Die Kopien der beiden Titelseiten der Originale sind in der vorliegenden Übersetzung jeweils vor Kapitel I und Kapitel VI eingefügt worden.

Die vom Autor zusammengestellten Ergebnisse zur Kegeltheorie in normierten Räumen erfassen zwar nur den Zeitraum bis zum Jahre 1976, sind in ihrer systematischen Darstellung aber bisher wohl kaum übertroffen. Die deutsche Übersetzung und Herausgabe will den Lehrbuchcharakter des Buches beibehalten und verdeutlichen, mit welcher Intensität seinerzeit viele russische und sowjetische Mathematiker, darunter häufig Lehrer, Studienkollegen und Freunde des Übersetzers und Herausgebers, an diesem faszinierenden Forschungsgegenstand gearbeitet haben. Auch ihnen zu Ehren (leider sind viele bereits verstorben) habe ich dieses Projekt noch einmal in Angriff genommen und mit Hilfe und Zuspruch gegenwärtiger Kollegen und der Zustimmung durch den Verlag Walter de Gruyter GmbH realisieren können.

Die von mir mit B. Z. Wulich vereinbarte deutsche Ausgabe beider oben genannter Lehrbücher in einem Buch wurde durch den plötzlichen Tod Boris Zacharowitsch Wulichs am 01.09.1978 verhindert. Die bereits vorbereitete Herausgabe dieses Buches in einem deutschen Verlag scheiterte damals an formalrechtlichen Fragen, obwohl die Übersetzung nahezu fertiggestellt war und Prof. A. I. Weksler (1933–2011) und der Übersetzer sich bemühten, den Verlagsanforderungen kompromissbereit entgegenzukommen.

Die russischen Titel der Literaturangaben aus dem Original wurden ins Deutsche übersetzt. Verweise auf einschlägige russischsprachige Bücher aus den Gebieten der Funktionalanalysis und Topologie wurden durch Verweise auf deutsche oder englische Ausgaben dieser Bücher ersetzt, und somit wurde die Zugänglichkeit für den deutschen Leser erheblich verbessert. Der Autor erwähnt im Anschluss an die Literaturliste des separat herausgegebenen ersten Teils der vorliegenden Monografie, dass ihm das Erscheinen des Buches [6] von I. A. Bachtin (1933–2011) erst nach Abschluss der Drucklegung bekannt wurde, und bemerkt in diesem Zusammenhang, dass viele im Text vorhandene Literaturzitate auf Zeitschriftenartikel von I. A. Bachtin durch

Verweise auf dessen neues Buch ersetzt werden können. Allerdings ist die Zugänglichkeit dieses Buches außerhalb der ehemaligen Sowjetunion kaum gewährleistet, sodass auch bei der Übersetzung die Originalverweise beibehalten wurden.

An mehreren Stellen des Buches wurden zusätzliche, jeweils als Anmerkungen des Übersetzers (abgekürzt mit A. d. Ü.) gekennzeichnete Fußnoten mit dem Ziel eingefügt, einzelne Beweisgedanken etwas ausführlicher darzulegen, ergänzende Erläuterungen in einigen Beispielen vorzunehmen sowie einige Verbindungen und Zusammenhänge mit anderen Resultaten herzustellen, um damit die Lesbarkeit des Textes zu erleichtern. Andererseits wurden einige vom Autor lediglich erwähnte, aber nicht detailliert ausgeführte Beispiele zusätzlich in die deutsche Ausgabe des Buches aufgenommen.[1]

Weitere, überwiegend englischsprachige Literatur zur Thematik des Buches (und teilweise darüber hinausgehend) wurde in der Liste „Ergänzende Literatur" zusammengestellt, die allerdings keinen Anspruch auf Vollständigkeit erhebt und eher von subjektiven Erwägungen des Herausgebers bestimmt ist. Bezüge auf diese Literaturliste erfolgen durch die Autor-Jahr-Zitierung. Ausführliche Angaben und eine gewisse Einordnung des vorliegenden Materials findet der Leser im Nachwort.

Das Sachwortverzeichnis konnte gegenüber dem Original (wo ein solches im Teil II fehlt) erheblich umfassender gestaltet werden.

Die Transkription der russischen Familiennamen erfolgte gemäß der im Deutschen verbreiteten Schreibweise der russischen Komponisten P. I. Tschaikowskij, S. W. Rachmaninow und D. D. Schostakowitsch.

Als Student habe ich von 1963–1965 den damals üblichen fünfsemestrigen Grundkurs Mathematische Analysis von Prof. B. Z. Wulich an der Mathematisch-Mechanischen Fakultät der Staatlichen Leningrader Universität belegt. In den Jahren 1965/66 hörte ich die im Vorwort II erwähnten Vorlesungen des Autors, die später[2], 1968/69, durch Vorlesungen von D. A. Wladimirow (1929–1994) und G. J. Lozanowskij (1937–1976) bis zum damaligen aktuellen Forschungsstand in der Theorie der normierten Vektorverbände fortgesetzt und ergänzt wurden. Darüber hinaus nahm ich von 1966–1971 am (jeweils mittwochs stattfindenden) Stadt-Seminar zur Theorie geordneter Räume teil, das von B. Z. Wulich an der Mathematisch-Mechanischen Fakultät der Staatlichen Leningrader Universität bis zu seinem Tod geleitet wurde. Ein kurzer Abriss der Geschichte und Tätigkeit dieses im Jahr 1958 (am damaligen Leningrader Pädagogischen

---

1 Möglicherweise gab es für die Herausgabe der beiden eingangs erwähnten Broschüren von Seiten des Verlags eine Beschränkung der jeweiligen Seitenanzahl. In anderen Büchern von B. Z. Wulich, insbesondere [53], und in seinen Vorlesungen war die an manchen Stellen des vorliegenden Buches auffällige sehr komprimierte Darlegung einzelner Beweisschritte sowie die knappe Erläuterung einiger Beispiele untypisch, also eher die Ausnahme seiner sonst sehr detaillierten Darstellungsweise.

2 Bereits in meiner Zeit als Doktorand am dortigen Lehrstuhl für Analysis bei Prof. B. M. Makarow.

A.-Herzen-Institut) gegründeten Seminars, das 1996 seine Arbeit einstellte, stammt von A. I. Weksler (siehe [W07a]).

Als Herausgeber bin ich Frau Privatdozentin Dr. Anke Kalauch sehr dankbar für ihre Initiative, die Herausgabe der (seit 1978 vorliegenden) handschriftlichen deutschen Übersetzung der beiden Lehrbücher in Angriff genommen zu haben und damit einem von Fachkollegen mehrfach geäußerten Wunsch nachzukommen.[3] Außerdem hat sie den gesamten deutschen Text durchgelesen und durch wertvolle Hinweise und Bemerkungen zu seiner endgültigen Fassung beigetragen. Ihre beiden Studenten Fabian Schulz und Janko Stennder haben gewissenhaft das handschriftliche Material am Computer bearbeitet und für die deutsche Ausgabe die notwendigen Änderungen sowie Ergänzungen vorgenommen.

Mein ausdrücklicher Dank gilt Herrn Dozent Dr. Iwan I. Tschutschaew[4], für die Beantwortung einiger Fragen, die im Zusammenhang mit der Übersetzung des russischen Textes aufgetreten waren sowie für die Bereitstellung einiger weiterer von ihm konstruierter Beispiele, auf die es im Text nur Hinweise gab. Diese Beispiele erscheinen nunmehr mit seiner freundlichen Genehmigung in der deutschen Ausgabe erstmals.

Großer Dank gilt Frau Elena Borisowna Tschizhowa (Sankt Petersburg), der Tochter von B. Z. Wulich, für ihre enge Kooperation bei der Lösung der rechtlichen Fragen der Herausgabe des Buches.

Schließlich hat der Verlag Walter de Gruyter GmbH, Berlin/Boston, insbesondere Frau Astrid Seifert, in dankenswerter und bewährter Weise die Endfassung der Herausgabe begleitet und das Buch in die Serie seiner Lehrbücher für Mathematikstudenten aufgenommen.

Dresden, August 2016 Martin R. Weber

---

3 Die beiden Broschüren von B. Z. Wulich und die handschriftliche Übersetzung des Materials eigneten und eignen sich sehr gut für Seminare im Hauptstudium von Mathematikstudenten und wurden an der TU Dresden (m. E. Mitte der 1980er-Jahre auch an der Addis Ababa University, Äthiopien) mehrfach eingesetzt. Sie fanden zudem als Literaturzitate in Diplomarbeiten, Dissertationen und Publikationen häufig Verwendung. Einige Fachkollegen baten daraufhin, ihnen das handschriftliche Material zur Verfügung zu stellen.

4 I. I. Tschutschaew war Anfang der 1970er Jahre ein Schüler von B. Z. Wulich. Viele Resultate und Beispiele im vorliegenden Buch stammen von ihm. Er ist bis jetzt Dozent und Lehrstuhlleiter an der Mordwinischen Staatlichen N. P. Ogarew-Universität in Saransk, Russland.

Vorwort I

In den 30er Jahren des vergangenen Jahrhunderts begannen in Odessa M. G. Krein und seine Schüler mit Untersuchungen zur Geometrie der Kegel in normierten Räumen, in erster Linie in Banachräumen. In der zu jener Zeit in Leningrad von L. W. Kantorowitsch entwickelten allgemeinen Theorie der partiell geordneten Räume war das hauptsächliche Augenmerk auf normierte partiell geordnete Räume gelegt worden, insbesondere auf die bedingt vollständigen normierten Vektorräume, d. h. normierte Räume mit einem Kegel speziellen Typs. In der Folgezeit, bereits in den 50er Jahren, wurde ein wesentlicher Beitrag zur Vervollkommnung der Theorie der Kegel in Banachräumen von den Vertretern der Woronescher mathematischen Schule unter der Leitung von M. A. Krasnoselskij geleistet. An verschiedenen Orten überall auf der Welt erscheinen seit dieser Zeit bis heute immer mehr interessante Resultate zur Geometrie der Kegel in normierten Räumen.

Der allgemeinen Entwicklungstendenz der Funktionalanalysis folgend, begannen seit der Mitte der 50er Jahre Mathematiker in verschiedenen Ländern mit der Untersuchung von Kegeln in topologischen Vektorräumen, indem sie insbesondere viele der früher in normierten Räumen eingeführten Begriffe in geeigneter Weise verallgemeinerten. Gegenwärtig gibt es eine Anzahl von Büchern, darunter das in die russische Sprache übersetzte Buch von H. H. Schaefer *Topologische Vektorräume*, in denen die allgemeine Theorie der Kegel in topologischen Vektorräumen dargelegt ist. Die Entwicklung der allgemeinen Kegeltheorie schmälert jedoch keineswegs das Interesse an einer speziellen Untersuchung der Kegel in normierten Räumen. Erstens besitzen viele Resultate in normierten Räumen eine einfachere Form und können mit bedeutend einfacheren Mitteln als im allgemeinen Fall erhalten werden, und gleichzeitig spielen in einer Reihe von Anwendungen der Funktionalanalysis die normierten Räume die zentrale Rolle. Zweitens erlauben die Kegel in normierten Räumen ein detaillierteres Studium, und es gelingt hier, eine Reihe spezieller Resultate zu erhalten, die bisher noch nicht auf den allgemeinen Fall übertragen worden sind.[5] Aus diesen Gründen schließt unserer Meinung nach das Vorhandensein von Büchern, in denen die allgemeine Theorie dargelegt wird, den Bedarf eines Buches geringen Umfangs, das der Theorie der Kegel in normierten Räumen gewidmet ist, nicht aus.[6] Das im Jahr 1962 erschienene Buch von M. A. Krasnoselskij *Positive Lösungen von Operatorengleichungen* enthält in einem vergleichsweise geringen Umfang Material zur Kegeltheorie in Banachräumen, die eine wesentliche Entwicklung erst in späteren Jahren erfuhr. Im vorliegenden Buch wird der Versuch unternommen, einen modernen Zugang zur Darlegung der Grundbegriffe dieser Theorie zu geben, wobei wir uns auf „Räume mit

---

5 Diese Bemerkung des Autors ist natürlich zum gegenwärtigen Zeitpunkt überholt (A. d. Ü.).
6 Die Beschreibung und Charakterisierung dualer Eigenschaften von Kegeln ist in vollem Umfang jedoch erst in lokalkonvexen Räumen möglich (A. d. Ü.).

XIV — Vorwort I

einem Kegel" beschränken. Das Studium von Räumen mit zwei Kegeln würde eine wesentliche Erweiterung des Buchumfangs erfordern. Wir unterstreichen, dass wir hier, im Unterschied zum Buch M. A. Krasnoselskijs, die hauptsächliche Darlegung für beliebige normierte Räume (deren Vollständigkeit nicht gefordert wird) vornehmen und die Forderung der Abgeschlossenheit des Kegels a priori nicht voraussetzen. Das Buch ist auf der Grundlage von Spezialvorlesungen entstanden, die vom Autor mehrfach an der Leningrader Universität sowie an der Universität in Kalinin gehalten wurden. In das Buch wurde jedoch nur der Teil dieser Spezialvorlesungen aufgenommen, der einem größeren Kreis von Spezialisten in verschiedenen Zweigen der Funktionalanalysis empfohlen werden kann. Eine Reihe tiefer gehender Fragen der Kegeltheorie, die vorrangig für Spezialisten auf dem Gebiet der Funktionalanalysis in geordneten Räumen von Interesse sind, werden möglicherweise in einem späteren Buch behandelt.[7] Literatur zu diesen Fragen kann dem Verzeichnis am Ende des Buches entnommen werden [7, 8, 9].

Die Grundbegriffe und Fakten der Theorie der normierten Räume werden als dem Leser bekannt vorausgesetzt. Nur in einer geringen Anzahl von Fällen werden im Verlauf der Beweise einige tiefer liegende Resultate der Funktionalanalysis und Topologie gebraucht.[8] Am Ende des Buches befindet sich ein Anhang, in dem einige weniger elementare Fakten des Textes, vornehmlich aus der Funktionalanalysis, dargelegt werden.

Die Nummerierung der Sätze erfordert keine Erläuterung. Beim Bezug auf einen bestimmten Abschnitt des Buches wird lediglich die Nummer des Kapitels und die jeweilige Abschnittsnummer angegeben, z. B. IV.3. Das Ende eines Beweises ist durch □ gekennzeichnet.

G. J. Lozanowskij hat das gesamte Manuskript des Buches durchgelesen und trug durch eine Reihe von Bemerkungen zu einer wesentlichen Ergänzung und Verbesserung der ursprünglichen Darlegung bei, wofür ihm der Autor seine große Dankbarkeit ausdrückt. Der Autor dankt ebenfalls I. I. Tschutschaew und I. F. Danilenko, von denen er viele nützliche Hinweise erhielt, sowie O. S. Korsakova, I. P. Kostenko und G. J. Rotkowitsch, die ebenfalls das gesamte Manuskript gelesen haben und bei der endgültigen Fertigstellung des Buches ihre Hilfe erwiesen.

---

7 Der Autor zielt hier auf den Teil II der deutschen Übersetzung ab, der im Russischen ein Jahr später als der Teil I als selbstständiges Buch erschienen ist (siehe Nachwort des Herausgebers).

8 In der Regel wird in diesen Fällen auf den Anhang bzw. auf die Literatur verwiesen.

Vorwort II

Vielfältige Untersuchungen von Kegeln sowohl in normierten Räumen als auch in allgemeineren topologischen Vektorräumen führten in den letzten Jahrzehnten zu einer umfangreichen Theorie der Kegel. Diese Theorie hat wichtige Anwendungen, in erster Linie bei Untersuchungen von Operatorgleichungen, aber auch in anderen Gebieten der Mathematik. Der Autor hat mehrfach Spezialvorlesungen zur Geometrie der Kegel für Studenten sowohl der Leningrader[9] als auch der Kalininer Universität[10] gehalten und auf der Grundlage dieser Spezialkurse ein Lehrbuch *Einführung in die Theorie der Kegel in normierten Räumen* (Teil I, Kapitel I–V) zum Druck vorbereitet, das die Anfangskenntnisse zur Geometrie von Kegeln enthielt. In diesem Buch konnten jedoch speziellere, vom Autor in den genannten Spezialvorlesungen behandelte und für Spezialisten auf dem Gebiet der Funktionalanalysis in geordneten Räumen unabdingbare Fragestellungen keine Berücksichtigung finden. Diese Fragen, deren Liste aus dem Inhaltsverzeichnis (Kapitel VI–XI) ersichtlich ist, bilden den Inhalt des vorgelegten Lehrmaterials. Der Umfang des Letzteren erlaubte es nicht, hier auch noch die Anwendungen der Theorie auf Operatorgleichungen[11] und in der Spektraltheorie zu behandeln. Allerdings ist dieser Umstand nicht unbedingt als ernsthafter Mangel anzusehen, da zum gegenwärtigen Zeitpunkt[12] eine beträchtliche Literatur vorhanden ist, die speziell den Operatorgleichungen gewidmet ist.

Vom Leser dieses Teils ist die Kenntnis sowohl der grundlegenden Fakten aus der Theorie der normierten Räume als auch der zu abgeschlossenen, soliden, nicht abgeflachten und normalen Kegeln, etwa im Umfang *Einführung in die Theorie der Kegel in normierten Räumen* (also Teil I des Buches), erforderlich.

Der Autor ist dem viel zu früh verstorbenen Grigorij Jakowlewitsch Lozanowskij (1936–1976), der ihm bei der Auswahl und Ausarbeitung des Materials für dieses Buch umfangreiche Unterstützung geleistet hat, zu tiefem Dank verpflichtet. Die Hin-

---

9 Jetzt: Sankt Petersburger Staatliche Universität (A. d. Ü.).

10 Jetzt: Staatliche Universität Twer (A. d. Ü.).

11 In seinem letzten Treffen mit B. Z. Wulich, Anfang 1978 in Leningrad, auf dem die deutsche Herausgabe der beiden Teile und ihre Zusammenführung in einem Buch ausführlich besprochen wurde, hat der Autor dem Übersetzer gegenüber gerade diesen fehlenden Sachverhalt erwähnt und eine mögliche diesbezügliche Erweiterung des Materials für die deutsche Ausgabe in Richtung Spektral- und Fixpunkttheorie positiver Operatoren in Aussicht gestellt. Aus diesem Grunde und infolge der Eingrenzung ihres Umfangs entfiel in dieser Monografie die Notwendigkeit, geordnete Vektorräume auch über dem Körper der komplexen Zahlen $\mathbb{C}$ zu betrachten. In den Nachbetrachtungen wird auf einige wesentliche Aspekte im Zusammenhang mit der Theorie positiver Operatoren eingegangen, ohne dass auch nur im Geringsten die Absicht verfolgt wird, eine Übersicht dieser Thematik zu erstellen. Das Hauptaugenmerk liegt dort darin, die Anwendung einiger der im vorliegenden Buch untersuchten Kegeltypen zur Lösung wichtiger Probleme in der Klasse der positiven Operatoren auf geordneten normierten Räumen (die i. A. keine Vektorverbände sein müssen) zu demonstrieren (A. d. Ü.).

12 Ende der 1970er Jahre (A. d. Ü.).

weise und Bemerkungen G. J. Lozanowskijs trugen dazu bei, dass die ursprünglichen Darlegungen wesentlich ergänzt und verbessert werden konnten. Der Autor dankt ebenfalls I. I. Tschutschajew und I. F. Danilenko[13] (1941–1999), die ihm viele nützliche Ratschläge gaben, und ebenso gilt sein Dank O. A. Korsakowa (1932–2015), I. P. Kostenko und G. J. Rotkowitsch (1931–1998), die das gesamte Manuskript durchgesehen und bei der Endfassung des Lehrmaterials dem Autor große Hilfe erwiesen haben.

---

13 Im Jahr 1999 wurde I. F. Danilenko Opfer eines hinterhältigen Gewaltverbrechens (A. d. Ü.).

Teil I: **Einführung in die Theorie der Kegel
in normierten Räumen (Kap. I–V)**

МИНИСТЕРСТВО ВЫСШЕГО И СРЕДНЕГО
СПЕЦИАЛЬНОГО ОБРАЗОВАНИЯ РСФСР
КАЛИНИНСКИЙ ГОСУДАРСТВЕННЫЙ УНИВЕРСИТЕТ

Б. З. ВУЛИХ

ВВЕДЕНИЕ В ТЕОРИЮ КОНУСОВ В НОРМИРОВАННЫХ ПРОСТРАНСТВАХ

Учебное пособие

КАЛИНИН 1977

I Geordnete Vektorräume

Sei X ein reeller Vektorraum, d. h. ein Vektorraum über dem Körper $\mathbb{R}$ der reellen Zahlen. Im Weiteren bezeichnen wir in der Regel Elemente aus X mit lateinischen Buchstaben $x, y, z, \ldots$ und reelle Zahlen mit griechischen Buchstaben $\lambda, \mu, \ldots$

I.1 Kegel in Vektorräumen

Definition. Eine nicht leere Menge $K \subset X$ heißt *Keil*, wenn gilt:

$$(1) \quad x, y \in K, \lambda, \mu \geq 0 \implies \lambda x + \mu y \in K.$$

Wenn ein Keil K zusätzlich noch der Bedingung

$$(2) \quad x, -x \in K \implies x = 0$$

genügt, dann heißt K *Kegel*.

Gelegentlich nennt man einen Keil, der der Bedingung (2) nicht genügt, auch uneigentlichen Kegel.

Aus der Definition eines Keils K geht sofort $0 \in K$ hervor. Bedingung (1) bedeutet, dass ein Keil eine konvexe Menge mit der Eigenschaft ist, dass sie gemeinsam mit einem beliebigen ihrer Elemente $x \neq 0$ auch den gesamten von Null ausgehenden und durch x verlaufenden Strahl enthält. Insbesondere kann ein Keil auch die gesamte Gerade durch null und x enthalten. Bedingung (2) bedeutet, dass ein Kegel keine derartige Gerade enthalten kann. Aus dieser Bedingung folgt sofort $x = y = 0$, falls $x, y \in K$ und $x + y = 0$. Wir werden einen Kegel als Nullkegel bezeichnen, wenn er nur aus dem Nullelement besteht. Der gesamte Raum X kann als triviales Beispiel eines uneigentlichen Kegels dienen.

Beispiel. Wir betrachten den zweidimensionalen Vektorraum $\mathbb{R}^2$ (ihn kann man immer als Ebene interpretieren). Ein von null verschiedener Kegel in $\mathbb{R}^2$ ist ein beliebiger abgeschlossener oder nicht abgeschlossener Sektor mit Spitze in Null und einem Öffnungswinkel kleiner π, oder auch ein nicht abgeschlossener Sektor mit dem Öffnungswinkel π, d. h. eine Halbebene (Abbildung 1). Der Sektor kann dabei auch entartet eindimensional sein, d. h., auf einen einzigen von Null ausgehenden Strahl führen

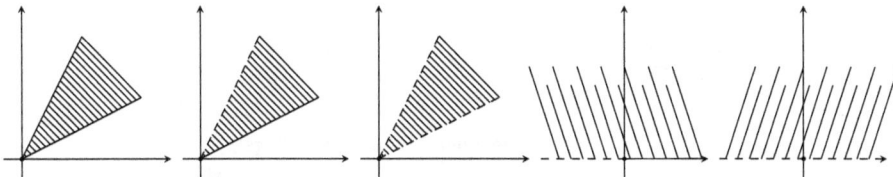

Abb. 1: Kegel im $\mathbb{R}^2$.

DOI 10.1515/9783110478884-001

(Sektor, dessen Öffnungswinkel null ist). Die abgeschlossene Halbebene und die ganze Ebene sind uneigentliche Kegel, also Keile. Das Beispiel der nicht abgeschlossenen Halbebene zeigt, dass ein Kegel eine ganze Gerade enthalten kann, die nicht durch Null verläuft.

Der Durchschnitt zweier Keile ist ebenfalls ein Keil. Der Durchschnitt eines Keils mit einem Kegel (insbesondere der Durchschnitt zweier Kegel) ergibt einen Kegel.

Definition. Ein Keil K heißt *erzeugend* (*reproduzierend* oder *generierend*), wenn $X = K - K$ gilt, d. h., jedes beliebige Element aus X ist als Differenz zweier Elemente des Keils K darstellbar.

Beispiel. Im Raum $\mathbb{R}^2$ ist jeder Sektor mit einem Öffnungswinkel größer null ein erzeugender Keil.

Betrachten wir nun eine Methode zur Konstruktion von Kegeln in Vektorräumen, die im Weiteren Verwendung findet. Sei $F \subset X$ eine konvexe Menge mit $0 \notin F$. Wir bilden die Menge (vgl. Abbildung 2)

$$K(F) = \bigcup_{0 \le \alpha < +\infty} \alpha F = \{x \in X : \exists z \in F, \exists \alpha \ge 0 \text{ mit } x = \alpha z\}$$

und zeigen, dass $K(F)$ ein Kegel ist. $K(F)$ heißt *über der Menge F aufgespannter Kegel*. Wir prüfen nach, ob aus $x, y \in K(F)$ die Beziehung $x + y \in K(F)$ folgt. Seien $x = \alpha z$, $y = \beta u$ mit $\alpha, \beta > 0$, $z, u \in F$ (der Fall α oder β gleich null ist trivial). Dann ist

$$x + y = (\alpha + \beta) v, \text{ wobei } v = \frac{\alpha}{(\alpha + \beta)} z + \frac{\beta}{(\alpha + \beta)} u .$$

Aus der Konvexität von F folgt $v \in F$ und damit $x + y \in (\alpha + \beta)F \subset K(F)$. Nun ist bereits klar, dass $K(F)$ ein Keil ist. Nehmen wir $\pm x \in K(F)$ mit $x \ne 0$ an und setzen $y = -x$, dann finden wir unter Verwendung der vorangehenden Bezeichnungen $v = 0$. Das ist aber ein Widerspruch zu $v \in F$. Somit ist $K(F)$ ein Kegel.

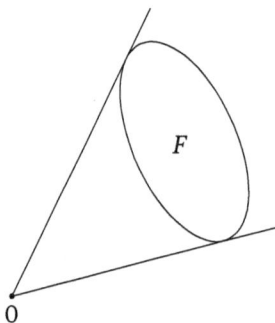

0

Abb. 2: Der über F aufgespannte Kegel.

I.2 Halbordnung in einem Vektorraum

Sei K ein in X gegebener Kegel. Mit seiner Hilfe kann in X eine partielle Ordnung[1] eingeführt werden, indem man $x \geq y$ (oder $y \leq x$) für

$$x - y \in K$$

setzt. Bei einer derartigen Festlegung bedeutet die Ungleichung $x \geq 0$, dass $x \in K$. Aus diesem Grunde werden die Elemente des Kegels K *positiv* genannt. Die Elemente des Kegels $-K$ (der offensichtlich ein Kegel ist) heißen *negativ*. Wir bemerken, dass Null sowohl positives als auch negatives Element ist und dass es keine weiteren von Null verschiedenen Elemente gibt, die dies erfüllen. Die übrigen, nicht in $K \cup (-K)$ liegenden Elemente werden mit Null *nicht vergleichbar* genannt. Ebenso werden wir x und y untereinander nicht vergleichbar nennen, wenn $x - y$ mit Null nicht vergleichbar ist.

Die folgenden Eigenschaften der in X eingeführten Halbordnung ergeben sich unmittelbar aus der Definition:

(1) $\forall x, y, z \in X: x \geq y, \ y \geq z \Longrightarrow x \geq z$ (Transitivität);
(2) $\forall x \in X: x \geq x$ (Reflexivität);
(3) $\forall x, y \in X: x \geq y, \ y \geq x \Longrightarrow x = y$ (Antisymmetrie);
(4) $\forall z, x, y \in X: x \geq y \Longrightarrow x + z \geq y + z$;
(5) $\forall x, y \in X, \ \lambda \in \mathbb{R}: \lambda \geq 0: x \geq y \Longrightarrow \lambda x \geq \lambda y$;
(6) $\forall x, y \in X, \ \lambda \in \mathbb{R}: \lambda \leq 0: x \geq y \Longrightarrow \lambda x \leq \lambda y$.

Wir vereinbaren, ein Element[2] $x \in X$ *streng positiv* zu nennen und $x > 0$ zu schreiben, wenn $x \in K$, aber $x \neq 0$ gilt. Analog schreiben wir $x > y$, falls $x - y > 0$.

Beispiel. Wir betrachten $X = \mathbb{R}^2$ mit dem aus Null und allen Vektoren $x = (\xi_1, \xi_2)$ mit den Koordinaten $\xi_1, \xi_2 > 0$ bestehenden Kegel K. Dann bedeutet $x > y$ ($y = (\eta_1, \eta_2)$), dass $\xi_1 > \eta_1$, $\xi_2 > \eta_2$ gilt.

Wir vermerken hier außerdem noch als einfache Folgerung der Definition der Halbordnung, dass Ungleichungen (gleicher Art) gliedweise addiert werden können. Darüber hinaus gilt folgende einfache Aussage: Sind für $x, y \in X$ die beiden Ungleichungen $\pm x \leq y$ erfüllt, dann gilt $y \geq 0$. Durch gliedweise Addition der gegebenen Ungleichungen erhält man $0 \leq 2y$ und damit auch $y \geq 0$.

Ein Vektorraum, in dem eine binäre Relation $\geq$ definiert ist, die den Bedingungen (1) bis (5) genügt (Bedingung (6) ist Folgerung aus (5)), heißt *geordneter* (oder *partiell oder*

---

[1] Eine partielle Ordnung nennt man auch *Halbordnung* oder, wie seit einigen Jahren üblich, einfach *Ordnung* (A. d. Ü.).
[2] Elemente eines Vektorraumes werden synonym auch *Vektoren* oder *Punkte* genannt, insbesondere in endlich dimensionalen Vektorräumen (A. d. Ü.).

teilweise geordneter) Vektorraum. Die Gesamtheit K aller Elemente $x \geq 0$ erweist sich dabei als Kegel, und die mithilfe dieses Kegels erzeugte Ordnung ist mit der ursprünglichen identisch. Daher sind Vektorräume mit Kegel und geordnete Vektorräume dem Wesen nach ein und dasselbe, sodass ein geordneter Vektorraum als ein Paar (X, K) angesehen werden kann, wo dann X ein reeller Vektorraum und K der Kegel der positiven Elemente aus X sind. Wir werden jedoch der Kürze wegen häufig die zweite Komponente dieses Paares weglassen und von einem geordneten Vektorraum X sprechen.

Sei nun X ein geordneter Vektorraum. Das Vorhandensein einer Ordnung erlaubt in X den Begriff eines Intervalls (oder Ordnungsintervalls) folgendermaßen einzuführen:

Definition. Sind $y, z \in X$ und $y \leq z$, dann versteht man unter einem *Intervall* mit den Enden y und z die Menge

$$[y, z] := \{x \in X : y \leq x \leq z\} \, .$$

Beispiel. Seien $X = \mathbb{R}^2$ und K der aus allen Vektoren mit nicht negativen Koordinaten bestehende Kegel, dann stellt das Intervall $[y, z]$ das in Abbildung 3 gezeigte Rechteck dar.

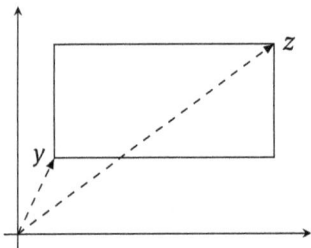

Abb. 3: Das Ordnungsintervall $[y, z]$ in $\mathbb{R}^2$.

Weiterhin führen wir in X den Begriff einer von oben oder unten beschränkten Menge[3] sowie den Begriff der exakten Schranken (Grenzen) ein.

Definition. Als *kleinste* oder *exakte obere Schranke* (*Supremum* oder *obere Grenze*) einer nicht leeren von oben beschränkten Menge $E \subset X$ wird ein Element $z \in X$ bezeichnet, das den folgenden Bedingungen genügt:

---

[3] Eine nicht leere Teilmenge $E \subset X$ nennt man *von oben beschränkt*, wenn es ein Element $u \in X$ mit $x \leq u$ für alle $x \in E$ gibt. Das Element u heißt *obere Schranke* der Menge E. Analog ist eine Menge $E \subset X$ *von unten beschränkt*, wenn es ein Element $v \in X$ mit $v \leq x$ für alle $x \in E$ gibt. Das Element v heißt *untere Schranke* der Menge E. Schließlich heißt eine Menge $E \subset X$ *(o)-beschränkt* oder *ordnungsbeschränkt*, wenn E sowohl von unten als auch von oben beschränkt ist, d. h., in einem Intervall liegt (A. d. Ü.).

(a) Für alle $x \in E$ gilt $x \le z$ (d. h., z ist eine obere Schranke der Menge E).
(b) Wenn für ein $y \in X$ gilt, dass für alle $x \in E$ die Ungleichung $x \le y$ erfüllt ist, dann gilt $z \le y$ (z ist die kleinste obere Schranke der Menge E).

Ganz analog wird die *größte untere Schranke* (*Infimum* oder *untere Grenze*) definiert.[4]

Man kann leicht nachweisen, dass die Grenzen in einem geordneten Vektorraum viele der üblichen Eigenschaften von Grenzen in der Menge der reellen Zahlen besitzen. Existiert beispielsweise $\sup E$, dann gilt für ein beliebiges $y \in X$

$$y + \sup E = \sup(E + y) \ .$$

Sind $E, F \subset X$ und existieren sowohl $\sup E$ als auch $\sup F$, dann gilt

$$\sup E + \sup F = \sup(E + F) \ .$$

Jedoch besitzt nicht jede nicht leere von oben beschränkte Menge eine kleinste obere Schranke.

Beispiel (Eingefügt vom Übersetzer). Sei X der Vektorraum $C([0, 1])$ aller reellen stetigen Funktionen auf dem Intervall $[0, 1]$, versehen mit der folgenden (klassischen) Ordnung: Für zwei Funktionen x und y gelte $x \ge y$, falls $x(t) \ge y(t)$ für alle $t \in [0, 1]$. Sei E die Menge aller der Funktionen aus $C([0, 1])$, die der Bedingung $0 \le x(t) \le 1$ für alle $t \in [0, 1]$ genügen und auf dem Intervall $[\frac{1}{2}, 1]$ gleich null sind. Die Menge E ist von oben beschränkt, etwa durch die Funktion $x \equiv 1$, jedoch, wie man leicht überprüfen kann, gibt es unter ihren oberen Schranken keine kleinste (siehe [53, Abschnitt I.6]).

Aus der Tatsache, dass ein Element y keine obere Schranke einer Menge E ist, folgt lediglich, dass ein $x \in E$ existiert, für das die Ungleichung $x \le y$ nicht erfüllt ist; dieses Element x kann aber mit y nicht vergleichbar sein.
Wir erwähnen folgenden einfachen Sachverhalt:

Lemma. *Ein Kegel K im geordneten Vektorraum (X, K) ist genau dann erzeugend, wenn jede endliche Menge von Elementen aus X von oben (oder von unten) beschränkt ist.*

Beweis. Ist nämlich K erzeugend und $x_i \in X$, $i \in \{1, 2, \ldots, n\}$, dann ist jedes x_i darstellbar als $x_i = y_i - z_i$ mit $y_i, z_i \in K$, und daher gilt $x_i \le y = \sum_{i=1}^{n} y_i$ für jedes $i \in \{1, 2, \ldots, n\}$. Ist umgekehrt die aus den zwei Elementen x und 0 bestehende Menge

---

4 Ist $E \subset X$ eine solche Menge, für die eine kleinste obere Schranke existiert, dann folgt aus den entsprechenden Ungleichungen sofort, dass jene eindeutig ist und daher mit $\sup E$ bezeichnet werden kann. Analoges gilt für die größte untere Schranke einer nichtleeren Menge E, die dann mit $\inf E$ bezeichnet wird (A. d. Ü.).

von oben beschränkt, dann existiert ein $y \in K$ mit $y \geq x$ und folglich $y - x \in K$. Dabei gilt $x = y - (y - x)$. $\qquad\qquad\qquad\qquad\qquad\qquad\qquad\qquad\qquad\qquad\qquad\qquad\qquad$ $\square$

Im Allgemeinen, ohne die Voraussetzung, dass der Kegel K erzeugend ist, gilt lediglich die folgende Behauptung:

Lemma. *Ist eine endliche Menge von Elementen aus X von oben beschränkt, dann ist sie auch von unten beschränkt.*

Beweis. Seien $x_i \in X$ und $x_i \leq x$, $i \in \{1, 2, \ldots, n\}$. Es gilt dann $x_i \geq y$ für jedes $i \in \{1, 2, \ldots, n\}$ mit

$$y := \sum_{i=1}^{n} x_i - (n-1)\,x \,.$$

Man sieht leicht, dass

$$y = \sum_{\substack{j=1 \\ j \neq i}}^{n} x_j - (n-1)x + x_i \leq x_i \text{ für jedes } i \in \{1, 2, \ldots, n\}$$

gilt. $\qquad\qquad\qquad\qquad\qquad\qquad\qquad\qquad\qquad\qquad\qquad\qquad\qquad\qquad\qquad\qquad\qquad$ $\square$

Definition. Eine nicht leere Menge $E \subset X$ heißt *steigend (fallend) gerichtet*, wenn für beliebige $x_1, x_2 \in E$ ein solches $x_3 \in E$ existiert, sodass $x_3 \geq x_1, x_2$ ($x_3 \leq x_1, x_2$) gilt.

Definition. Ein geordneter Vektorraum X heißt *Dedekind-vollständig*, wenn jede steigend gerichtete und von oben beschränkte Menge von Elementen aus X ihr Supremum besitzt.

Bemerkung. Es ist leicht einzusehen, dass in einem Dedekind-vollständigen geordneten Vektorraum jede fallend gerichtete von unten beschränkte Menge E von Elementen aus X das Infimum besitzt, wobei

$$\inf E = -\sup(-E)$$

gilt.

Beispiel. Ein einfaches Beispiel eines Dedekind-vollständigen Raumes ist der n-dimensionale Vektorraum $\mathbb{R}^n$, in dem für einen Vektor $x = (\xi_i, \xi_2, \ldots, \xi_n) \geq 0$ genau dann gilt, wenn alle Koordinaten $\xi_i \geq 0$ sind, $i \in \{1, 2, \ldots, n\}$. Hier besitzt eine beliebige nicht leere von oben beschränkte Menge von Elementen ihr Supremum, wobei dieses Supremum koordinatenweise berechnet wird.

Definition. Ein geordneter Vektorraum X heißt *σ-Dedekind-vollständig*, wenn jede steigende, von oben beschränkte Folge $x_1 \leq x_2 \leq x_3 \leq \ldots \leq y$ von Elementen aus X ihr Supremum besitzt.

Es ist ebenfalls offensichtlich, dass in einem σ-Dedekind-vollständigen geordneten Vektorraum jede fallende, von unten beschränkte Folge $x_1 \geq x_2 \geq x_3 \geq \ldots \geq y$ von Elementen aus X ihr Infimum besitzt, wobei $\inf_n\{x_n\} = -\sup_n\{-x_n\}$ gilt.

Im Weiteren werden wir oft vertikale Pfeile zur Bezeichnung monotoner Folgen benutzen: $x_n \uparrow$ bedeutet, dass die Folge steigt, $x_n \downarrow$ heißt, dass die Folge fällt. Wenn eine Folge steigt und von oben durch das Element y beschränkt ist, schreiben wir $x_n \uparrow \leq y$.

I.3 Das archimedische Prinzip

Definition. Ein geordneter Vektorraum X heißt *archimedisch*, wenn er der folgenden, *archimedisches Prinzip* genannten Bedingung genügt: Wenn $x, y \in X$ und $nx \leq y$ für jedes $n \in \mathbb{N}$ ($\mathbb{N}$ bezeichnet die Menge der natürlichen Zahlen), dann gilt $x \leq 0$ (d. h. $x \in -K$)[5].

Wir zeigen, dass in dieser Definition die Folge der natürlichen Zahlen n durch eine beliebige Zahlenfolge $\lambda_n \longrightarrow +\infty$ ersetzt werden kann.

Lemma. *In einem archimedischen geordneten Vektorraum gilt die folgende Behauptung: Wenn $\lambda_n x \leq y$ mit $\lambda_n \longrightarrow +\infty$, dann $x \leq 0$.*

Beweis. Ohne Beschränkung der Allgemeinheit kann man $\lambda_n \uparrow +\infty$ annehmen. Wenn $\lambda_n \leq \lambda \leq \lambda_{n+1}$ gilt, dann ist $\lambda = \alpha\lambda_n + \beta\lambda_{n+1}$ mit $\alpha, \beta \geq 0$ und $\alpha + \beta = 1$, woraus klar wird, dass $\lambda x \leq y$ gilt. Somit existiert eine solche Zahl $\delta > 0$ mit $\lambda x \leq y$ für $\lambda \geq \delta$. Aber dann gilt auch $n\delta x \leq y$ für alle $n \in \mathbb{N}$ und entsprechend der Definition des archimedischen Prinzips $\delta x \leq 0$, woraus $x \leq 0$ folgt. $\qquad\qquad\square$

Wie bekannt ist, genügt die Menge der reellen Zahlen mit ihrer natürlichen Ordnung dem archimedischen Prinzip.

Theorem I.3.1. *Der geordnete Vektorraum (X, K) ist genau dann archimedisch, wenn für jedes $x \in K$ die Gleichung*

$$\inf_{n\in\mathbb{N}} \left\{ \tfrac{1}{n}x \right\} = 0 \qquad\qquad (1)$$

erfüllt ist.

Beweis. Sei X archimedisch. Die Ungleichung $0 \leq \frac{1}{n}x$ ist klar für jedes $x \geq 0$. Wenn $y \leq \frac{1}{n}x$ für jedes $n \in \mathbb{N}$, dann ist $ny \leq x$ und damit $y \leq 0$. Somit ist (1) erfüllt. Umgekehrt sei die Bedingung des Theorems erfüllt und gelte $nx \leq y$ für jedes $n \in \mathbb{N}$. Indem wir n durch $n + 1$ ersetzen, erhalten wir sofort $nx \leq y - x$ oder $x \leq \frac{1}{n}(y - x)$ für jedes $n \in \mathbb{N}$. Da $y - x \geq 0$ gilt, ist

$$\inf_{n\in\mathbb{N}} \left\{ \tfrac{1}{n}(y - x) \right\} = 0$$

und deshalb $x \leq 0$. $\qquad\qquad\square$

---

5 Einige Autoren in der englischsprachigen mathematischen Literatur, z. B. G. Birkhoff: *Lattice Theory*. Providence, Rhode Island, 1967, nennen archimedische Räume „completely integrally closed" und bezeichnen als archimedisches Prinzip die schwächere Bedingung: $nx \leq y$ für $n \in \{0, \pm1, \pm2, \ldots\}$ impliziert $x = 0$.

Der Sinn des archimedischen Prinzips tritt noch klarer hervor, wenn man berücksichtigt, dass in einem beliebigen geordneten Vektorraum (X, K) lediglich die folgende Behauptung gilt:

Lemma. *Wenn $x \in K$ und $\inf_{n\in\mathbb{N}}\{\frac{1}{n}x\}$ existiert, dann gilt $\inf_{n\in\mathbb{N}}\{\frac{1}{n}x\} = 0$.*

Beweis. Wenn $y = \inf_{n\in\mathbb{N}}\{\frac{1}{n}x\}$, dann gilt $y \geq 0$. Da aber $y \leq \frac{1}{2n}x$ für jedes $n \in \mathbb{N}$ gilt, hat man folglich $2y \leq \frac{1}{n}x$ $(n \in \mathbb{N})$ und daher $2y \leq y$, d. h. $y \leq 0$, insgesamt also $y = 0$. □

Theorem I.3.2. *Jeder σ-Dedekind-vollständige geordnete Vektorraum (X, K) ist archimedisch.*

Beweis. Die Existenz von $\inf_{n\in\mathbb{N}}\{\frac{1}{n}x\}$ für jedes $x \in K$ ist durch die σ-Dedekind-Vollständigkeit des Raumes X gesichert, sodass nur noch das Lemma und das vorhergehende Theorem anzuwenden sind. □

Wir erwähnen noch, dass im Fall eines archimedischen geordneten Vektorraumes (X, K) der Kegel K keine Gerade enthalten kann (vgl. Abschnitt I.1). Gehörte nämlich eine gewisse Gerade $\{x \pm \lambda y : \lambda \in \mathbb{R}, \lambda \geq 0\}$ zu K, dann wäre $\pm \lambda y \leq x$ und nach dem archimedischen Prinzip $\pm y \leq 0$, d. h. $y = 0$.

Theorem I.3.3. *Seien der geordnete Vektorraum X archimedisch, $x \geq 0$, die Menge von reellen Zahlen $\{\lambda_\alpha : \alpha \in A\}$ von oben beschränkt und $\lambda := \sup_\alpha\{\lambda_\alpha\}$, dann gilt*

$$\lambda x = \sup_\alpha \{\lambda_\alpha x\} .$$

Analoges gilt für eine von unten beschränkte Menge.

Beweis. Offenbar ist $\lambda x \geq \lambda_\alpha x$ für jedes $\alpha \in A$. Sei $y \geq \lambda_\alpha x$ für jedes $\alpha \in A$. Für jedes $n \in \mathbb{N}$ existiert ein $\alpha \in A$, für welches $\lambda_\alpha > \lambda - \frac{1}{n}$ und daher $y \geq (\lambda - \frac{1}{n})x$ gilt. Daraus folgt $n(\lambda x - y) \leq x$ und, dem archimedischen Prinzip entsprechend, $\lambda x - y \leq 0$, d. h. $\lambda x \leq y$. □

I.4 Ordnungskonvergenzen

In einem geordneten Vektorraum X können auf natürliche Weise zwei Arten von Konvergenz eingeführt werden, wobei es sehr wesentlich ist, nicht nur übliche Folgen sondern auch gerichtete Systeme (auch *verallgemeinerte Folgen* oder *Netze* genannt) heranzuziehen. Definieren wir zunächst diesen Begriff.

Definition. Es sei eine geordnete[6] Indexmenge $A = \{\alpha\}$ gegeben und jedem Index $\alpha \in A$ ein Element $x_\alpha \in X$ zugeordnet. Ist die Menge A im Sinne der Definition in Abschnitt I.2 steigend gerichtet, dann heißt $(x_\alpha)_{\alpha \in A}$ ein *Netz* oder *gerichtetes System*.[7] Ein Spezialfall eines gerichteten Systems ist eine übliche Folge $(x_n)_{n \in \mathbb{N}}$ mit den natürlichen Zahlen als Indizes. Ein Netz heißt *steigend (fallend)*, wenn für alle $\alpha, \beta \in A$ mit $\alpha \leq \beta$, die Ungleichung $x_\alpha \leq x_\beta$ $(x_\alpha \geq x_\beta)$ folgt. Zur Bezeichnung monotoner (d. h. steigender oder fallender), gerichteter Systeme werden wir (wie für Folgen, siehe Ende von Abschnitt I.2) die Schreibweise $x_\alpha \uparrow$ (oder entsprechend $x_\alpha \downarrow$) verwenden.

Wir definieren die *Ordnungs-* oder *(o)-Konvergenz*.

Definition. Wir schreiben $x_\alpha \xrightarrow[\alpha]{(o)} x$, wenn zwei „einschließende" monotone gerichtete Systeme, ein fallendes $(y_\beta)_{\beta \in B}$ und ein steigendes $(z_\gamma)_{\gamma \in \Gamma}$, mit folgenden Eigenschaften existieren: Für jedes $\beta \in B$ und jedes $\gamma \in \Gamma$ existiert ein solches $\alpha_0 \in A$, $\alpha_0 = \alpha_0(\beta, \gamma)$ so, dass die Beziehungen

$$z_\gamma \leq x_\alpha \leq y_\beta \text{ für jedes } \alpha \geq \alpha_0 \quad \text{und} \quad x = \inf_{\beta \in B}\{y_\beta\} = \sup_{\gamma \in \Gamma}\{z_\gamma\}$$

gelten.

Bemerkung. Diese Definition kann zwar auch auf Folgen angewendet werden, man zieht aber gewöhnlich für Folgen die folgende einfachere Definition vor: $x_n \xrightarrow[n \to \infty]{(o)} x$ bedeutet, dass einschließende monotone Folgen, eine fallende $(y_n)_{n \in \mathbb{N}}$ und eine steigende $(z_n)_{n \in \mathbb{N}}$, derart existieren, dass die Beziehungen

$$z_n \leq x_n \leq y_n \text{ für jedes } n \in \mathbb{N} \quad \text{und} \quad x = \inf_{n \in \mathbb{N}}\{y_n\} = \sup_{n \in \mathbb{N}}\{z_n\}$$

gelten. Genau in diesem Sinne werden wir die (o)-Konvergenz in den Fällen verstehen, wenn es sich um Folgen handelt. Es ist bekannt, dass im allgemeinen Fall die Definitionen der (o)-Konvergenz einer Folge mithilfe von „einschließenden" Netzen und mithilfe von „einschließenden" Folgen nicht äquivalent sind (siehe z. B. [22]).

Mit elementaren Mitteln können die Eindeutigkeit des Grenzwertes und andere einfache Eigenschaften nachgewiesen werden, beispielsweise:
(a) die Beziehungen $x_\alpha \xrightarrow[\alpha]{(o)} x$ und $x_\alpha - x \xrightarrow[\alpha]{(o)} 0$ sind äquivalent,
(b) wenn $x_\alpha \xrightarrow[\alpha]{(o)} x$, $y_\alpha \xrightarrow[\alpha]{(o)} y$, dann $\lambda x_\alpha + \mu y_\alpha \xrightarrow[\alpha]{(o)} \lambda x + \mu y$ für beliebige λ und μ,
(c) für ein steigend (fallend) gerichtetes System ist die Beziehung $x_\alpha \xrightarrow[\alpha]{(o)} x$ äquivalent zu $x = \sup_\alpha\{x_\alpha\}$ $(x = \inf_\alpha\{x_\alpha\})$.

Zur Bezeichnung der (o)-Konvergenz monotoner gerichteter Systeme werden wir ebenfalls vertikale Pfeile verwenden: $x_\alpha \uparrow x$, bzw. $x_\alpha \downarrow x$.

---

6 Eine Menge A heißt *geordnet*, wenn es auf A eine binäre Relation $\geq$ gibt, die die Eigenschaften (1), (2), (3) aus Abschnitt I.2 erfüllt (A. d. Ü.).

7 Dafür schreibt man, wenn die Indexmenge festliegt, auch einfach (x_α) (A. d. Ü.).

Wir definieren die *Konvergenz mit Regulator* oder *(r)-Konvergenz* (der Einfachheit halber beschränken wir uns hier auf die Definition für den Fall von Folgen).

Definition. Wir schreiben $x_n \xrightarrow[n\to\infty]{(r)} x$, wenn ein $u \in K$ (der sogenannte Konvergenzregulator) und eine Zahlenfolge $\lambda_n \longrightarrow +0$ derart existieren, dass

$$\pm (x_n - x) \le \lambda_n u \tag{2}$$

für alle $n \in \mathbb{N}$ gilt. Die Folge (λ_n) kann, wie leicht einzusehen ist, als fallend angenommen werden.

Im Unterschied zum (o)-Grenzwert ist der (r)-Grenzwert im geordneten Vektorraum im Allgemeinen nicht eindeutig. Wenn beispielsweise solche x und y existieren, dass für alle $n \in \mathbb{N}$ die Ungleichung $0 < nx < y$ gilt, dann ist $\pm x \le \frac{1}{n} y$ und daher $x_n = x \xrightarrow[n\to\infty]{(r)} 0$. Außerdem ist $x_n \xrightarrow[n\to\infty]{(r)} x$ offensichtlich.

Als Beispiel eines Raumes, in dem die geforderten x und y existieren, kann der Raum $\mathbb{R}^2$ mit der „lexikografischen" Ordnung dienen. Positiv (in dieser Ordnung) sind alle Elemente $x = (\xi_1, \xi_2)$, für die entweder $\xi_1 > 0$ und ξ_2 beliebig oder $\xi_1 = 0$ und $\xi_2 \ge 0$ gelten (der Kegel K ist die „halb abgeschlossene" Halbebene). In diesem Raum kann man nun $x = (0, 1)$ und $y = (1, 0)$ setzen.

Theorem I.4.1. *Wenn der geordnete Vektorraum X archimedisch ist, dann folgt aus $x_n \xrightarrow[n\to\infty]{(r)} x$ auch $x_n \xrightarrow[n\to\infty]{(o)} x$. Insbesondere ist dann der (r)-Grenzwert eindeutig.*

Beweis. Es gelte $x_n \xrightarrow[n\to\infty]{(r)} x$ mit dem Regulator u. Dann gilt in Übereinstimmung mit den Ungleichungen (2) und Theorem I.3.3 für $\lambda_n \downarrow 0$

$$-\lambda_n u \le x_n - x \le \lambda_n u, \quad \inf\{\lambda_n u\} = \sup\{-\lambda_n u\} = 0$$

und daher $x_n - x \xrightarrow[n\to\infty]{(o)} 0$, d. h. $x_n \xrightarrow[n\to\infty]{(o)} x$. $\qquad\square$

Was die oben für die (o)-Konvergenz erwähnten Eigenschaften (a) und (b) betrifft, so sind sie auf die (r)-Konvergenz übertragbar. Dabei kann die Eigenschaft (b) wie folgt formuliert werden: Wenn $x_n \xrightarrow[n\to\infty]{(r)} x$ mit Regulator u und $y_n \xrightarrow[n\to\infty]{(r)} y$ mit Regulator v, dann $\lambda x_n + \mu y_n \xrightarrow[n\to\infty]{(r)} \lambda x + \mu y$ bei beliebigen λ und μ mit dem Regulator $u + v$. Der Beweis dieser Behauptung ist elementar.

Ohne auf Details einzugehen, erwähnen wir, dass für beide Konvergenzarten die Frage nach dem Grenzübergang im Produkt mit skalaren Koeffizienten (Faktoren) im geordneten Vektorraum bedeutend schwieriger zu lösen ist, d. h., aus $\lambda_n \longrightarrow \lambda$ muss nicht notwendigerweise $\lambda_n x \longrightarrow \lambda x$ im Sinne der (o)- oder (r)-Konvergenz folgen. Man kann jedoch beweisen, dass im Fall eines archimedischen geordneten Vektorraumes (X, K) mit erzeugendem Kegel K aus $x_n \xrightarrow{(o)} x \ (\xrightarrow{(r)})$ und $\lambda_n \longrightarrow \lambda$ die Beziehung $\lambda_n x_n \xrightarrow{(o)} \lambda x \ (\xrightarrow{(r)})$ folgt.

I.5 Vektorverbände

Definition. Als *Vektorverband* bezeichnet man einen solchen geordneten Vektorraum (X, K), in dem für eine beliebige aus zwei Elementen x, y bestehende Menge das Supremum $\sup\{x, y\}$ existiert (das auch mit $x \vee y$ bezeichnet wird).

Durch Induktion erhält man sofort, dass in einem Vektorverband eine beliebige endliche (nicht leere) Menge ihr Supremum besitzt, weswegen sie auch ihr Infimum hat (siehe Abschnitt I.2). Das Infimum (inf) wird auch mithilfe des Zeichens $\wedge$ geschrieben. Dabei gilt

$$x_1 \wedge x_2 \wedge \ldots \wedge x_n = -[(-x_1) \vee (-x_2) \vee \ldots \vee (-x_n)] \ .$$

Geometrisch bedeutet das Vorhandensein von $x \vee y$, dass der Durchschnitt der „verschobenen" Kegel $K^x := K + x$ und $K^y := K + y$ erneut ein „verschobener" Kegel $K^z := K + z$ mit $z = x \vee y$ ist. Ein Kegel K mit einer derartigen Eigenschaft für beliebige x und y heißt *minihedral*.[8]

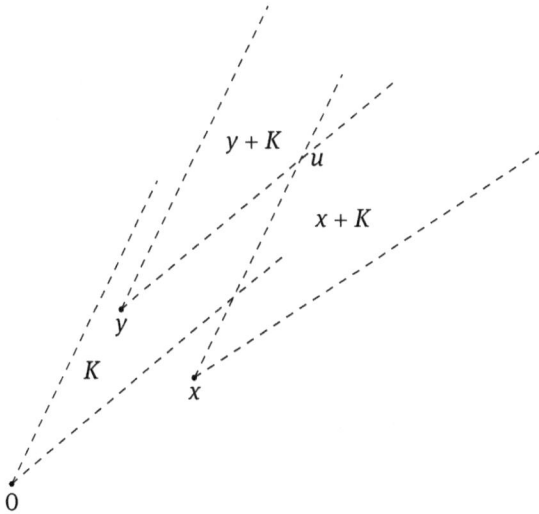

Abb. 4: Verschobene Kegel im $\mathbb{R}^2$.

Dass im allgemeinen Fall der Durchschnitt von „verschobenen" Kegeln kein „verschobener" Kegel zu sein braucht, geht bereits aus der Betrachtung von Kegeln im $\mathbb{R}^2$ her-

---

8 Ursprünglich (siehe [34, Definition 2.3]) wurde der Kegel K in einem geordneten Vektorraum (X, K) minihedral genannt, wenn (nur) für beliebige Elemente $x, y \in K$ das Supremum $z = x \vee y$ existiert. Wenn in diesem Falle der Kegel K auch noch erzeugend ist, existiert das Supremum sogar für beliebige Elemente $x, y \in X$, und folglich ist (X, K) ein Vektorverband. Es gilt nämlich für $x = x_1 - x_2$, $y = y_1 - y_2$ mit $x_1, x_2, y_1, y_2 \in K$, dass $x + x_2 + y_2$, $y + x_2 + y_2 \in K$ und $x \vee y = (x + x_2 + y_2) \vee (y + x_2 + y_2) - x_2 - y_2$ (A. d. Ü.).

vor (siehe Abbildung 4, wo der Durchschnitt $K^x \cap K^y$ seine „Spitze" u nicht enthält). Man überprüft leicht, dass unter den Kegeln im $\mathbb{R}^2$ lediglich die abgeschlossenen mit Ausnahme der eindimensionalen und die halb abgeschlossene Halbebene minihedrale Kegel sind. Im $\mathbb{R}^3$ gibt es selbst unter den abgeschlossenen nicht minihedrale Kegel, beispielsweise den „Kreiskegel". Generell kann man für einen endlich dimensionalen Raum beliebiger Dimension folgende Charakterisierung der minihedralen Kegel angeben:

Lemma. *Für die Minihedralität des Kegels K im n-dimensionalen archimedischen geordneten Vektorraum (X, K) ist notwendig und hinreichend, dass der Kegel K über einem $(n-1)$-dimensionalen Simplex F mit linear unabhängigen Eckpunkten aufgespannt ist.*

Beweis. (a) Die Notwendigkeit dieser Bedingung folgt sofort aus dem Theorem von A. I. Judin (1919–1941) über die Isomorphie zwischen einem archimedischen n-dimensionalen Vektorverband und dem euklidischen Raum $\mathbb{R}^n$, versehen mit der natürlichen koordinatenweisen Ordnung (siehe [53, § III.14]). Dank dieses Isomorphismus kann man als F den von den Einheitsvektoren aufgespannten Simplex verwenden. (b) Die Hinlänglichkeit ergibt sich aus weniger komplizierten Überlegungen. Ist $K = K(F)$, wobei F der über die linear unabhängigen Vektoren $e_1, \ldots, e_n$ aufgespannte Simplex ist, dann besteht K aus allen Vektoren $x = \sum_{i=1}^{n} \lambda_i e_i$ mit $\lambda_i \geq 0$. Nimmt man das System $\{e_1, \ldots, e_n\}$ als Basis für X, dann ist folglich die Ordnung in X die koordinatenweise und damit X ein archimedischer Vektorverband. □

Den Vektorverbänden ist eine umfangreiche Spezialliteratur[9] gewidmet, sodass wir die für uns erforderlichen Fakten darüber ohne Beweis anführen werden.[10] Für ein beliebiges $x \in K$ setzen wir

$$x_+ := x \vee 0, \quad x_- := (-x) \vee 0, \quad |x| := x_+ + x_- = x \vee (-x)$$

(x_+, x_- sind der *positive* bzw. *negative Teil* des Elements x und $|x|$ sein *Modul*). Aus der bekannten Beziehung $x = x_+ - x_-$ folgt, dass in einem Vektorverband der Kegel der positiven Elemente erzeugend ist. Außerdem gilt

$$-|x| \leq x \leq |x| \ .$$

Wir bemerken, dass man sich im Fall eines geordneten Vektorraumes X mit erzeugendem Kegel K beim Nachweis der Minihedralität von K auf positive x und y beschränken kann. Anders ausgedrückt, ist die Existenz von $x \vee y$ für beliebige $x, y \geq 0$ bewiesen,

---

9 Siehe z. B. B. Z. Wulich [53] oder W. A. J. Luxemburg und A. C. Zaanen, *Riesz spaces I* [LZ71]. Wir bemerken hier noch, dass in der ausländischen Literatur Vektorverbände häufig Riesz'sche Räume genannt werden, diese Bezeichnung erscheint uns aber historisch unbegründet.

10 In der russischsprachigen (insbesondere in den Publikationen der Leningrader Schule) und teilweise auch in der ostdeutschen mathematischen Literatur wurden die Vektorverbände früher K-Lineale genannt (A. d. Ü.).

dann ist X ein Vektorverband. Für den Beweis[11] seien $x = u_1 - v_1$, $y = u_2 - v_2$ mit $u_1, u_2, v_1, v_2 \geq 0$. Setzt man

$$x_1 = x + v_1 + v_2, \quad y_1 = y + v_1 + v_2 \,,$$

dann gilt $x_1, y_1 \geq 0$, und folglich existiert $x_1 \vee y_1$. Aufgrund einer allgemeinen Eigenschaft der exakten Schranken existiert auch

$$x \vee y = (x_1 \vee y_1) - (v_1 + v_2) \,.$$

Definition. Als K-*Raum* (oder *Kantorowitsch-Raum*) bezeichnet man einen Vektorverband, in dem jede nicht leere von oben beschränkte Menge ihr Supremum hat. Dual dazu hat in einem K-Raum jede von unten beschränkte Menge ihr Infimum.

Die K-Räume sind gerade diejenige hauptsächliche Klasse von Räumen, die von L. W. Kantorowitsch eingeführt und in der von ihm entwickelten Theorie der partiell geordneten Räume studiert worden sind.

Theorem I.5.1. *Ist ein Vektorverband X Dedekind-vollständig, dann ist X ein K-Raum.*

Beweis. Sei $E \subset X$ eine nicht leere von oben beschränkte Menge. Durch Hinzufügen zu der Menge E der Suprema aller ihrer endlichen Teilmengen bilden wir die Menge E_1, wobei die Mengen der oberen Schranken von E und E_1 identisch sind. Es genügt daher zu zeigen, dass es unter den oberen Schranken der Menge E_1 eine kleinste gibt. Letzteres aber folgt aus der Definition der Dedekind-Vollständigkeit, da die Menge E_1 steigend gerichtet ist. □

Definition. Als K_σ-*Raum* bezeichnet man einen Vektorverband, in dem jede abzählbare von oben beschränkte Menge ihr Supremum hat.

Recht einfach kann man beweisen, dass ein σ-Dedekind-vollständiger Vektorverband ein K_σ-Raum ist. Nach Theorem I.3.2 ist jeder K_σ-Raum archimedisch.
Wir zeigen, dass man für Vektorverbände das archimedische Prinzip bereits aus folgender einfacherer Behauptung erhält, die man „archimedisches Prinzip auf dem Kegel der positiven Elemente" nennt: Wenn $x \geq 0$ und für alle $n \in \mathbb{N}$ die Beziehung $nx \leq y$ gilt, dann $x = 0$.
Offenbar folgt aus $nx \leq y$ für ein $x \in X$ und für alle $n \in \mathbb{N}$ sofort $nx_+ \leq y_+$, sodass das archimedische Prinzip auf dem Kegel die Gleichheit $x_+ = 0$ impliziert. Folglich ist $x = -x_- \leq 0$. Im allgemeinen Fall jedoch kann das archimedische Prinzip nicht aus dem archimedischen Prinzip auf dem Kegel geschlussfolgert werden, was durch folgendes Beispiel belegt wird:

Beispiel. Seien $X = \mathbb{R}^2$ und $K = \{(\xi_1, \xi_2) \in \mathbb{R}^2; \, \xi_1 > 0\} \cup \{(0, 0)\}$. Wenn $x \geq 0$ und

$$nx \leq y \text{ für alle } n \in \mathbb{N}, \, (x = (\xi_1, \xi_2), y = (\eta_1, \eta_2)) \,,$$

---

11 Siehe Fußnote 8 in Abschnitt I.5 (A. d. Ü.).

dann gilt $n\xi_1 \leq \eta_1$ für alle $n \in \mathbb{N}$ und somit $\xi_1 = 0$. Aber dann ist auch $x = 0$. Gleichzeitig ist zwar für $x = (0, 1), y = (1, 0)$ die Beziehung $nx < y$ für alle $n \in \mathbb{N}$ erfüllt, aber es gilt $x \notin -K$.

I.6 Positive lineare Funktionale

Seien X ein Vektorraum und K ein Keil darin (insbesondere sei X ein geordneter Vektorraum). Nach wie vor werden wir $x \geq y$ für $x - y \in K$ schreiben, obwohl die Relation $\geq$ hier keine Halbordnung sein muss (sie kann sich als nicht antisymmetrisch erweisen).[12] Unter einem *linearen Funktional auf X* versteht man ein beliebiges additives, homogenes Funktional, wobei lediglich Funktionale mit reellen Werten betrachten werden.

Definition. Ein additives auf X gegebenes Funktional f heißt *positiv* (bezüglich des Keils K), wenn

$$f(x) \geq 0 \text{ für } \forall x \in K \,.$$

Offensichtlich gelten für ein positives Funktional f:
(1) wenn $\pm x \in K$, dann $f(x) = 0$,
(2) wenn $x \leq y$, dann $f(x) \leq f(y)$ (Monotonie von f).

Theorem I.6.1. *Sind das additive Funktional f positiv und der Keil K erzeugend, also $X = K - K$, dann ist f homogen und somit linear.*

Beweis. Es ist gut bekannt, dass aus der Additivität eines Funktionals seine Homogenität bezüglich rationaler Koeffizienten hergeleitet werden kann: $f(rx) = r f(x)$ für rationale r. Ist hingegen $x \in K$ und λ eine beliebige reelle Zahl, dann kann λ zwischen zwei rationalen Zahlen r_1 und r_2 eingeschlossen werden, d. h. $r_1 \leq \lambda \leq r_2$, wobei aus der Monotonie und Positivität von f die Ungleichungen

$$r_1 f(x) \leq f(\lambda x) \leq r_2 f(x) \quad \text{und} \quad r_1 f(x) \leq \lambda f(x) \leq r_2 f(x)$$

folgen. Da aber sowohl r_1 als auch r_2 beliebig nahe bei λ gewählt werden können, folgt daraus $f(\lambda x) = \lambda f(x)$. Die gleiche Beziehung erhält man nun für beliebiges $x \in X$, da K ein erzeugender Keil ist.   □

Wir werden sagen, dass eine gewisse Menge $E \subset X$ den Keil K *majorisiert*, wenn für ein beliebiges $x \in K$ ein $y \in E$ existiert mit $x \leq y$.

---

12 K wird hier nicht unbedingt als Kegel vorausgesetzt (A. d. Ü.).

Theorem I.6.2 (Erweiterung [Fortsetzung] eines positiven linearen Funktionals). *Sei E ein linearer, den Keil K majorisierender Teilraum von X. Jedes auf E gegebene lineare und bezüglich des Keils K ∩ E positive Funktional[13] erlaubt eine lineare positive Erweiterung auf den ganzen Raum X.*

Beweis. Im Fall $E \neq X$ wählen wir ein beliebiges $z \in X \setminus E$, bilden den linearen Teilraum

$$E_1 = \{x + \alpha z : x \in E, \alpha \in \mathbb{R}\}$$

und betrachten zwei Fälle.

(1) In E existiert ein $x_1 \leq z$. Somit ist $z - x_1 \in K$ und folglich existiert ein $y \in E$ mit $z - x_1 \leq y$. Es gilt dann $x_2 := x_1 + y \in E$ und $x_2 \geq z$. Existiert analog ein $x_2 \in E$ mit $x_2 \geq z$, dann existiert auch ein $x_1 \in E$ mit $x_1 \leq z$. Aus der Monotonie von f folgt für $x_1 \leq z \leq x_2$ die Beziehung $f(x_1) \leq f(x_2)$. Wir bestimmen die Zahl c so, dass

$$\sup_{x_1 \in E,\, x_1 \leq z} \{f(x_1)\} \leq c \leq \inf_{x_2 \in E,\, x_2 \geq z} \{f(x_2)\}$$

gilt. Für ein beliebiges Element aus E_1 setzen wir nun

$$g(x + \alpha z) := f(x) + \alpha c \,.$$

Offenbar ist g ein lineares Funktional auf E_1. Wir überzeugen uns von seiner Positivität bezüglich $K \cap E_1$.
Sei $x' = x + \alpha z \in K \cap E_1$. Ist $\alpha > 0$, dann $z \geq -\frac{x}{\alpha}$ und folglich $f(-\frac{x}{\alpha}) \leq c$, d. h.

$$-\tfrac{1}{\alpha} f(x) \leq c \quad \text{oder} \quad g(x') = f(x) + \alpha c \geq 0 \,.$$

Ist hingegen $\alpha < 0$, dann gilt $z \leq -\frac{x}{\alpha}$, folglich $f(-\frac{x}{\alpha}) \geq c$ und wiederum $g(x') \geq 0$.
(2) In der Menge E existieren keine x_1 und x_2 mit $x_1 \leq z \leq x_2$. Das Funktional g wird genau wie im ersten Fall definiert, indem für c eine beliebige reelle Zahl verwendet wird. Die vorangehenden Überlegungen zeigen aber, dass das Element $x' = x + \alpha z$ nur bei $\alpha = 0$ (und $x \in K$) zu $K \cap E_1$ gehört. Daher ist das Funktional g trivialerweise positiv.
Der Beweis schließt sich, wie auch im Theorem von Hahn-Banach über die Fortsetzbarkeit stetiger linearer Funktionale in normierten Räumen oder im allgemeineren Theorem über die Erweiterung eines linearen Funktionals in einem Vektorraum[14] mithilfe des Zorn'schen Lemmas. Aus diesem Lemma folgt, dass unter allen möglichen linearen positiven Fortsetzungen des Funktionals f auf einen linearen Teilraum von X eine maximale existiert, d. h. eine solche, die keine weitere Fortsetzung erlaubt. Diese aber ist dann auch die Fortsetzung auf den gesamten Raum X, da im gegenteiligen Fall ein weiterer Schritt wie oben durchgeführt und eine noch umfassendere Fortsetzung erhalten werden könnte. □

---

13 Es ist nicht ausgeschlossen, dass K nur aus dem Nullelement besteht. In diesem Fall ist die Positivitätsbedingung für f trivialerweise erfüllt.
14 Siehe z. B. [38] und [28].

Zur Formulierung einiger Folgerungen aus dem bewiesenem Theorem findet folgende Definition Verwendung:

Definition. Im Vektorraum X mit dem Keil K existiere ein solches Element $u \in X \setminus \{0\}$, sodass für jedes $x \in X$ ein $\lambda > 0$ existiert, für welches

$$-\lambda u \leq x \leq \lambda u$$

gilt. Ein solches Element u heißt *starke Einheit* (auch *starke Ordnungseinheit*[15]) in X.

Beispiel. Ist $X = C_b(T)$ der Raum der beschränkten stetigen Funktionen auf einem topologischem Raum T und K der Kegel der nicht negativen stetigen Funktionen, dann ist beispielsweise die Funktion $u \equiv \mathbf{1}$ eine starke Einheit in X.

Wir vermerken, dass, falls u eine starke Einheit und $K \neq X$ sind, die Beziehung $-u \notin K$ gilt. Im gegenteiligen Fall hätte man nämlich für beliebiges $x \in X$ bei einem gewissen $\lambda > 0$

$$x \leq -\lambda u \in K$$

und folglich $x \in K$.

Folgerung 1. *Seien X ein Vektorraum mit Keil K, u eine starke Einheit und E ein linearer Teilraum von X mit $u \in E$. Dann erlaubt jedes lineare positive auf E definierte Funktional eine lineare positive Fortsetzung auf ganz X.*

In der Tat folgt aus der Definition einer starken Einheit, dass K von E majorisiert wird und deshalb Theorem I.6.2 anwendbar ist.

Folgerung 2. *Besitzt X eine starke Einheit u und ist $K \neq X$, dann existiert auf X ein lineares positives von Null verschiedenes Funktional.*

Beweis. Als E nimmt man die durch Null und u verlaufende Gerade

$$E = \{\lambda u : \lambda \in \mathbb{R}\}$$

und setzt $f(\lambda u) = \lambda$. Das Funktional f ist offenbar linear und positiv auf E, wobei $f(u) = 1$ gilt. Den Rest des Beweises erledigt man durch Anwendung von Folgerung 1.

$\square$

Betrachten wir den Vektorraum $X^{\#}$ aller linearen Funktionale auf X, dann ist die Menge

$$K^{\#} := \left\{ f \in X^{\#} : f(x) \geq 0 \text{ gilt } \forall x \in K \right\}$$

der positiven linearen Funktionale ein Keil in $X^{\#}$. Die Menge $K^{\#}$ ist genau dann ein Kegel, wenn der Keil K erzeugend ist. Gälte nämlich $\pm f \in K^{\#}$, dann ist $f(x) = 0$ für beliebige $x \in K$, und falls K erzeugend ist, gilt $f(x) = 0$ auf ganz X. Ist umgekehrt K nicht

---

15 In der Literatur wird auch oft der einfachere Begriff *Ordnungseinheit* benutzt (A. d. Ü.).

erzeugend, d. h. $K - K \neq X$, dann existiert ein solches lineares von Null verschiedenes Funktional f, für das $f(x) = 0$ auf $K - K$ gilt. Daraus folgt $\pm f \in K^\#$, d. h., $K^\#$ ist kein Kegel.

I.7 Geordnete normierte Räume

Wir gehen jetzt zur hauptsächlichen in diesem Buch studierten Klasse von Räumen über.

Definition. Ist der Vektorraum X normiert, dann heißt der geordnete Vektorraum (X, K) *geordneter normierter Raum*. Ist dabei X ein Banachraum, dann heißt der geordnete Vektorraum (X, K) *geordneter Banachraum*. Ist (X, K) ein geordneter normierter Raum (bzw. ein geordneter Banachraum) und gleichzeitig ein Vektorverband, dann heißt ein solcher Raum *verbandsgeordneter normierter Raum* (bzw. *verbandsgeordneter Banachraum*). Ist schließlich ein verbandsgeordneter normierter Raum (bzw. verbandsgeordneter Banachraum) ein K-Raum, dann heißt er *(o)-vollständiger verbandsgeordneter normierter Raum* (bzw. *(o)-vollständiger verbandsgeordneter Banachraum* und analog, ist ein verbandsgeordneter normierter Raum (bzw. verbandsgeordneter Banachraum) ein K_σ-Raum, so heißt er *(oσ)-vollständiger verbandsgeordneter normierter Raum* (bzw. *(oσ)-vollständiger verbandsgeordneter Banachraum*).

Auf diese Weise ist ein geordneter normierter Raum ein Tripel $(X, \|\cdot\|, K)$, das aus dem Vektorraum X, der auf ihm gegebenen Norm und dem Kegel K besteht.[16] Wie bereits auch früher werden wir häufig eine kürzere Schreibweise verwenden, indem wir in der Bezeichnung eines geordneten normierten Raumes die Norm und manchmal auch den Kegel K nicht mehr erwähnen. Wir heben aber hervor, dass in der Definition eines geordneten normierten Raumes a priori keinerlei Zusammenhänge zwischen Ordnung und Topologie gefordert werden. Im Folgenden jedoch werden wir geordnete normierte Räume mit gewissen zusätzlichen dem Kegel K auferlegten Bedingungen topologischer Natur untersuchen.

Definition. Die Norm im geordneten normierten Raum (X, K) heißt *monoton auf dem Kegel K* (manchmal werden wir kürzer einfach „monoton" sagen), wenn aus $0 \leq x \leq y$ die Ungleichung

$$\|x\| \leq \|y\|$$

folgt. Jedoch sind die Begriffe der Monotonie der Norm und ihrer Monotonie auf dem Kegel im Fall eines verbandsgeordneten normierten Raumes (X, K) verschieden. In

---

16 In Abschnitt I.2 wurde erwähnt, dass die Gesamtheit aller positiven Elemente eines geordneten Vektorraumes ein Kegel ist (A. d. Ü.).

diesem Fall heißt die Norm *monoton* (oder *verbandstreu*[17]), wenn für alle $x, y \in X$ aus $|x| \leq |y|$ die Beziehung $\|x\| \leq \|y\|$ folgt.

Ein verbandsgeordneter normierter Raum (bzw. verbandsgeordneter Banachraum) mit monotoner Norm heißt *normierter Verband* (bzw. *Banachverband*), ein (o)-vollständiger (bzw. (oσ)-vollständiger) verbandsgeordneter normierter Raum mit monotoner Norm heißt *normierter K-Raum* (bzw. *normierter K_σ-Raum*). Ist ein normierter K-Raum (bzw. K_σ-Raum) vollständig in seiner Norm, dann heißt er *Banach'scher K-Raum* (bzw. *Banach'scher K_σ-Raum*).[18]

A. d. Ü.: Die Vollständigkeit eines normierten Raumes nennt man auch Normvollständigkeit (im Original (b)-Vollständigkeit), daher einen Banachraum auch normvollständig (im Original (b)-vollständig) und die Konvergenz bezüglich der Norm $\| \cdot \|$ auch Normkonvergenz (im Original (b)-Konvergenz). Gilt für eine Folge $(x_n)_{n \in \mathbb{N}}$ in einem normierten Raum $x_n \xrightarrow{n} x$ bezüglich der Norm, so werden wir diesen Sachverhalt häufig als $x_n \xrightarrow[n]{\|\cdot\|} x$ oder $x = \| \cdot \|\text{-lim}_{n \to \infty} x_n$ schreiben.

Beispiele.
(a) Als Beispiel eines Banachverbandes führen wir den Raum aller beschränkten stetigen[19] Funktionen $C_b(T)$ mit dem Kegel der nicht negativen Funktionen und der gleichmäßigen Norm

$$\|x\| = \sup_{t \in T}\{|x(t)|\}$$

an.

(b) Wenn man im Raum $\mathbb{R}^2$ mit der euklidischen Norm als Kegel der positiven Elemente den in Abbildung 5 dargestellten abgeschlossenen Sektor nimmt (es entsteht ein verbandsgeordneter Banachraum), dann ist die Norm nicht einmal auf dem Kegel monoton: Beispielsweise gilt für $x = (2, 0)$, $y = (1, 1)$ zwar $0 \leq x \leq y$, aber $\|x\| = 2$, $\|y\| = \sqrt{2}$.

Definition. Ein geordneter normierter Raum (X, K) heißt *intervallvollständig*, wenn ein beliebiges Intervall in ihm vollständig in der Norm ist (d. h. vollständig als metrischer Raum).

---

17 In der Literatur wird auch die Bezeichnung *Verbandsnorm* oder *Riesz-Norm* verwendet (A. d. Ü.).

18 In der zur Theorie der Vektorverbände existierenden (vorwiegend in der sowjetischen) Literatur heißen die normierten Verbände (bzw. Banachverbände) auch KN-Lineale (bzw. KB-Lineale) und die normierten K- (bzw. K_σ-)Räume werden KN- (bzw. K_σN-)Räume genannt. Allerdings, und das wollen wir mit Nachdruck hervorheben, sind Banach'sche K-Räume niemals als KB-Räume bezeichnet worden, da in der Theorie der halb geordneten Räume der Begriff „KB-Raum" für Räume einer anderen engeren Klasse besetzt ist (siehe [53] und Abschnitt X.2 in diesem Buch).

19 Hier ist die Stetigkeit bzgl. eines topologischen Raumes T gemeint (A. d. Ü.).

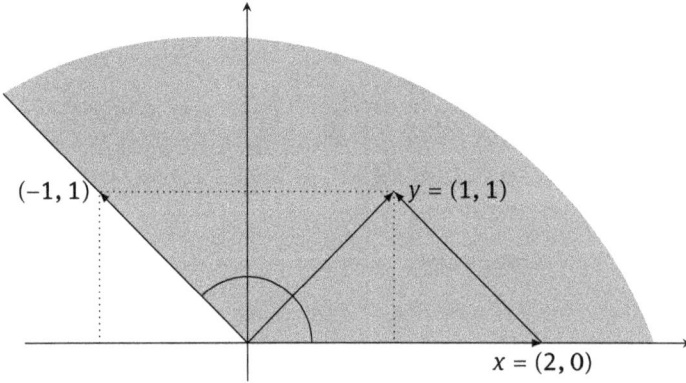

Abb. 5: Die Euklidische Norm ist auf diesem Kegel nicht monoton.

Beispiele.

(a) Jeder geordnete Banachraum (X, K) mit abgeschlossenem Kegel K ist intervallvollständig, da jedes Intervall $[y, z]$ die Darstellung

$$[y, z] = (y + K) \cap (z - K)$$

besitzt und demzufolge (dank der Abgeschlossenheit von K) abgeschlossen und folglich auch vollständig ist.

(b) Der Raum $L^\infty[a, b]$ aller beschränkten messbaren Funktionen mit seiner natürlichen Halbordnung und der aus L^1 induzierten Integralnorm ist ein intervallvollständiger, aber nicht normvollständiger geordneter normierter Raum.

I.8 Halbordnung des dualen Raumes

Wir betrachten stetige lineare Funktionale auf einem normierten Raum X. Den dualen (konjugierten) Raum, d. h. die Gesamtheit aller stetigen linearen Funktionale auf X, werden wir mit X' bezeichnen. Ist X ein geordneter normierter Raum, dann bezeichne

$$K' := \left\{ f \in X' : \ f(x) \geq 0 \text{ für } \forall x \in K \right\}$$

die Gesamtheit aller positiven linearen stetigen Funktionale. Es ist leicht zu sehen, dass K' ein Keil in X' ist, den wir *konjugierten* oder *dualen Keil* nennen werden.

Definition. Der Kegel K in einem normierten Raum X heißt *räumlich* (auch *fast erzeugend*[20]), wenn

$$\overline{K - K} = X$$

gilt, d. h., der lineare Raum $K - K$ ist überall dicht in X.

---

20 In [BR84] wird der Begriff *schwach erzeugend* verwendet (A. d. Ü.).

Jeder erzeugende Kegel im normierten Raum ist räumlich. Die Umkehrung gilt jedoch nicht, wie das folgende Beispiel zeigt:

Beispiel 1. Der Banachraum ℓ^1 sei mithilfe des Kegels K halb geordnet, der aus allen Vektoren $x = (\xi_k)_{k\in\mathbb{N}}$ besteht, für die $\xi_k \geq 0$ (für $k \in \mathbb{N}$) und $\xi_k = 0$ für $k > k_0(x)$ gilt (Vektoren, die der letzten Bedingung genügen, heißen *finit*). Dieser Kegel ist offensichtlich nicht erzeugend, aber räumlich.

Im Weiteren setzen wir (X, K) als geordneten normierten Raum voraus.

Theorem I.8.1. *Der duale Keil K' ist genau dann ein Kegel, wenn der Kegel K räumlich ist.*[21]

Beweis. Der Kegel K sei räumlich und $\pm f \in K'$. Dann ist $f(x) = 0$ für alle $x \in K$ und folglich auch für beliebiges $x \in K - K$. Somit ist wegen der Stetigkeit $f \equiv 0$ auf ganz X. Falls $\overline{K - K} \neq X$, dann existiert ein von Null verschiedenes Funktional $f \in X'$, für das $f \equiv 0$ auf $\overline{K - K}$ und folglich $\pm f \in K'$ gilt. $\qquad\square$

All das in diesem Abschnitt Erwähnte behält seine Gültigkeit auch im Fall, dass X ein normierter Raum mit Keil K ist (vgl. Abschnitt I.6). Daher kann man, wenn der Kegel (oder auch der Keil) K räumlich ist, X' als geordneten Banachraum ansehen, wenn man als Kegel der positiven Elemente in X' den dualen Kegel K' nimmt. Ist hingegen K nicht räumlich, dann ist die mithilfe des Keils K' in X' eingeführte binäre Relation $\geq$ keine Halbordnung.

Bemerkung. Wenn K' ein Kegel ist, dann ist der geordnete Banachraum (X', K') archimedisch. Ist nämlich $nf \leq g$ für beliebiges $n \in \mathbb{N}$ ($f, g \in X'$), dann gilt $nf(x) \leq g(x)$ für alle $x \in K$ und $n \in \mathbb{N}$ und daher $f(x) \leq 0$ für $x \in K$. Letzteres bedeutet $f \leq 0$.

I.9 Die *u*-Norm

Definition. Sei u eine starke Einheit (siehe Abschnitt I.6) im geordneten Vektorraum X. Das durch die Formel

$$\|x\|_u = \inf \{\lambda \in \mathbb{R} : \pm x \leq \lambda u\} \tag{3}$$

auf X definierte nicht negative Funktional heißt *u-Halbnorm*. Dass dieses Funktional tatsächlich alle Eigenschaften einer Halbnorm besitzt, kann ganz elementar überprüft werden. Erweist sich das Funktional $\| \cdot \|_u$ als Norm, dann heißt es *u-Norm*.[22]

---

[21] Man beachte, dass in der analogen Behauptung für den Keil $K^{\#}$ (siehe Abschnitt I.6) eine andere Bedingung nötig war: K musste erzeugend sein (A. d. Ü.).

[22] Der Begriff der *u*-Norm wurde von M. G. Krein eingeführt.

Theorem I.9.1. *Wenn der geordnete Vektorraum X archimedisch ist, dann ist $\|\cdot\|_u$ eine u-Norm und das Infimum in Formel (3) wird angenommen, d. h., unter denjenigen λ, die $\pm x \le \lambda u$ genügen, gibt es ein kleinstes. Insbesondere gilt*

$$\pm x \le \|x\|_u \, u \, .$$

Beweis. Sei $\lambda_0 = \|x\|_u$. Dann ist nach Theorem I.3.3

$$\lambda_0 u = \inf\{\lambda u : \lambda \in \Lambda\}, \text{ wobei } \Lambda = \{\lambda \in \mathbb{R} : \pm x \le \lambda u\} \, ,$$

und daher $\pm x \le \lambda_0 u$, d. h., unter allen λ existiert das kleinste. Ist nun $\|x\|_u = 0$, dann gilt $\pm x \le 0$ und somit $x = 0$. ☐

Somit erzeugt jede starke Einheit u in einem archimedischen geordneten Vektorraum X eine u-Norm, wobei, falls auf X bereits vorher irgendeine Norm gegeben war, die u-Norm im Allgemeinen in keiner Weise mit Letzterer korrespondiert. Eine u-Norm kann man auch einführen ohne vorauszusetzen, dass u eine starke Einheit ist. Allerdings kann sie dann möglicherweise nicht auf dem gesamten Raum X definiert sein. Genauer, sei X ein archimedischer geordneter Vektorraum und $u > 0$. Setze

$$X_u := \{x \in X : \exists \lambda \in \mathbb{R} \text{ mit } \pm x \le \lambda u\} \, .$$

Dann ist klar, dass X_u ein linearer Teilraum ist, der mit der aus X (d. h. mithilfe des Kegels $K_u = X_u \cap K$) induzierten Halbordnung ebenfalls ein archimedischer geordneter Vektorraum wird. In X_u aber ist das Element u eine starke Einheit, und folglich kann in X_u die u-Norm eingeführt werden.

Im Weiteren werden wir X_u *Teilraum* (von X) *der bezüglich u beschränkten Elemente* und die Konvergenz in der u-Norm (u)-*Konvergenz* nennen.

Klar ist, dass eine u-Norm auf dem Kegel K_u monoton ist. Im Fall eines Vektorverbandes X erweist sich $(X_u, \|\cdot\|_u, K_u)$ als normierter Verband.

Beispiel. Seien $X = L^1[a, b]$, $u(t) \equiv 1$. Dann besteht X_u aus allen beschränkten messbaren Funktionen auf $[a, b]$, d. h. $X_u = L^\infty$, und die u-Norm ist die gleichmäßige Norm auf L^∞.

Definition. Im Weiteren werden wir jeden normierten Verband (Banachverband) mit einer starken Einheit u, dessen Norm mit der u-Norm identisch ist, *normierten Verband (Banachverband) beschränkter Elemente* nennen.

Theorem I.9.2. *Seien X ein archimedischer geordneter Vektorraum und $u > 0$. Dann sind im geordneten normierten Raum $(X_u, \|\cdot\|_u, K_u)$ die (r)-Konvergenz und die (u)-Konvergenz äquivalent, d. h.*

$$x_n \xrightarrow[n\to\infty]{(r)} x \iff x_n \xrightarrow[n\to\infty]{(u)} x \, .$$

Beweis. Für den Beweis reicht es aus, nur den Fall $x = 0$ zu betrachten. Sei $\|x_n\|_u \to 0$. Dann ist $\pm x_n \le \|x_n\|_u u$, und folglich gilt $x_n \xrightarrow[n\to\infty]{(r)} 0$ mit dem Regulator u. Umgekehrt, sei $x_n \xrightarrow[n\to\infty]{(r)} 0$ mit einem gewissen Regulator $v \in K_u$. Dann gilt $\pm x_n \leq \lambda_n v$ mit $\lambda_n \longrightarrow 0$. Nun ist aber $v \leq \alpha u$ bei gewissem α, woraus $\pm x_n \leq \alpha \lambda_n u$ und $\|x_n\|_u \leq \alpha \lambda_n \longrightarrow 0$ folgen. $\qquad\qquad\qquad\qquad\qquad\qquad\qquad\qquad\qquad\qquad\qquad\qquad\qquad\quad$ $\square$

Nebenbei ist gezeigt worden, dass im Raum X_u die (r)-Konvergenz mit beliebigem Regulator und die (r)-Konvergenz mit dem Regulator u äquivalent sind.

II Solide und abgeschlossene Kegel

Im Rahmen dieses Kapitels ist $(X, \| \cdot \|, K)$ ein geordneter normierter Raum, wobei der Vektorraum X als von Null verschieden vorausgesetzt wird. In einem normierten Raum X mit der Norm $\|\cdot\|$ bezeichnen wir die offene, beziehungsweise abgeschlossene Kugel mit Zentrum im Punkt u und dem Radius r mit $B(u; r)$, beziehungsweise mit $\overline{B(u; r)} := \{x \in X : \|x - u\| \le r\}$.

II.1 Räume mit solidem Kegel

Definition. Der Kegel K heißt *solid*, wenn er einen inneren Punkt enthält. Alle inneren Punkte eines soliden Kegels heißen *stark positive Elemente*. Ist u ein stark positives Element, so werden wir $u \gg 0$ schreiben.

In den klassischen Räumen $L^p[a, b]$ und ℓ^p ($1 \le p < +\infty$) sowie in $\mathbf{c_0}$ mit der natürlichen Halbordnung ist der Kegel der positiven Elemente nicht solid, in den Räumen L^∞, ℓ^∞ und $\mathbf{c}$ ist er solid. Die Kegel der nicht negativen konvexen oder monoton wachsenden Funktionen im Raum $C[a, b]$ sind nicht solid.

Wir bemerken, dass Null kein innerer Punkt des Kegels K sein kann, da sonst eine Kugel[1] $B(0; \varepsilon)$ mit Zentrum in Null und einem Radius $\varepsilon > 0$ in K enthalten wäre, sodass auch $X \subset K$, d. h. $K = X$, gelten würde, was nicht möglich ist. Offenbar ist die durch das Nullelement ergänzte Menge der stark positiven Elemente ebenfalls ein Kegel. Für $x - y \gg 0$ werden wir $x \gg y$ schreiben. Wir vermerken außerdem:

(a) Wenn $x \gg y$ und $y \ge z$ oder $x \ge y$ und $y \gg z$, dann gilt stets $x \gg z$,

(b) wenn $x \gg y$ und $z \ge u$, dann $x + z \gg y + u$,

(c) wenn die Menge der stark positiven Elemente nicht leer ist, dann ist sie im Kegel K überall dicht.

Während die Behauptungen (a) und (b) offensichtlich sind, überprüft man (c) so: Seien $u \gg 0$ und $y \in K$, dann $y + \varepsilon u \gg 0$ für beliebiges $\varepsilon > 0$ (wegen (b)).

Theorem II.1.1. *Ist der Kegel K solid, dann ist die Menge der stark positiven Elemente mit der Menge der starken Einheiten identisch.*

Beweis. Sei $u \gg 0$. Dann existiert ein $\rho > 0$ so, dass die abgeschlossene Kugel $\overline{B(u; \rho)}$ in K liegt. Folglich gilt für jedes $x \in X \setminus \{0\}$

$$u \pm \frac{\rho}{\|x\|} x \in K, \quad \text{d. h.} \pm x \le \frac{\|x\|}{\rho} u . \tag{1}$$

---

[1] In diesem Buch wird in einem normierten Raum X die offene Kugel mit Zentrum u und Radius $r > 0$ stets mit $B(u; r)$ und die entsprechende abgeschlossene Kugel mit $\overline{B(u; r)}$ bezeichnet, also $B(u; r) := \{x \in X : \|x - u\| < r\}$ und $\overline{B(u; r)} := \{x \in X : \|x - u\| \le r\}$ (A. d. Ü.).

DOI 10.1515/9783110478884-002

Somit ist u eine starke Einheit. Umgekehrt, sei u eine starke Einheit und $x \gg 0$. Nach Definition einer starken Einheit gilt $\pm x \leq \lambda u$ für ein gewisses $\lambda > 0$, woraus $\frac{1}{\lambda} x \leq u$ folgt. Aufgrund von (a) ist u stark positiv. $\qquad\qquad\qquad\qquad\qquad\qquad\qquad$ □

Wir erwähnen jedoch, dass in einem Raum X starke Einheiten existieren können, auch wenn der Kegel K nicht solid ist. So verhält es sich beispielsweise im Raum L^∞ der fast überall beschränkten messbaren Funktionen mit dem Kegel der nicht negativen Funktionen und der aus L^1 in L^∞ induzierten Integralnorm.

Folgerung. *Jeder solide Kegel ist erzeugend, wobei jedes $x \in X$ als Differenz zweier stark positiver Elemente darstellbar ist.*
Es folgt nämlich aus $u \gg 0$ für ein gewisses $\lambda \geq 0$ die Beziehung $x \leq \lambda u$ und damit $x \ll (\lambda + 1)u$, woraus sich mit

$$x = (\lambda + 1)\, u - \big((\lambda + 1)\, u - x \big)$$

die geforderte Darstellung ergibt.
Im endlich dimensionalen Raum gilt auch die umgekehrte Aussage, sodass sich der folgende Satz ergibt.

Theorem II.1.2. *In einem endlich dimensionalen geordneten Banachraum (X, K) ist der Kegel K genau dann solid, wenn er erzeugend ist.*

Beweis. Seien der Kegel K erzeugend und n die Dimension des Raumes X. Im Kegel K gibt es n linear unabhängige Vektoren $x_1, \ldots, x_n$ (d. h. eine Basis). Diese existieren, da K als erzeugend vorausgesetzt wurde. Setzt man $u := x_1 + \ldots + x_n$, dann ist $u \in K$. Wir überzeugen uns von $u \gg 0$. Da im endlich dimensionalen normierten Raum die Normkonvergenz und die koordinatenweise Konvergenz äquivalent sind, kann man die Koeffizienten in der Zerlegung eines beliebigen $x \in X$ nach den Basiselementen

$$x = \sum_{i=1}^{n} \lambda_i x_i$$

als stetige Funktionen von x auffassen. Folglich existiert eine solche Umgebung U des Punktes u, dass $x \in U$ die Beziehungen

$$|\lambda_i - 1| < 1, \quad i \in \{1, 2, \ldots, n\}$$

impliziert.
Aus den letzten Ungleichungen ergibt sich aber $\lambda_i > 0$ für alle i und somit $U \subset K$. $\quad$ □

In einem archimedischen Raum X mit solidem Kegel K bilden wir für ein Element $u \gg 0$ die u-Norm. Aus der Beziehung (1) folgt

$$\|x\|_u \leq \frac{1}{\rho} \|x\| \text{ (wobei } \rho \text{ so gewählt ist, dass } \overline{B\,(u; \rho)} \subset K \text{ gilt),}$$

sodass sich die u-Topologie in X, d. h. die durch die u-Norm definierte Topologie, schwächer als die ursprüngliche erweist.

Theorem II.1.3. *Jeder solide Kegel in einem archimedisch geordneten normierten Raum ist abgeschlossen.*

Beweis. Sei $x_n \geq 0$ und $x_n \xrightarrow{\|\cdot\|} x$. Dann gilt auch $\|x_n - x\|_u \longrightarrow 0$ $(u \gg 0)$ und daher $x_n - x \leq \varepsilon_n u$ mit $\varepsilon_n \longrightarrow 0$. Hieraus folgen $-x \leq \varepsilon_n u$ und nach dem archimedischen Prinzip $-x \leq 0$, d. h. $x \geq 0$.[2] $\qquad\qquad\square$

Im Weiteren untersuchen wir in einem geordneten normierten Raum die Relation zwischen (o)-beschränkten, d. h. der im Sinne der Ordnung gleichzeitig von oben und unten beschränkten Mengen (siehe Abschnitt I.2), und Mengen, die bezüglich der Norm beschränkt sind (also normbeschränkte oder $\|\cdot\|$-beschränkte Mengen).[3]

Theorem II.1.4. *In einem geordneten normierten Raum (X, K) folgt aus der Normbeschränktheit einer Menge genau dann ihre (o)-Beschränktheit, wenn der Kegel K solid ist.*

Beweis. Ist K solid, dann folgt die (o)-Beschränktheit der Einheitskugel aus (1). Ist umgekehrt die Einheitskugel B (o)-beschränkt, dann gilt für alle $x \in B$

$$\pm x \leq v \,,$$

für ein[4] $v \geq 0$. Damit ergibt sich

$$v + x \geq 0 \quad \text{für alle } x \in B$$

und somit $v \gg 0$. $\qquad\qquad\square$

Theorem II.1.5. *Ist $(X, \|\cdot\|, K)$ ein archimedisch geordneter normierter Raum und $u > 0$, dann ist im Raum $(X_u, \|\cdot\|_u, K_u)$ der Kegel K_u solid.*

Beweis. Wir zeigen, dass u ein innerer Punkt von K_u (in der u-Topologie) ist. Tatsächlich, für $\|x\|_u \leq 1$ hat man $\pm x \leq u$, d. h. $u + x \geq 0$. $\qquad\qquad\square$

Bemerkung. Fast alle in diesem Abschnitt erwähnten Fakten können auch auf den Fall übertragen werden, dass K ein Keil im normierten Raum X mit $K \neq X$ ist. Eine Ausnahme bilden lediglich die Fakten, die mit der u-Norm zusammenhängen, und das auch nur deshalb, weil wir die Begriffe einer u-Norm oder u-Halbnorm lediglich in einem geordneten normierten Raum eingeführt haben. Obwohl im Fall eines Keils K ein Element $x \neq 0$ mit $\pm x \in K$ existieren kann, gilt hierbei jedoch für $u \gg 0$ ebenfalls

---

2 Die Ebene $\mathbb{R}^2$ mit dem offensichtlich soliden Kegel $K = \{(x_1, x_2), \ x_1 > 0, \ x_2 < x_1\} \cup \{0\}$ ist ein geordneter normierter Raum, der aber laut Theorem nicht archimedisch ist, da K nicht abgeschlossen ist. Davon kann man sich auch leicht überzeugen: Für $y = (2, 1)$ und $x = (-1, 1)$ gilt dann zwar $nx \leq y$ für alle $n \in \mathbb{N}$, aber $x \notin -K$ (A. d. Ü.).
3 Im Original wird eine normbeschränkte Menge *(b)-beschränkt* genannt (A. d. Ü.).
4 Die (o)-Beschränktheit von B bedeutet unmittelbar, dass für alle $x \in B$ gilt: $z \leq x \leq y$, wobei $y \geq 0$, $z \leq 0$. Dann gilt aber $\pm x \leq y - z$.

$-u \notin K$. Bei Annahme des Gegenteils ergäbe sich nämlich aus (b) $0 \gg 0$, d. h., Null wäre stark positiv, was nicht möglich ist. Somit ist, selbst wenn K ein solider Keil ($\neq X$) ist, die Menge seiner stark positiven Elemente, ergänzt durch das Nullelement, ein solider Kegel.

II.2 Lineare Funktionale in einem Raum mit solidem Kegel

Wir werden hier (X, K) als geordneten normierten Raum annehmen, obwohl das Folgende auch für den Fall, dass K ein von X verschiedener Keil ist, seine Gültigkeit behält.

Theorem II.2.1. *Ist der Kegel K solid, dann ist jedes positive lineare Funktional f auf X stetig. Ist dabei das Funktional f von null verschieden, dann gilt $f(u) > 0$ für beliebiges $u \gg 0$.*

Beweis. Aus der Beziehung (1) folgt für $x \neq 0$

$$f(u) \geq \frac{\rho}{\|x\|} f(x) \ .$$

Daraus erhält man die Beschränktheit des Funktionals f auf der Einheitskugel, damit seine Stetigkeit und für seine Norm die Abschätzung

$$\|f\| \leq \frac{1}{\rho} f(u) \ . \tag{2}$$

Somit gilt für ein von null verschiedenes Funktional f die Beziehung $f(u) > 0$. □

Aus dem bewiesenen Theorem und der Folgerung 2 (I.6) ergibt sich, dass in einem Raum mit solidem Kegel (oder Keil) stets ein von null verschiedenes, stetiges lineares positives Funktional existiert.

Theorem II.2.2. *Ist K ein solider Kegel und E ein linearer Teilraum von X, der keine stark positiven Elemente enthält, dann existiert ein solches von null verschiedenes stetiges, lineares, positives Funktional f mit $f(x) = 0$ auf E.*

Beweis. Seien $u \gg 0$ und $G = \{x \in X\colon x = y + \lambda u, \ y \in E, \ \lambda \in \mathbb{R}\}$.
Dann ist G ein linearer Teilraum von X, wobei für jedes $x \in G$ die (sich aus der Definition der Menge G ergebende) Darstellung eindeutig ist. Wir setzen

$$f(x) := \lambda, \quad x \in G \ .$$

Die Linearität von f ist klar. Wir überprüfen seine Positivität. Sei $x = y + \lambda u > 0$ und nehmen wir $\lambda < 0$ an. Dann ist $-\lambda u \gg 0$, und wegen $y \geq -\lambda u$ ist auch $y \gg 0$, was der Bedingung widerspricht. Nach Folgerung 1 aus Theorem I.6.2 erlaubt das Funktional f eine lineare positive Erweiterung auf X. Nach dem vorhergehenden Theorem ist diese Erweiterung stetig. □

Folgerung. *Ist der Kegel K solid und x ∈ X ein solches Element, für das f(x) > 0 für jedes f ∈ K'\{0} gilt, dann ist x ≫ 0.*

Beweis. Wenn man zulässt, dass x nicht stark positiv ist, sind zwei Fälle möglich: Entweder gilt $-x \gg 0$, oder beide Elemente $\pm x$ sind nicht stark positiv.
Im ersten Fall ist $f(-x) > 0$ für alle $f \in K'\backslash\{0\}$ und daher $f(x) < 0$. Im zweiten Fall nehmen wir für E die durch x und $-x$ verlaufende Gerade und wenden das vorhergehende Theorem an. Dann ist $f(x) = 0$ für ein gewisses $f \in K'\backslash\{0\}$. In beiden Fällen kommen wir also zu einem Widerspruch. □

Aus den Resultaten dieses Abschnitts kann leicht der im Weiteren häufig verwendete Satz von M. Eidelheit[5] (1910–1943) (siehe [E36, 34]) über die Trennbarkeit konvexer Mengen[6] in normierten Räumen abgeleitet werden.

Theorem II.2.3. *Seien X ein normierter Raum, A und B nicht leere konvexe Mengen in X, wobei A offen ist und A ∩ B = ∅. Dann existiert eine abgeschlossene, A und B trennende Hyperebene H, wobei A streng auf einer Seite von H liegt.[7]*

Beweis. Sei $C = A - B$. Dabei ist klar, dass C eine nicht leere konvexe offene Menge mit $0 \notin C$ ist. Sei K der über C aufgespannte Kegel. Dabei sind alle Punkte aus C innere Punkte des Kegels K. Es existiert dann ein von null verschiedenes stetiges, lineares Funktional f, für das $f(x) > 0$ für alle $x \in C$ gilt. Folglich ist $f(x) > f(y)$ für beliebige $x \in A$ und $y \in B$. Als H nehmen wir nun die Hyperebene $f = c$, wobei c eine beliebige, der Ungleichung

$$\sup_{y \in B}\{f(y)\} \le c \le \inf_{x \in A}\{f(x)\}$$

genügende Zahl ist. Dann trennt H die Mengen A und B. Nehmen wir an, dass für ein Element $x \in A$ die Gleichheit $f(x) = c$ gilt. Da $B(x;\rho) \subset A$ für ein gewisses $\rho > 0$ gilt, ist $c \pm f(z) \ge c$ bei beliebigem $z \in X$ mit $\|z\| \le \rho$, d. h., $f(z) = 0$ für alle derartigen z. Aber das bedeutet, dass f das Nullfunktional ist, was im Widerspruch zu seiner Konstruktion steht. Somit gilt $f(x) > c$ für $x \in A$. □

Folgerung. *Ist B eine nicht leere, konvexe, abgeschlossene Menge in X und x₀ ∉ B, dann sind x₀ und B durch eine abgeschlossene, nicht durch x₀ verlaufende Hyperebene trennbar.*

Für den Beweis ist es ausreichend, für A eine gewisse Kugelumgebung des Punktes x_0 zu wählen, die sich mit B nicht schneidet.

---

5 M. Eidelheit wurde 1943 von den deutschen Faschisten in Lemberg ermordet (A. d. Ü.).
6 Siehe Anhang 3.
7 Eine Hyperebene H wird durch die Gleichung $f(x) = c$ (mit einem von null verschiedenen linearen Funktional f) definiert. Die Abgeschlossenheit von H bedeutet, dass f stetig ist. Trennbarkeit heißt, dass $f(x) \ge c$ für $x \in A$ und $f(x) \le c$ für $x \in B$ (oder umgekehrt) gilt, wobei bezüglich A im Theorem $f(x) > c$ für $x \in A$ (oder entsprechend $f(x) < c$) behauptet wird.

II.3 Abgeschlossene Kegel

Wie wir hier und im Weiteren sehen werden, spielen abgeschlossene Kegel in geordneten normierten Räumen eine wichtige Rolle bei der Lösung einer Reihe von Fragen.

Lemma. *Die Abgeschlossenheit des Kegels K im geordneten normierten Raum (X, K) ist notwendig und hinreichend dafür, dass in einer Ungleichung zum Normgrenzwert übergegangen werden darf.*[8]

Beweis. Gelten $x_n \geq y_n$ und $x_n \overset{\|\cdot\|}{\longrightarrow} x$, $y_n \overset{\|\cdot\|}{\longrightarrow} y$, dann folgt $x_n - y_n \in K$ und, falls K abgeschlossen ist, $x - y \in K$, d. h. $x \geq y$. Ist K nicht abgeschlossen, dann existiert eine solche Folge $x_n \overset{\|\cdot\|}{\longrightarrow} x$ mit $x_n \geq 0$, wobei aber die Ungleichung $x \geq 0$ nicht gilt. $\qquad\square$

Theorem II.3.1. *In einem geordneten normierten Raum (X, K) seien der Kegel K abgeschlossen, $x_n \geq 0$ und $x = \sum_{n=1}^{\infty} x_n$ (im Sinne der Normkonvergenz). Dann ist $x \geq 0$, und darüber hinaus gilt*

$$\forall n \in \mathbb{N}: x \geq x_n \,, \quad x \geq \sum_{k=1}^{n} x_k \,.$$

Beweis. Für beliebiges n hat man

$$\sum_{k=1}^{n+p} x_k \geq \sum_{k=1}^{n} x_k, \quad p \in \mathbb{N} \,.$$

Nach Übergang zum Normgrenzwert für $p \to \infty$ erhält man $x \geq \sum_{k=1}^{n} x_k$ und damit auch das Übrige. $\qquad\square$

Mithilfe desselben Lemmas können leicht die folgenden in einem geordneten normierten Raum (X, K) mit abgeschlossenen Kegel K geltenden Aussagen bewiesen werden.

(1) Wenn eine monoton wachsende Folge $(x_n)_{n \in \mathbb{N}}$ zu x in der Norm konvergiert, dann gilt $x = \sup_{n \in \mathbb{N}} \{x_n\}$.

   Beweis. Für $m \geq n$ ist $x_m \geq x_n$. Nach Übergang zum Normgrenzwert in dieser Ungleichung für $m \to \infty$ erhält man $x \geq x_n$, was für beliebiges $n \in \mathbb{N}$ gilt. Wenn auf der anderen Seite $x_n \leq y$ für alle n gilt, dann folgt nach dem Grenzübergang $x \leq y$. Somit ist $x = \sup \{x_n\}$. $\qquad\square$

(2) Wenn $x_n \xrightarrow[n \to \infty]{(o)} x$ und $x_n \xrightarrow[n \to \infty]{\|\cdot\|} y$, dann $x = y$.

   Beweis. Seien $(y_n)_{n \in \mathbb{N}}$ und $(z_n)_{n \in \mathbb{N}}$ „einschließende" monotone Folgen für (x_n), $y_n \downarrow x$, $z_n \uparrow x$. Dann gilt bei $m \geq n$

$$z_n \leq z_m \leq x_m \leq y_m \leq y_n \,,$$

---

8 Der Übergang zum (o)-Grenzwert in einer Ungleichung ist immer möglich.

und folglich auch $z_n \le y \le y_n$. Indem man in den äußeren Gliedern der letzten Ungleichung zu den exakten Schranken übergeht, erhält man $x \le y \le x$ und daraus $x = y$. □

Die soeben bewiesenen Aussagen gelten auch für Netze.

Theorem II.3.2. *Wenn der Kegel K abgeschlossen ist, dann ist der geordnete normierte Raum (X, K) archimedisch.*

Beweis. Es gelte $nx \le y$ oder äquivalent $x \le \frac{1}{n}y$ für alle n. Durch Übergang zum Normgrenzwert erhält man $x \le 0$. □

Aus den Sätzen II.1.3 und II.3.2 ergibt sich unmittelbar die nächste Aussage.

Folgerung. *In einem Raum mit solidem Kegel ist das archimedische Prinzip zur Abgeschlossenheit des Kegels äquivalent.*

Ein analoges Resultat gilt in endlich dimensionalen Räumen auch ohne die Voraussetzung, dass der Kegel solid ist.

Theorem II.3.3. *In einem endlich dimensionalen geordneten Banachraum (X, K) ist das archimedische Prinzip äquivalent zur Abgeschlossenheit des Kegels K.*

Beweis. Sei der endlich dimensionale Raum (X, K) archimedisch. Setzt man $E = K-K$, dann ist der geordnete Banachraum (E, K) ebenfalls archimedisch. In E ist der Kegel K erzeugend, daher nach Theorem II.1.2 solid und schließlich nach der letzten Folgerung abgeschlossen in E. E ist aber als Teilraum des endlich dimensionalen Raumes X abgeschlossen, sodass auch der Kegel K in X abgeschlossen ist. □

In einem unendlich dimensionalen archimedischen geordneten Banachraum (X, K) ist der Kegel im Allgemeinen nicht abgeschlossen.

Beispiel. Betrachten wir den Raum ℓ^1 aus dem Beispiel 1 des Abschnitts I.8. Der dort beschriebene Kegel ist offensichtlich nicht abgeschlossen. Hat man andererseits

$$\forall n \in \mathbb{N}: nx \le y, \quad x = (\xi_k)_{k \in \mathbb{N}}, \quad y = (\eta_k)_{k \in \mathbb{N}},$$

dann gilt $n\xi_k \le \eta_k$ und daher $\xi_k \le 0$. Außerdem erhält man aus der Ungleichung $x \le y$ die Beziehung $\xi_k = \eta_k$ für alle $k > k_0$ mit $k_0 \in \mathbb{N}$ und aus der Ungleichung $2x \le y$ die Beziehung $2\xi_k = \eta_k$ für $k > k_1$ $(k_1 \in \mathbb{N})$. Hieraus folgt $\xi_k = 0$ für alle $k > k_0, k_1$. Somit ist $x \le 0$ und das archimedische Prinzip erfüllt.

Theorem II.3.4. *Sei F eine nicht leere, normbeschränkte, abgeschlossene und konvexe Menge in einem normierten Raum X und $0 \notin F$. Dann ist der über F aufgespannte Kegel $K(F)$ (siehe I.1) abgeschlossen.*

Beweis. Seien $x_n = \lambda_n y_n$ mit $y_n \in F$, $\lambda_n > 0$ und $x_n \xrightarrow{\|\cdot\|} x \ne 0$. Wir zeigen $x \in K(F)$. Da F normbeschränkt und abgeschlossen ist und 0 nicht enthält, existieren solche

Konstanten $M \geq m > 0$, dass $m \leq \|y_n\| \leq M$ für beliebiges $n \in \mathbb{N}$ und damit

$$\frac{1}{M} \inf\{\|x_n\|\} \leq \lambda_n \leq \frac{1}{m} \sup\{\|x_n\|\}$$

gilt. Folglich hat man für eine gewisse Teilfolge $\lambda_{n_i} \xrightarrow[i \to \infty]{} \lambda_0 > 0$, daher

$$y_{n_i} = \frac{1}{\lambda_{n_i}} x_{n_i} \xrightarrow[i \to \infty]{\|\cdot\|} \frac{1}{\lambda_0} x \,,$$

somit $\frac{1}{\lambda_0} x \in F$ und $x \in K(F)$. $\qquad\qquad\qquad\qquad\qquad\qquad\qquad\qquad\qquad\qquad\quad\square$

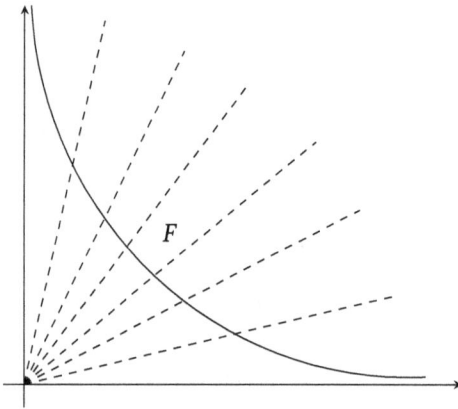

Abb. 6: Kegel $K(F)$ für eine nicht normbeschränkte Menge F.

Wir bemerken, dass man unter den Bedingungen dieses Satzes nicht auf die Forderung der Normbeschränktheit der Menge F verzichten kann.

Nimmt man beispielsweise in $\mathbb{R}^2$ als F die in Abbildung 6 gezeigte Menge, als deren Rand ein Hyperbelast dient, dann ist $K(F)$ der nicht abgeschlossene Sektor.

II.4 Stetige lineare Funktionale in einem Raum mit abgeschlossenem Kegel

Wir setzen jetzt den Kegel K im geordneten normierten Raum (X, K) als abgeschlossen voraus.

Lemma. *Wenn $x_0 \notin K$, dann existiert ein $f \in K'$ mit $f(x_0) < 0$.*

Beweis. Nach der Folgerung aus dem Satz von Eidelheit (II.2.3) sind der Kegel K und der Punkt x_0 mithilfe einer abgeschlossenen, nicht durch x_0 verlaufenden Hyperebene $f(x) = c$ trennbar, wobei man $f(x) \geq c$ auf K und $f(x_0) < c$ annehmen kann. Da $0 \in K$ und $f(0) = 0$, ist $c \leq 0$ und folglich $f(x_0) < 0$. Andererseits gilt für beliebiges $x \in K$

$$f(x) = \frac{1}{n} f(nx) \geq \frac{c}{n} \xrightarrow[n \to \infty]{} 0 \,,$$

woraus $f(x) \geq 0$ und $f \in K'$ folgen. $\qquad\qquad\qquad\qquad\qquad\qquad\qquad\qquad\qquad\quad\square$

Einige Resultate aus II.2 können folgendermaßen verschärft werden.

Theorem II.4.1. *Für beliebiges $x_0 > 0$ existiert ein $f \in K'$ mit $f(x_0) > 0$.*

Dieser Satz folgt wegen $-x_0 \notin K$ unmittelbar aus dem Lemma.

Bemerkung. Aus den Beweisen geht hervor, dass das vorherige Lemma (aber nicht das Theorem) auch im Fall eines Raumes mit abgeschlossenem Keil gilt. Sowohl Lemma als auch Theorem gelten nicht mehr, wenn der Kegel nicht abgeschlossen ist. So kann beispielsweise im euklidischen Raum $\mathbb{R}^2$ mit der lexikografischen Halbordnung (siehe I.4) das Element $(0, 1)$ als Normgrenzwert einer Folge negativer Elemente dargestellt werden, weswegen für ein beliebiges stetiges lineares positives Funktional $f(0, 1) = 0$ gilt. Eine Verallgemeinerung von Theorem II.4.1 auf den Fall eines nicht abgeschlossenen Kegels wird im nächsten Abschnitt formuliert.

Theorem II.4.2 (M. G. Krein [34]). *In einem separablen geordneten normierten Raum X mit abgeschlossenem Kegel K existiert ein streng positives stetiges lineares Funktional f, d. h. ein solches, für das $f(x) > 0$ für alle $x > 0$ gilt.*

Beweis. Sei $L = K' \cap B'$, wobei B' die abgeschlossene Einheitskugel im dualen Raum X' bezeichnet. Nach dem Satz von Alaoglu (siehe [28, IV.3, Theorem 5]) ist B' in der schwach*-Topologie $\sigma(X', X)$ ein kompakter metrischer Raum[9] und folglich separabel. Dann ist aber auch L ein separabler metrischer Raum. Sei $\{f_n\}_{n=1}^{\infty}$ eine in L dichte Menge. Das Funktional

$$f_0 = \sum_{n=1}^{\infty} \frac{1}{2^n} f_n$$

liegt in K'. Sei $x > 0$. Angenommen $f_0(x) = 0$, dann ist $f_n(x) = 0$ für alle $n \in \mathbb{N}$. Folglich gilt $f(x) = 0$ für beliebiges $f \in L$ und damit auch für beliebiges $f \in K'$. Mithilfe des vorherigen Satzes folgern wir hieraus $x = 0$ und erhalten einen Widerspruch. □

Für nicht separable Räume gilt dieser Satz nicht. In der Tat, betrachten wir den Raum ℓ_T^{∞} mit der natürlichen koordinatenweisen Halbordnung, wobei T eine beliebige überabzählbare Menge ist. Der Kegel der positiven Elemente dieses Raumes ist offenbar

---

9 Im Original macht der Autor an dieser Stelle die folgende Bemerkung: Da wir die im dualen Raum X' mithilfe von X'' eingeführte schwache Topologie nicht benötigen, werden wir die schwach*-Topologie einfach kurz schwache Topologie nennen und dementsprechend solche Begriffe wie schwache Abschließung oder schwache Kompaktheit in diesem Sinn verstehen.
In der Übersetzung haben wir diese Vereinbarung übergangen und benutzen die genauere Bezeichnung „schwach*-Topologie" für $\sigma(X', X)$. Die schwach*-Topologie im dualen Raum X' eines normierten Raumes X wird folgendermaßen eingeführt:
Eine Umgebungsbasis eines Punktes $f_0 \in X'$ besteht aus Mengen der Gestalt

$$V(f_0, \varepsilon; x_1, \ldots, x_n) = \left\{ f \in X' : |f(x_i) - f_0(x_i)| < \varepsilon, \; i \in \{1, \ldots, n\} \right\},$$

wobei $\varepsilon > 0$ und $\{x_1, \ldots, x_n\}$ eine beliebige endliche Menge von Elementen aus X ist (A. d. Ü.).

abgeschlossen. Gleichzeitig ist offensichtlich, dass ein positives lineares Funktional, das auf allen Einheitsvektoren[10] des Raumes ℓ_T^∞ größer als null ist, nicht existieren kann.[11]

II.5 Die Abschließung eines Kegels

Es sei jetzt X ein geordneter normierter Raum mit von Null verschiedenem Kegel K. Klar ist, dass die Abschließung $\overline{K}$ ein Keil ist, jedoch kein (eigentlicher) Kegel zu sein braucht. Ist beispielsweise im euklidischen Raum $\mathbb{R}^2$ der Kegel K die nicht abgeschlossene Halbebene, dann ist $\overline{K}$ die abgeschlossene Halbebene; diese ist aber bereits kein Kegel mehr. Darüber hinaus ist, wie das folgende Beispiel zeigt, auch $\overline{K} = X$ nicht ausgeschlossen.

Beispiel 2. Sei $X = \ell^1$ und bestehe der Kegel K aus null und allen finiten Vektoren, bei denen die letzte von null verschiedene Koordinate positiv ist. Wir zeigen $\overline{K} = X$, wobei es ausreicht, die Dichtheit von K in der Menge aller finiten Vektoren nachzuweisen. Ist nun $x = (\xi_1, \ldots, \xi_p, 0, \ldots)$ ein beliebiger finiter Vektor, dann erhält man mit

$$x_n = \left(\xi_1, \ldots, \xi_p, \tfrac{1}{n}, 0, \ldots \right)$$

sofort $x_n \in K$ und $x_n \xrightarrow{\|\cdot\|} 0$.[12]

Indem man die direkte Summe des betrachteten Raumes mit einem beliebigen normierten Raum bildet, kann man einen geordneten normierten Raum erhalten, in dem zwar $\overline{K}$ ein linearer Teilraum ist, jedoch nicht mit dem gesamten Raum zusammenfällt. Auf diese Weise können drei Fälle unterschieden werden:
(1) Der Kegel K ist in X dicht
(2) K ist nicht dicht, aber $\overline{K}$ ist ein linearer Teilraum.
(3) K ist nicht dicht und $\overline{K}$ ist kein linearer Teilraum (aus der Nichtlinearität von $\overline{K}$ folgt selbstverständlich, dass K nicht dicht ist).

Wenn $\overline{K}$ ein linearer Teilraum ist, dann gilt $\overline{K - K} = \overline{K}$. Die Abschließung eines nicht dichten räumlichen Kegels ist im Allgemeinen kein linearer Teilraum.

---

10 Für jedes $t_0 \in T$ ist der zugehörige Einheitsvektor definiert als

$$e_{t_0} : T \to \mathbb{R}, \quad t \mapsto \begin{cases} 1 & \text{für } t = t_0 \\ 0 & \text{sonst} \end{cases}$$

(A. d. Ü.).

11 Ein derartiges Funktional nähme beispielsweise auf einem Element aus ℓ_T^∞ mit ausschließlich positiven „Koordinaten" einen unendlichen Wert an, wäre also nicht für alle Elemente des Raumes definiert (A. d. Ü.).

12 In diesem Beispiel gilt interessanterweise $K - K = K \cup (-K)$.

Bemerkung. Ist K ein solider Kegel, dann braucht seine Abschließung $\overline{K}$ ebenfalls kein linearer Teilraum zu sein. Wenn dabei $u \gg 0$ gilt, dann ist $-u \notin \overline{K}$. Tatsächlich gilt entsprechend der Bemerkung am Schluss von II.1 im Fall von $u \gg 0$ zunächst $-u \notin K$. Eine gewisse Umgebung V des Elements u besteht aber nur aus stark positiven Elementen, sodass sich die Umgebung $-V$ des Elements $-u$ nicht mit K schneidet, somit gilt $-u \notin \overline{K}$.

Es ist leicht zu sehen, dass das Lemma aus Abschnitt II.4 auf geordnete normierte Räume mit nicht abgeschlossenen Kegeln folgendermaßen übertragen werden kann: Wenn $x_0 \notin \overline{K}$, dann existiert ein $f \in K'$ mit $f(x_0) < 0$.
Um sich davon zu überzeugen, genügt es, das Lemma aus II.4 auf den Raum X mit dem Keil $\overline{K}$ anzuwenden. Damit kann dem Theorem II.4.1 die folgende allgemeine Form verliehen werden:
Dafür, dass für vorgegebenes x_0 im Raum X mit Keil K ein solches $f \in K'$ mit $f(x_0) > 0$ existiert, ist die Bedingung $-x_0 \notin K$ notwendig und hinreichend.

II.6 Allgemeine Bedingungen für die Existenz positiver stetiger linearer Funktionale

Es sei (X, K) erneut ein geordneter normierter Raum mit beliebigem Kegel $K \neq \{0\}$.

Theorem II.6.1.
(a) *Für die Existenz eines von Null verschiedenen Funktionals $f \in K'$ auf X ist $\overline{K} \neq X$ notwendig und hinreichend.*
(b) *Für die Existenz eines auf dem Kegel K nicht identisch verschwindenden Funktionals $f \in K'$ ist notwendig und hinreichend, dass $\overline{K}$ kein linearer Teilraum ist.*
Das Theorem behält seine Gültigkeit auch für den Fall eines Keils K.

Beweis. Die Gültigkeit des Satzes ergibt sich aus der Betrachtung folgender drei Fälle. Ist $\overline{K} = X$ und $f \in K'$, dann gilt $f(x) \geq 0$ für jedes $x \in X$ und daher $f(x) \equiv 0$.
Seien nun $\overline{K} \neq X$, aber $\overline{K}$ ein linearer Teilraum und $x_0 \notin \overline{K}$. Nach dem Lemma aus II.4 (das auch für einen Keil gilt) existiert ein solches stetiges lineares Funktional f mit $f(x) \geq 0$ auf $\overline{K}$, folglich gilt $f(x) \equiv 0$ auf $\overline{K}$ und $f(x_0) < 0$.
Ist schließlich $\overline{K}$ kein linearer Teilraum, dann existiert ein $x_0 \in \overline{K}$ mit $-x_0 \notin \overline{K}$. Somit gibt es ein stetiges lineares Funktional f mit $f(x) > 0$ auf $\overline{K}$ und $f(-x_0) < 0$. Damit gilt $f(x_0) > 0$. Aufgrund der Stetigkeit von f existiert nun auch ein $x \in K$ mit $f(x) > 0$. $\square$

Unter Berücksichtigung der Bemerkung am Schluss von II.5 erhalten wir sofort das in II.2.2 bewiesene Resultat über die Existenz von Null verschiedener stetiger linearer positiver Funktionale in einem Raum mit solidem Kegel.

II.7 Über die Zerlegung stetiger linearer Funktionale

Theorem II.7.1 (I. Namioka [42]). *Sei in einem geordneten Banachraum (X, K) der Kegel K abgeschlossen. Wenn das Funktional $f \in X'$ auf jeder (o)-beschränkten Teilmenge aus X beschränkt ist, dann ist f als Differenz zweier positiver stetiger linearer Funktionale darstellbar.*

Beweis. Wir setzen für jedes $x \geq 0$

$$p(x) := \sup_{0 \leq y \leq x} \{f(y)\} .$$

Offensichtlich gelten dann die folgenden Aussagen:
(1) $0 \leq p(x) < +\infty$, und $f(x) \leq p(x)$,
(2) das Funktional p ist positiv homogen,
(3) $p(x_1 + x_2) \geq p(x_1) + p(x_2)$ für beliebige $x_1, x_2 \in K$.

Wir zeigen, dass es eine solche Konstante C gibt, sodass $p(x) \leq C\|x\|$ für alle $x \in K$ gilt. Wäre dem nicht so, dann existierte eine Folge von Elementen $x_n \in K$ mit

$$\|x_n\| = \frac{1}{n^2} \quad \text{und} \quad p(x_n) > n .$$

Dann gibt es für jedes $n \in \mathbb{N}$ ein $y_n > 0$ mit $y_n \leq x_n$ und $f(y_n) > n$. Es gilt jedoch $y_n \leq x = \sum_{n=1}^{\infty} x_n$, und laut Voraussetzung muss die Menge $\{f(y_n): n \in \mathbb{N}\}$ beschränkt sein, sodass man einen Widerspruch erhält.

Betrachten wir jetzt den Raum $Z = X \times \mathbb{R}$ (dessen Elemente Paare $z = (x, \lambda)$ sind) mit der Norm $\|z\| = \|x\| + |\lambda|$. In Z zeichnen wir den Kegel

$$K_1 := \{z \in Z: x \geq 0, \lambda \leq p(x)\}$$

aus. Das Element $z_0 = (0, 1)$ liegt nicht in $\overline{K_1}$. In der Tat, nehmen wir an, dass solche $z_n = (x_n, \lambda_n)$ mit $z_n \xrightarrow{\|\cdot\|} z_0$ existieren, dann folgen $x_n \xrightarrow{\|\cdot\|} 0$ und $\lambda_n \longrightarrow 1$. Es gilt aber $\lambda_n \leq p(x_n) \longrightarrow 0$, sodass wir zu einem Widerspruch kommen.

Nach dem Lemma aus II.4 existiert auf Z ein solches stetiges lineares Funktional ψ mit $\psi(z) \geq 0$ auf $\overline{K_1}$ und $\psi(z_0) < 0$. Dabei sei daran erinnert, dass das Lemma aus II.4 auch anwendbar ist, falls sich $\overline{K_1}$ nur als Keil erweisen sollte.

Wir setzen nun $\varphi(x) := \psi(x, 0)$. Dann ist klar, dass φ ein stetiges lineares Funktional auf X ist, und da $(x, 0) \in K_1$ für $x \in K$ gilt, ergibt sich $\varphi \in K'$. Für ein beliebiges $z = (x, \lambda)$ gilt

$$\psi(z) = \varphi(x) + \lambda \psi(z_0) .$$

Für $x \in K$ liegt $z = (x, p(x))$ in K_1 und deshalb gilt

$$\varphi(x) + p(x) \psi(z_0) \geq 0 ,$$

woraus $p(x) \leq g(x)$ mit

$$g(x) := -\frac{\varphi(x)}{\psi(z_0)}$$

folgt. Nun ist aber $g \in K'$ und $f \le g$, sodass die Beziehung $f = g - (g - f)$ die geforderte Darstellung ergibt. □

Folgerung. *Genügt (X, K) den Bedingungen des Satzes und ist ein Funktional $f \in X'$ als Differenz zweier linearer positiver Funktionale darstellbar, dann ist es auch als Differenz stetiger linearer positiver Funktionale darstellbar.*
Die Folgerung ergibt sich daraus, dass jedes lineare positive Funktional auf jeder (o)-beschränkten Menge beschränkt ist.

II.8 Fastinnere Punkte eines Kegels

Sei (X, K) ein geordneter normierter Raum mit $\overline{K} \ne X$. Wir erinnern daran, dass in diesem Fall nach Theorem II.6.1 die Beziehung $K' \backslash \{0\} \ne \emptyset$ gilt.

Definition. Ein Element $u \in K$ heißt *fastinnerer* Punkt[13] (des Kegels K), wenn für beliebiges $f \in K' \backslash \{0\}$ gilt: $f(u) > 0$.

Fastinnere Punkte können nur existieren, wenn der Kegel K räumlich ist. In der Tat, unter Annahme des Gegenteils wäre nach Theorem I.8.1 der duale Keil K' kein Kegel, d. h., es existierte ein solches f mit $\pm f \in K' \backslash \{0\}$.
Aus dem Theorem II.2.1 und der Folgerung aus dem Theorem II.2.2 ergibt sich, dass, falls der Kegel K solid ist, die fastinneren Punkte des Kegels K mit seinen inneren Punkten zusammenfallen. Wenn jedoch ein Kegel K nicht solid ist, d. h., keine inneren Punkte besitzt, dann können fastinnere Punkte dennoch existieren.

Beispiel. Im Raum L^1 (auf einen beliebigen Maßraum mit σ-endlichem Maß) mit seiner natürlichen Halbordnung ist jede Funktion, die fast überall größer als null ist, ein fastinnerer Punkt des Kegels der positiven Elemente (dieser ist aber nicht solid). Andererseits gibt es im diskreten Raum $\ell^2(T)$ mit nicht abzählbarer Menge T (und natürlicher Halbordnung) im Kegel der positiven Elemente keinen fastinneren Punkt.

Klar ist, dass die durch Null ergänzte Menge der fastinneren Punkte einen Kegel bildet. Analog wie in II.1 überprüft man, dass die Menge der fastinneren Punkte im Kegel K überall dicht ist, falls sie nicht leer ist. Der folgende Satz gibt Bedingungen an, die die Existenz fastinnerer Punkte garantieren.

Theorem II.8.1. *Ist in einem separablen geordneten Banachraum (X, K) der Kegel K abgeschlossen und räumlich, dann existieren fastinnere Punkte.*

---

13 Fastinnere Punkte wurden von I. A. Bachtin in [10] untersucht.

Beweis. Wir fixieren im Kegel K eine abzählbare, überall dichte Menge von Elementen $x_n > 0$ und setzen

$$u := \sum_{n=1}^{\infty} \frac{1}{2^n \|x_n\|} x_n \,.$$

Offenbar ist $u \in K$. Falls $f \in K'$ und $f(u) = 0$, dann ist auch $f(x_n) = 0$ für jedes $n \in \mathbb{N}$ und daher $f(x) = 0$ für jedes $x \in K$. Da aber K ein räumlicher Kegel ist, folgt hieraus $f(x) \equiv 0$ auf X. □

In engem Zusammenhang mit dem Begriff eines fastinneren Punktes steht der Begriff eines quasi-inneren Punktes, siehe z. B. [47, S. 304].

Definition. Ein Element $u > 0$ heißt *quasi-innerer Punkt des Kegels K*, wenn die Menge X_u der bezüglich u beschränkten Elemente im Raum X dicht ist.

Es ist leicht zu sehen, dass ein quasi-innerer Punkt u auch ein fastinnerer Punkt ist. Tatsächlich, wenn $f \in K'$ und $f(u) = 0$, dann gilt $f \equiv 0$ auf ganz X_u und daher auch auf X. Das bedeutet, dass u ein fastinnerer Punkt ist. Man kann leicht nachweisen, dass in einem normierten Verband die Begriffe quasi-innerer und fastinnerer Punkt identisch sind.

III Nichtabgeflachte Kegel

In diesem Kapitel erfolgen die Untersuchungen lediglich für geordnete normierte Räume (X, K), obwohl alle Resultate auch für Räume mit einem Keil K gelten.

III.1 Definition und einfachste Eigenschaften eines nicht abgeflachten Kegels

Definition. Ein Kegel K heißt *nichtabgeflacht*, wenn eine solche Zahl M existiert, sodass jedes $x \in X$ als $x = u - v$ mit $u, v \in K$ darstellbar ist, wobei $\|u\|, \|v\| \leq M\|x\|$ gilt. In diesem Fall werden wir auch sagen, dass der Kegel K *mit der Konstanten M nichtabgeflacht* ist. Erfüllt ein Kegel K nicht die Forderung obiger Definition, dann werden wir ihn *abgeflacht* nennen.

Bereits aus der Definition geht hervor, dass ein nichtabgeflachter Kegel erzeugend ist. Jedoch ist nicht jeder erzeugende Kegel auch nichtabgeflacht. Ein entsprechendes Beispiel wird im Abschnitt III.3 angegeben. Aus der Definition folgt ebenfalls, dass es im Falle eines nichtabgeflachten Kegels eine unendliche Menge von Nichtabgeflachtheitskonstanten gibt. Wie das folgende Beispiel zeigt, muss darunter aber nicht unbedingt eine kleinste sein.

Beispiel 3. Wir betrachten $\mathbb{R}^2$ mit der Norm $\|x\| = \|(\xi_1, \xi_2)\| = \max\{|\xi_1|, |\xi_2|\}$ und dem Kegel $K := \{x \in \mathbb{R}^2 : \xi_1 > 0, \ \xi_2 \geq 0\} \cup \{0\}$. Da für jedes $x \in \mathbb{R}^2$ bei beliebigem $\varepsilon > 0$ die Zerlegung

$$x = (\xi_1^+ + \varepsilon, \xi_2^+) - (\xi_1^- + \varepsilon, \xi_2^-) \ \text{mit} \ \xi^+ = \max\{\xi, 0\}, \ \xi^- = \max\{-\xi, 0\}$$

gilt, ist der Kegel K nichtabgeflacht mit einer beliebigen Konstanten $M > 1$. Jedoch ist die Zahl 1 für ihn bereits nicht mehr eine derartige Konstante. Ist x beispielsweise das Element $(1, -1)$, dann ist eine Darstellung als Differenz positiver Elemente nur in der folgenden Weise möglich:

$$x = (1 + \varepsilon, \delta) - (\varepsilon, 1 + \delta) \quad (\varepsilon > 0, \ \delta \geq 0) .$$

Dabei gilt $\|(1 + \varepsilon, \delta)\| > 1$, für x hingegen $\|x\| = 1$.

Die Nichtabgeflachtheit eines Kegels K mit der Konstanten M bedeutet, dass die Menge $B \cap K - B \cap K$, wobei B die Einheitskugel aus X bezeichnet, eine kugelförmige Nullumgebung mit dem Radius $\frac{1}{M}$ enthält und folglich selbst eine Nullumgebung ist.[1]

---

1 In [23] und [52] sagt man von einem Kegel mit solchen Eigenschaften, dass er eine *offene Zerlegung* des Raumes X induziert. Die Norm wird in diesem Fall *zerlegbar* genannt.

DOI 10.1515/9783110478884-003

Wir erwähnen die folgenden einfachen Tatsachen:

(a) Ein nichtabgeflachter Kegel bleibt nichtabgeflacht beim Übergang zu jeder beliebigen anderen äquivalenten Norm. Die Nichtabgeflachtheitskonstanten können sich hingegen beim Übergang zu einer äquivalenten Norm ändern. Insbesondere kann man immer eine äquivalente Norm so einführen, dass eine beliebige Zahl größer als eins Nichtabgeflachtheitskonstante wird. Dazu genügt es, als neue Norm $\|\cdot\|'$ das zu der Nullumgebung $B \cap K - B \cap K$ (diese Umgebung ist konvex, symmetrisch[2] und beschränkt) konstruierte Minkowski-Funktional[3] zu verwenden. Die Äquivalenz dieser und der ursprünglichen Norm $\|\cdot\|$ ergibt sich aus der offensichtlichen Ungleichung

$$\frac{1}{2}\|x\| \le \|x\|' \le M\|x\| \, ,$$

wobei M die ursprüngliche Nichtabgeflachtheitskonstante ist.

(b) Jeder solide Kegel ist nichtabgeflacht. In der Tat folgt aus der Formel (1) aus Abschnitt II.1, dass die Gleichung

$$x = \frac{\|x\|}{\rho}u - \left(\frac{\|x\|}{\rho}u - x\right), \quad u \gg 0$$

eine Darstellung des Elements x als Differenz zweier positiver Elemente mit $M = \frac{\|u\|}{\rho} + 1$ als Nichtabgeflachtheitskonstante ergibt.[4]

(c) Seien X der Raum aller finiten Zahlenfolgen $x = (\xi_n)_{n\in\mathbb{N}}$ mit der üblichen Norm $\|x\| = \max_{n\in\mathbb{N}}\{|\xi_n|\}$ und K die aus dem Nullelement und allen Folgen x aus X, deren letzte von null verschiedenen Koordinaten positiv sind, bestehende Menge. Man sieht leicht, dass K ein Kegel ist. Sei $x \in X$, $x = (\xi_n)$ ein beliebiges von Null verschiedenes Element aus X mit $\xi_{n_0} \ne 0$ und $\xi_n = 0$ für alle $n > n_0$. Seien nun $u = (u_n)$ und $v = (v_n)$ mit

$$u_n = \tfrac{1}{2}\xi_n, \; v_n = -\tfrac{1}{2}\xi_n \text{ für } n \le n_0, \; n > n_0 + 1 \text{ und } u_{n_0+1} = v_{n_0+1} = \tfrac{1}{2}\|x\| \, .$$

Dann hat man $x = u - v$, $\|u\| = \|v\| = \frac{1}{2}\|x\|$, und folglich ist die Nichtabgeflachtheitskonstante dieses Kegels gleich $\frac{1}{2}$.

Theorem III.1.1. *Seien im geordneten normierten Raum (X, K) der Kegel K nichtabgeflacht und bezeichne Y die Normvervollständigung des Raumes X und $\overline{K}^Y$ die Abschließung des Kegels K in Y. Dann ist $\overline{K}^Y$ ein erzeugender Keil.*

---

2 Eine Menge V heißt *symmetrisch*, wenn mit $x \in V$ auch $-x \in V$ gilt (A. d. Ü.).

3 Ist V eine konvexe, symmetrische und beschränkte Nullumgebung, dann wird das entsprechende Minkowski-Funktional durch die Formel

$$p(x) = \inf\{\lambda : \lambda \ge 0, \; x \in \lambda V\}$$

definiert und erweist sich als eine Norm.

4 Seien der Keil K solid, $u \gg 0$ und $\|u\| = 1$. Falls $\rho(K) := \sup\{\rho : \overline{B(u; \rho)} \subset K\} > 0$, dann ist K nichtabgeflacht mit einer Konstanten $M \le \frac{1}{2} + \frac{1}{2\rho(K)}$, siehe [KLS89, Chapter1.1.8] (A. d. Ü.).

Beweis. Sei $y \in Y$. Dann existieren solche $x_n \in X$ mit $y = \sum_{n=0}^{\infty} x_n$, $\|x_n\| < \frac{1}{n^2}$, $n \geq 1$. Für jedes n existieren solche u_n, $v_n \in K$, dass $x_n = u_n - v_n$ und $\|u_n\|, \|v_n\| < \frac{M}{n^2}$ für $n \geq 1$ gelten (M ist eine Nichtabgeflachtheitskonstante des Kegels K). Setzt man $u := \sum_{n=0}^{\infty} u_n$ und $v := \sum_{n=0}^{\infty} v_n$, dann hat man $u, v \in \overline{K}^Y$ und $y = u - v$. □

Die nächste Definition ist auch dann sinnvoll, wenn der Kegel K nicht erzeugend, sondern nur räumlich ist.

Definition. Ein Kegel K heißt *fast nichtabgeflacht*, wenn für jedes $x \in X$ zwei normbeschränkte Folgen $(u_n)_{n\in\mathbb{N}}$, $(v_n)_{n\in\mathbb{N}}$ positiver Elemente mit $u_n - v_n \xrightarrow[n\to\infty]{\|\cdot\|} x$ existieren.

Jeder erzeugende Kegel ist fast nichtabgeflacht: Jedes x hat die Gestalt $x = u - v$ mit $u, v \in K$, sodass es ausreicht $u_n = u$ und $v_n = v$ zu setzen. Als Beispiel eines fast nichtabgeflachten aber nicht erzeugenden Kegels dient der Kegel der finiten Vektoren mit nicht negativen Koordinaten im Raum ℓ^1.

III.2 Der Satz von Krein-Schmuljan

Sei erneut (X, K) ein beliebiger geordneter normierter Raum. Für jede Zahl $\lambda > 0$ setzen wir

$$E_\lambda := \{x \in X : \exists\, u, v \in K \text{ mit } x = u - v, \|u\|, \|v\| \leq \lambda\}.$$

Die Menge E_λ ist offenbar symmetrisch und konvex, weswegen sich die Menge $\overline{E_\lambda}$ ebenfalls als symmetrisch und konvex erweist.

Lemma 1. *Aus $\overline{B(0;r)} \subset \overline{E_\lambda}$ folgt, dass auch $\overline{B(0;\alpha r)} \subset \overline{E_{\alpha\lambda}}$ für $\alpha > 0$ gilt.*

Der Beweis ist offensichtlich.

Lemma 2. *Ist X ein Banachraum, der Kegel K abgeschlossen und existieren solche r und λ, dass $\overline{B(0;r)} \subset \overline{E_\lambda}$, dann ist der Kegel K nichtabgeflacht mit der Konstanten $M = 2\frac{\lambda}{r}$.*

Beweis. Sei $\|x\| \leq r$. Dann gilt $\frac{3}{4}x \in \overline{E_\lambda}$, und folglich existiert ein solches Element $x_1 \in E_\lambda$, dass $\|\frac{3}{4}x - x_1\| < \frac{r}{4}$ gilt. Daher ist $\|x_1\| < r$ und $\|x - x_1\| < \frac{r}{2}$. Nach Lemma 1 hat man $B(0; \frac{1}{2}r) \subset \overline{E_{\frac{1}{2}\lambda}}$, und daher existiert analog ein solches Element $x_2 \in E_{\frac{1}{2}\lambda}$, dass $\|x_2\| < \frac{r}{2}$, $\|(x - x_1) - x_2\| < \frac{r}{4}$ gilt. Durch Induktion erhält man auf diese Weise eine Folge von Elementen x_n mit

$$x_n \in E_{\frac{\lambda}{2^{n-1}}}, \quad \|x_n\| < \frac{r}{2^{n-1}} \quad \text{und} \quad \left\|x - \sum_{k=1}^{n} x_k\right\| < \frac{r}{2^n}.$$

Dann gelten $x = \sum_{n=1}^{\infty} x_n$ und $x_n = u_n - v_n$ mit $u_n, v_n \in K$ und $\|u_n\|, \|v_n\| \leq \frac{\lambda}{2^{n-1}}$. Setzt man nun $u := \sum_{n=1}^{\infty} u_n$ und $v := \sum_{n=1}^{\infty} v_n$ (die Normkonvergenz dieser Reihen wird durch die Normvollständigkeit des Raumes X gesichert), dann gelten $x = u - v$, $u, v \in K$ und $\|u\|, \|v\| \leq 2\lambda$. □

Lemma 3. *Ist in einem geordneten Banachraum (X, K) der Kegel K abgeschlossen und fast nichtabgeflacht, dann ist er auch nichtabgeflacht.*

Beweis. Aus der Definition eines fast nichtabgeflachten Kegels folgt, dass für beliebiges $x \in X$ eine natürliche Zahl p mit $x \in \overline{E_p}$ existiert. Somit gilt $X = \bigcup_{p=1}^{\infty} \overline{E_p}$. Aufgrund der Normvollständigkeit des Raumes X existiert ein solches p, für das $\overline{E_p}$ eine gewisse Kugel $\overline{B(x_0; r)}$ enthält. Damit liegt aber wegen der Symmetrie der Menge $\overline{E_p}$ auch die Kugel $\overline{B(-x_0; r)}$ in $\overline{E_p}$. Ist nun $\|y\| \leq r$, dann gilt $y = \frac{1}{2}((x_0 + y) + (-x_0 + y)) \in \overline{E_p}$, da $\overline{E_p}$ eine konvexe Menge ist. Somit ist $\overline{B(0; r)} \subset \overline{E_p}$. Für die Vervollständigung des Beweises braucht man lediglich noch Lemma 2 heranzuziehen. □

Das bewiesene Lemma enthält als Spezialfall das folgende Theorem.

Theorem III.2.1 (M. G. Krein (1907–1989), V. L. Schmuljan (1914–1944) [32]). *Ist in einem geordneten Banachraum (X, K) der Kegel K abgeschlossen und erzeugend, dann ist er nichtabgeflacht.*[5]

Folgerung. *Ist in einem geordneten Banachraum (X, K) der Keil $\overline{K}$ erzeugend, dann ist der Kegel K fast nichtabgeflacht.*

Beweis. Nach dem Satz von Krein-Schmuljan ist der Keil $\overline{K}$ nichtabgeflacht. Dann hat ein beliebiges $x \in X$ die Zerlegung $x = u - v$ $(u, v \in \overline{K})$, wobei $\|u\|, \|v\| \leq M\|x\|$ (M ist eine Nichtabgeflachtheitskonstante). Nun ist aber $u = \|\cdot\|\text{-lim}\,u_n$, $v = \|\cdot\|\text{-lim}\,v_n$ mit $u_n, v_n \in K$, und beide Folgen sind normbeschränkt. □

Wir vermerken hier jedoch, dass im Falle eines abgeschlossenen und räumlichen Kegels im geordneten Banachraum nicht geschlussfolgert werden kann, dass er fast nichtabgeflacht ist. Beispielsweise ist im Raum $C[a, b]$ mit der üblichen Norm der Kegel der nicht negativen monoton nicht fallenden Funktionen zwar räumlich, denn jede stetige Funktion ist der Grenzwert einer gleichmäßig konvergenten Folge von Funktionen beschränkter Variation, z. B. von Polynomen, jedoch ist dieser Kegel fast nichtabgeflacht, da er sonst nach Lemma 3 erzeugend wäre, was aber nicht stimmt.

Theorem III.2.2. *Ist in einem geordneten Banachraum (X, K) der Kegel K abgeschlossen und erzeugend, dann ist jedes positive lineare Funktional auf X stetig.*

Beweis. Seien f ein positives lineares Funktional auf X, B die Einheitskugel in X und $B_+ = B \cap K$. Wir zeigen die Beschränktheit von f auf B_+. Unter Annahme des Gegenteils findet man eine Folge von Elementen $x_n \in B_+$ mit $f(x_n) > n^2$. Setzt man $x := \sum_{n=1}^{\infty} \frac{x_n}{n^2}$, dann gilt $x \geq 0$ und für beliebiges N hat man $f(x) > \sum_{n=1}^{N} \frac{1}{n^2} f(x_n) > N$. Das ist aber unmöglich. Für beliebiges $x \in B$ findet man wegen der Nichtabgeflachtheit des Kegels K

---

[5] Wir heben ein weiteres Mal hervor, dass der Satz von Krein-Schmuljan, wie bereits zu Beginn des Kapitels erwähnt, ebenfalls für einen Raum mit Keil Gültigkeit besitzt. Eine Verallgemeinerung dieses Satzes findet man in [JM14] (siehe auch Nachbetrachtungen des Herausgebers).

solche $u, v \geq 0$ mit

$$x = u - v, \quad \|u\|, \|v\| \leq M$$

(M ist eine Nichtabgeflachtheitskonstante). Folglich gilt

$$|f(x)| \leq f(u) + f(v) \leq 2M \sup_{x \in B_+}\{f(x)\},$$

weswegen das Funktional f auf B beschränkt und daher stetig ist.   □

Bemerkung. Die Forderung der Abgeschlossenheit des Kegels ist im soeben bewiesenen Satz wesentlich. Wir zeigen, dass in einem beliebigen unendlich dimensionalen
Banachraum X mithilfe eines gewissen erzeugenden Kegels K eine Halbordnung derart eingeführt werden kann, dass im geordneten Banachraum (X, K) positive lineare
aber nicht stetige Funktionale existieren. Zu diesem Zweck fixieren wir im Raum X eine Hamel-Basis $\{e_\alpha : \alpha \in A\}$ und bilden den Kegel K aus allen Elementen, deren Zerlegung $x = \sum c_\alpha(x)e_\alpha$ nach der Hamel-Basis nicht negative Koeffizienten besitzt[6]. Dann
ist der Kegel K erzeugend und die Koeffizienten $c_\alpha(x)$ sind lineare positive Funktionale
im geordneten Banachraum (X, K). Wir beweisen, dass es unter diesen nur eine endliche Anzahl stetiger Funktionale geben kann. Nehmen wir an, für eine gewisse (un-
endliche) abzählbare Indexmenge α_k, $k \in \{1, 2, \ldots\}$ seien die Funktionale c_{α_k} stetig.
Wir wählen nun die Zahlen $\lambda_k > 0$ so, dass die Reihe $\sum_{k=1}^{\infty} \lambda_k e_{\alpha_k}$ normkonvergent ist.
Bezeichne x die Summe und x_n die Partialsummen dieser Reihe, d. h. $x = \sum_{k=1}^{\infty} \lambda_k e_{\alpha_k}$
und $x_n = \sum_{k=1}^{n} \lambda_k e_{\alpha_k}$. Dann gilt $c_{\alpha_k}(x_n) \xrightarrow[n \to \infty]{} c_{\alpha_k}(x)$ für jedes k. Unter den Koeffizienten $c_\alpha(x)$ sind aber nur endlich viele von null verschieden, sodass ein k mit $c_{\alpha_k}(x) = 0$
existiert. Andererseits erhält man für $n \geq k$ die Beziehung $c_{\alpha_k}(x_n) = \lambda_k > 0$ und damit einen Widerspruch mit der vorausgesetzten Stetigkeit von c_{α_k}. Der Kegel ist nicht
abgeschlossen, da $x_n \in K$, $x \notin K$ aber $x_n \xrightarrow{\|\cdot\|} x$.

III.3 Der Zusammenhang zwischen der Nichtabgeflachtheit des Kegels und der Normvollständigkeit des Raumes

Die Normvollständigkeit des Raumes spielt im Satz von Krein-Schmuljan eine wesentliche Rolle. So ist z. B. im geordneten normierten Raum (X, K) der Funktionen beschränkter Variation auf $[0, 1]$ mit dem Kegel K der nicht negativen, monoton wach-
senden Funktionen und der gleichmäßigen Norm $\|x\| = \sup_{t \in [0,1]}\{|x(t)|\}$ der Kegel
zwar abgeschlossen und erzeugend, erweist sich aber als abgeflacht. Letzteres geht

---

6 Als Hamel-Basis in einem Vektorraum X bezeichnet man jedes System linear unabhängiger Elemente, dessen lineare Hülle gleich X ist. Eine Hamel-Basis existiert in jedem Vektorraum. Ist nun $\{e_\alpha\}$ eine
Hamel-Basis, dann ist jedes $x \in X$ eindeutig darstellbar als $x = \sum c_\alpha(x)e_\alpha$, wobei in Wirklichkeit nur
eine endliche Zahl von Gliedern von null verschieden ist. Es ist leicht zu überprüfen, dass in einem
unendlich dimensionalen Raum eine Hamel-Basis überabzählbar ist.

auch aus der Betrachtung der Funktion $x(t) = \sin 2\pi n t$ ($n \in \mathbb{N}$) hervor. Für $y \in K$ und $y \geq x$ gilt notwendigerweise $y(1) \geq 2n$ und folglich auch $\|y\| \geq 2n$, wohingegen $\|x\| = 1$ ist.[7] An dieser Stelle soll auch ein Beispiel ausgeführt werden, welches zeigt, dass im Satz von Krein-Schmuljan auf die Abgeschlossenheit des Kegels K ebenfalls nicht verzichtet werden kann, denn ein nicht abgeschlossener und zudem minihedraler Kegel in einem geordneten Banachraum kann abgeflacht sein.

Beispiel 4 (G. J. Lozanowskij [37]). Seien $\{\varphi_\alpha\}_{\alpha \in A}$ im Banachraum $X = C[a, b]$ eine aus nicht negativen Funktionen bestehende Hamel-Basis und K der Kegel aller Funktionen, deren Zerlegung nach der Hamel-Basis $x = \sum c_\alpha(x)\varphi_\alpha$ nicht negative Koeffizienten besitzt. Der geordnete Banachraum (X, K) erweist sich als geordneter Vektorraum dem K-Raum der finiten Vektoren $\{b_\alpha\}_{\alpha \in A}$ mit koordinatenweiser Halbordnung

---

7 Wir analysieren diese Situation etwas detaillierter als im Original, mit dem Ziel, den Wert $y(1)$ von unten abschätzen zu können. Wir betrachten bei fixiertem n die Zerlegung des Intervalls $[0, 1]$ in die Monotonieintervalle der Funktion x, also die Zerlegung von $[0, 1]$ durch die $2n + 2$ Punkte

$$t_0 = 0, \quad t_i = \frac{2k-1}{2^{n+1}}, \quad k \in \{1, 2, \ldots, 2n\}, \quad t_{2n+1} = 1 .$$

Die entsprechenden Funktionswerte von x an den Intervallenden sind dann

$$x(t_0) = 0, \quad x(t_{2k}) = -1, \ k \in \{1, 2, \ldots, n\}, \quad x(t_{2k+1}) = 1, \ k \in \{0, 1, \ldots, n-1\}, \quad x(t_{2n+1}) = 0 .$$

Wir unterscheiden nun zwei Fälle:
(a) Auf den Intervallen $[t_{2k}, t_{2k+1}]$, $k \in \{0, 1, \ldots, n\}$ wächst die Funktion x monoton.
(b) Auf den Intervallen $[t_{2k+1}, t_{2k+2}]$, $k \in \{0, 1, \ldots, n-1\}$ fällt die Funktion x monoton.
(a) Die Beziehungen $y \in K$ und $y \geq x$ bedeuten $y \geq 0$, $y - x \geq 0$ sowie dass y und $y - x$ monoton wachsen. Durch Einsetzen der bereits ermittelten Werte der Funktion x in den Endpunkten der Intervalle erhalten wir aufgrund des monotonen Wachstums von $y - x$ die folgenden Ungleichungen

$$\begin{array}{lll}
k = 0: & y(t_1) \geq y(t_0) + 1, & (a_1)\\
k \in \{1, \ldots, n-1\}: & y(t_{2k+1}) \geq y(t_{2k}) + 2, & (a_2)\\
k = n: & y(t_{2n+1}) \geq y(t_{2n}) + 1. & (a_3)
\end{array}$$

(b) Auf den Intervallen $[t_{2k+1}, t_{2k+2}]$, auf denen x monoton fällt, muss y monoton wachsen, d. h., es gilt

$$y(t_{2k+2}) \geq y(t_{2k+1}). \qquad (b)$$

Nunmehr ergibt sich

$$y(1) = y(t_{2n+1}) \overset{(a_3)}{\geq} y(t_{2n}) + 1 = y(t_{2(n-1)+2}) + 1 \overset{(b)}{\geq} y(t_{2(n-1)+1}) + 1$$
$$\overset{(a_2)}{\geq} y(t_{2(n-1)}) + 2 + 1 \geq \ldots \geq y(t_1) + 2(n-1) + 1$$
$$\overset{(a_1)}{\geq} y(t_0) + 1 + 2(n-1) + 1 \geq 0 + 2(n-1) + 2 = 2n$$

(A. d. Ü.).

isomorph, wobei K ein erzeugender Kegel ist. Dabei impliziert $x \in K$ die Beziehung $x(t) \geq 0$ für alle t (die Umkehrung gilt nicht), sodass $0 \leq x \leq y$ auch die Normungleichung $\|x\| \leq \|y\|$ impliziert.

Wir nehmen an, K sei nichtabgeflacht mit der Konstanten M. Der Raum $C[a, b]$ ist separabel, weswegen im Kegel K eine abzählbare überall dichte Menge $P = \{x_k\}$ existiert. Die Menge A' jener Indizes α, für die die α-te Koordinate wenigstens eines der Elemente x_k von null verschieden ist, ist abzählbar. Seien $\alpha_0 \in A \setminus A'$ (A ist überabzählbar) und $x = \varphi_{\alpha_0} \in K$. Für beliebiges $\varepsilon > 0$ existiert ein solches $x_k \in P$, dass $\|x - x_k\| < \varepsilon$ gilt. Dann ist $x - x_k = u - v$ mit $u, v \in K$ und $\|u\|, \|v\| < M\varepsilon$. Daraus gewinnt man $x_k + u \geq x = \varphi_{\alpha_0}$. Da aber $c_{\alpha_0}(x_k) = 0$ gilt, ist die vorhergehende Ungleichung nur bei $u \geq x$ möglich. Folglich $\|x\| \leq \|u\| < M\varepsilon$ und, da ε beliebig war, $\|x\| = 0$, was aber unmöglich ist. Somit haben wir bewiesen, dass der Kegel K abgeflacht ist.

Theorem III.3.1. *Sei (X, K) ein geordneter normierter Raum mit abgeschlossenem und erzeugendem Kegel K. Der Raum X ist normvollständig dann und nur dann, wenn die folgenden beiden Bedingungen erfüllt sind:*

(a) *Der Kegel K ist nichtabgeflacht.*

(b) *Jede monoton wachsende Cauchy-Folge von Elementen aus K besitzt einen $\|\cdot\|$-Grenzwert in X.*

Beweis. Die Notwendigkeit der Bedingungen erhält man mithilfe des Satzes von Krein-Schmuljan, sodass lediglich die Hinlänglichkeit zu beweisen ist. Sei $(x_n)_{n \in \mathbb{N}}$ eine Cauchy-Folge. Indem wir, falls nötig, zu einer Teilfolge übergehen, können wir sofort

$$\sum_{n=1}^{\infty} \|x_{n+1} - x_n\| < +\infty$$

annehmen. Dank der Nichtabgeflachtheit des Kegels K existieren solche $u_n, v_n \in K$, dass

$$x_{n+1} - x_n = u_n - v_n, \quad \|u_n\|, \|v_n\| \leq M \|x_{n+1} - x_n\|$$

mit der Nichtabgeflachtheitskonstanten M gilt. Aus dieser Ungleichung ergibt sich, dass die Folgen der Partialsummen der Reihen $\sum_{n=1}^{\infty} u_n$ und $\sum_{n=1}^{\infty} v_n$ Cauchy-Folgen sind und daher, entsprechend der Bedingung (b), diese Reihen bezüglich der Norm konvergieren. Dann ist aber auch die Reihe $\sum_{n=1}^{\infty}(x_{n+1} - x_n)$ bezüglich der Norm konvergent und der Grenzwert $\|\cdot\|$-$\lim x_n$ existiert. □

Bemerkung. Aus dem Beweis ist ersichtlich, dass die Hinlänglichkeit der Aussage des Satzes auch ohne die Voraussetzung der Abgeschlossenheit des Kegels K gilt.

III.4 Die Dedekind-Vollständigkeit des dualen Raumes

Lemma. *Ist (X, K) ein geordneter normierter Raum mit nichtabgeflachtem Kegel K und seien f, g, h lineare Funktionale[8] auf X mit $f \leq g \leq h$ und $f, h \in X'$. Dann ist auch $g \in X'$.*

Beweis. Ohne Beschränkung der Allgemeinheit kann $f = 0$ angenommen werden. Aus $x_n \in K$ und $x_n \xrightarrow{\|\cdot\|} 0$ folgt $h(x_n) \longrightarrow 0$, während die Ungleichung $0 \leq g(x_n) \leq h(x_n)$ ebenfalls $g(x_n) \longrightarrow 0$ ergibt. Für eine beliebige Folge $x_n \xrightarrow{\|\cdot\|} 0$ findet man $u_n, v_n \in K$ derart, dass

$$x_n = u_n - v_n \text{ und } \|u_n\|, \|v_n\| \leq M \|x_n\|$$

gilt, wobei M eine Nichtabgeflachtheitskonstante des Kegels K bezeichnet. Es gilt dann ebenfalls $u_n \xrightarrow{\|\cdot\|} 0$, $v_n \xrightarrow{\|\cdot\|} 0$, folglich $g(u_n) \longrightarrow 0$, $g(v_n) \longrightarrow 0$ und somit auch $g(x_n) \longrightarrow 0$. $\square$

Theorem III.4.1. *Ist in einem geordneten normierten Raum (X, K) der Kegel K nichtabgeflacht, dann ist der duale Raum (X', K') Dedekind-vollständig.*

Beweis. Seien $E \subset X'$ eine steigend gerichtete, von oben beschränkte Menge und $h \in X'$ eine ihrer oberen Schranken. Für beliebige $x \in K$ und $f \in E$ gilt dann $f(x) \leq h(x)$. Sei

$$g(x) := \sup_{f \in E}\{f(x)\} \leq h(x), \quad x \in K.$$

Ganz elementar, unter Berücksichtigung des Faktes, dass die Menge E steigend gerichtet ist, überzeugt man sich davon, dass das Funktional g auf K additiv ist. Im Übrigen kann man dasselbe Funktional g als Grenzwert des gerichteten Systems definieren, $g(x) = \lim_E f(x)$, sodass seine Additivität sofort aus den allgemeinen Eigenschaften des Grenzwertes folgt. Die positive Homogenität von g ist offensichtlich. Für beliebiges $x \in X$ setzen wir nun $g(x) = g(u) - g(v)$, wobei $u, v \in K$ und $x = u - v$. Dank der Additivität von g auf K ist diese Festlegung korrekt, wobei das Funktional g linear ist. Da für jedes $f \in E$ die Ungleichung $f \leq g \leq h$ gilt, hat man, dem Lemma entsprechend, $g \in X'$. Da hierbei $g \leq h$ gilt und h eine beliebige obere Schranke der Menge E ist, gilt $g = \sup E$. $\square$

Folgerung. *Ist (X, K) ein geordneter normierter Raum mit nichtabgeflachtem Kegel K und (X', K') ein Vektorverband, dann ist (X', K') sogar ein K-Raum.*

Diese Tatsache folgt sofort aus dem vorhergehenden Satz und Theorem I.5.1.
Wir befassen uns nunmehr mit einem auf G. J. Lozanowskij zurückgehendes Beispiel, das zeigt, dass sich im allgemeinen Fall, selbst wenn X ein Banachraum und der Kegel K abgeschlossen sind, der duale Raum als Vektorverband erweisen kann, der aber nicht σ-Dedekind-vollständig ist.

---

8 Hierbei wird der Raum $X^{\#}$ der linearen Funktionale als partiell geordnet mithilfe des Kegels $K^{\#}$ angesehen (siehe Abschnitt I.6).

Beispiel 5. Sei $X = L^2[0, 1]$ und der Kegel K bestehe aus allen nicht negativen, nicht wachsenden Funktionen aus X (exakter: aus Funktionen, die zu nicht negativen, nicht wachsenden äquivalent sind). Der Kegel K ist offenbar abgeschlossen, aber nicht erzeugend, da jede Funktion aus K auf einem beliebigen Intervall $[\delta, 1]$ mit $0 < \delta < 1$ beschränkt ist. Allerdings ist der Kegel K räumlich. In der Tat, alle Funktionen der Form

$$x(t) = 1 - t^n \quad (n = 1, 2, \ldots)$$

und alle nicht negativen Konstanten gehören zum Kegel K, und daher liegen alle Polynome in seiner linearen Hülle $K - K$.

Nach Theorem I.8.1 ist der duale Keil K' ein Kegel.

Der duale Raum X' lässt sich ebenfalls als $L^2[0, 1]$ auffassen. Jedes $f \in X'$ ist durch die Formel

$$f(x) = \int_0^1 x(t)\, y(t)\, dt \tag{1}$$

darstellbar, sodass die Funktionale $f \in X'$ mit Funktionen $y \in L^2[0, 1]$ identifiziert werden können. Wir klären nun, aus welchen Funktionen y der Kegel K' besteht.

Es ist leicht zu sehen, dass die Linearkombinationen der charakteristischen Funktionen der abgeschlossenen Intervalle $[0, h]$ mit $0 \le h \le 1$ mit positiven Koeffizienten eine dichte Menge in K bilden. Somit ist für die Zugehörigkeit einer Funktion y zu K' notwendig und hinreichend, dass das Funktional (1) auf allen charakteristischen Funktionen der Intervalle $[0, h]$ nicht negative Werte annimmt, was aber bedeutet, dass für die Funktion y die Bedingung

$$\forall h \in [0, 1]: \int_0^h y(t)\, dt \ge 0 \tag{2}$$

gelten muss. Weiterhin definiert jede nicht negative Funktion $y \in L^2[0, 1]$ ein Funktional (1), das in K' liegt. Folglich enthält K' den gesamten Kegel der nicht negativen Funktionen und ist daher erzeugend.[9]

Wir beweisen nun, dass (X', K') ein Vektorverband ist.

Seien y, z Elemente, die der Bedingung (2) genügen. Wir setzen

$$Y(h) := \int_0^h y(t)\, dt, \quad Z(h) := \int_0^h z(t)\, dt, \quad U(h) := \max\{Y(h), Z(h)\}.$$

---

9 Das ist leicht zu sehen, da $L^2[0, 1]$ mit dem Kegel der nicht negativen Funktionen (für $x \in L^2[0, 1]$ meint man mit $x > 0$, dass $x(t) \ge 0$ fast überall auf $[0, 1]$ und $x(t) > 0$ auf einer Menge von positivem Maß gilt) ein Vektorverband ist.

Elementar überprüft man, dass die Funktion U absolut stetig[10] und folglich das Integral ihrer Ableitung u ist. Der Zuwachs $U(\beta) - U(\alpha)$ der Funktion U auf einem beliebigem Intervall $[\alpha, \beta] \subset [0, 1]$ ist entweder mit dem Zuwachs einer der beiden Funktionen Y oder Z identisch, oder sein Absolutbetrag ist nicht größer als der Absolutbetrag einer der beiden Zuwächse.[11] Aus diesen Überlegungen sieht man leicht, dass in einem beliebigen Punkt $t \in [0, 1]$, in dem alle drei Funktionen Y, Z und U ihre Ableitungen besitzen, die Ungleichungen

$$\left|U'(t)\right| \leq \max\left\{\left|Y'(t)\right|, \left|Z'(t)\right|\right\} \text{ und daher } |u(t)| \leq \max\{|y(t)|, |z(t)|\}$$

gelten. Da das für fast alle t gilt, erhält man $u \in L^2[0, 1]$.[12]
Schließlich überzeugen wir uns davon, dass der geordnete Banachraum (X', K') nicht σ-Dedekind-vollständig ist.[13] Seien

$$y_n(t) = \begin{cases} 0 & \text{für } 0 \leq t \leq \frac{1}{2}, \\ 2n & \text{für } \frac{1}{2} < t < \frac{1}{2} + \frac{1}{2n}, \\ 0 & \text{für } \frac{1}{2} + \frac{1}{2n} \leq t \leq 1 \end{cases}$$

und $Y_n(h) = \int_0^h y_n\, dt$. Man sieht leicht $Y_{n+1}(h) - Y_n(h) \geq 0$ für beliebiges $h \in [0, 1]$, weswegen die Elemente y_n in (X', K') eine monoton wachsende Folge bilden. Andererseits erhält man durch Berechnung des punktweisen Supremums

$$Z(t) = \sup_n\{Y_n(t)\} = \begin{cases} 0 & \text{bei } 0 \leq t \leq \frac{1}{2}, \\ 1 & \text{bei } \frac{1}{2} < t \leq 1. \end{cases}$$

---

10 Eine Funktion F auf dem Intervall $[0, 1]$ heißt *absolut stetig auf* $[0, 1]$, wenn für beliebiges $\varepsilon > 0$ eine solche Zahl $\delta > 0$ existiert, sodass für jedes endliche System von paarweise disjunkten Intervallen $(a_k, b_k) \subset [0, 1]$, $k \in \{1, 2, \ldots, n\}$ mit $\sum_{k=1}^n (b_k - a_k) < \delta$ die Ungleichung $\sum_{k=1}^n |F(b_k) - F(a_k)| < \varepsilon$ gilt (siehe [28, Kapitel VI.4]).
11 Dieser Fakt ergibt sich aus den folgenden vier Fällen:
(1) $Y(\beta) \leq Z(\beta)$, $Y(\alpha) \leq Z(\alpha)$. Dann gilt $U(\beta) - U(\alpha) = Z(\beta) - Z(\alpha)$.
(2) $Y(\beta) \geq Z(\beta)$, $Y(\alpha) \geq Z(\alpha)$. Dann gilt $U(\beta) - U(\alpha) = Y(\beta) - Y(\alpha)$.
(3) $Y(\beta) \leq Z(\beta)$, $Y(\alpha) \geq Z(\alpha)$. Dann gilt $U(\beta) - U(\alpha) = Z(\beta) - Y(\alpha)$ und somit

$$Y(\beta) - Y(\alpha) \leq U(\beta) - U(\alpha) \leq Z(\beta) - Z(\alpha).$$

(4) $Y(\beta) \geq Z(\beta)$, $Y(\alpha) \leq Z(\alpha)$. Dann gilt $U(\beta) - U(\alpha) = Y(\beta) - Z(\alpha)$ und somit

$$Z(\beta) - Z(\alpha) \leq U(\beta) - U(\alpha) \leq Y(\beta) - Y(\alpha).$$

(A. d. Ü.).
12 Die Beziehungen $y \leq u$ und $z \leq u$ (bezüglich K') ergeben sich unmittelbar aus der Definition von u und der Bedingung (2). Hat man eine Funktion $s \in L^2[a, b]$ mit $y, z \leq s$, dann gilt $S(h) = \int_0^h s(t)\,dt \geq Y(h)$, $Z(h)$ und somit $S(h) \geq U(h)$. Das bedeutet, dass u das Supremum von y und z (bezüglich K') ist (A. d. Ü.).
13 Diese Behauptung folgt ebenfalls aus dem in Abschnitt V.4 formulierten Theorem V.4.3.

Wenn in (X', K') eine Funktion $y = \sup_n\{y_n\}$ existieren würde, dann müsste ihr Integral Y die kleinste absolut stetige Funktion mit der Ableitung aus $L^2[0, 1]$ sein, die alle Y_n und folglich auch Z majorisiert. Würde aber eine derartige Funktion existieren, dann könnte sie in keinem Punkt größer als $Z(h)$ sein. Die Gleichheit $Y(h) = Z(h)$ verbietet sich, da Z eine unstetige Funktion ist.

III.5 Einige Bedingungen für die Abgeschlossenheit des Kegels

Wir geben zwei Kriterien an, die unter gewissen Bedingungen die Überprüfung der Abgeschlossenheit des Kegels lediglich mithilfe monotoner Folgen gestatten.

Theorem III.5.1. *Sei (X, K) ein archimedischer geordneter normierter Raum, wobei*
(1) *der Kegel K nichtabgeflacht ist,*
(2) *jede monoton wachsende Cauchy-Folge von Elementen aus K von oben beschränkt ist.*
Dann ist der Kegel K abgeschlossen.

Beweis. Sei $x_n \in K$ und $x_n \xrightarrow{\|\cdot\|} x$. Ohne Beschränkung der Allgemeinheit kann man $\|x_n - x\| < \frac{1}{n^3}$ für alle $n \in \mathbb{N}$ annehmen. Da der Kegel K nichtabgeflacht ist, existieren solche Elemente $u_n \in K$, dass $x_n - x \leq u_n$ mit $\|u_n\| \leq \frac{M}{n^3}$ gilt (M ist eine Nichtabgeflachtheitskonstante von K). Die Folge der Elemente $y_n = \sum_{k=1}^{n} ku_k$ ist monoton wachsend und eine Cauchy-Folge, sodass nach Voraussetzung ein y mit $y \geq y_n$ existiert. Für beliebiges n gilt dann $-x \leq x_n - x \leq u_n \leq \frac{1}{n}y_n \leq \frac{1}{n}y$ und nach dem archimedischen Prinzip $-x \leq 0$, d.h. $x \in K$. $\qquad\square$

Der folgende Satz ist eine Ergänzung zu Theorem III.3.1.

Theorem III.5.2. *Sei (X, K) ein archimedischer geordneter normierter Raum, wobei*
(1) *der Kegel nichtabgeflacht ist,*
(2) *jede monoton wachsende Cauchy-Folge von Elementen aus K besitzt einen in K liegenden $\|\cdot\|$-Grenzwert.*
Dann ist der Kegel K abgeschlossen (und X, nach Theorem III.3.1, ein Banachraum).

Beweis. Wir weisen nach, dass die Bedingung (2) des Theorems die Bedingung (2) des vorhergehenden Theorems III.5.1 impliziert. Sei (x_n) mit $x_n \in K$ eine monoton wachsende Cauchy-Folge. Dann gilt $x_n \xrightarrow{\|\cdot\|} x \in K$. Für beliebig fixiertes n gehören die Elemente $x_m - x_n$ (für $m \geq n$) zu K und bilden eine monoton wachsende Cauchy-Folge, sodass man nach Bedingung (2) die Beziehung $x - x_n = \|\cdot\|\text{-}\lim_{m\to\infty}(x_m - x_n) \in K$, d.h. $x_n \leq x$, hat. Somit ist die Folge (x_n) von oben beschränkt, und es verbleibt, Theorem III.5.1 anzuwenden. $\qquad\square$

Bemerkungen.

(1) Die Voraussetzung, dass (X, K) ein archimedischer Raum ist, ist in beiden Sätzen wesentlich. Ordnet man beispielsweise die Ebene $\mathbb{R}^2$ mittels eines offenen Sektors, dann sind alle Bedingungen beider Sätze bis auf das archimedische Prinzip erfüllt.

(2) Im Unterschied zu Theorem III.5.2 folgt aus den Bedingungen von Theorem III.5.1 nicht die Normvollständigkeit des Raumes X. In der Tat, führt man in einem beliebigen nicht normvollständigen normierten Raum X die Halbordnung mittels eines abgeschlossenen soliden Kegels K ein, so sind alle Bedingungen des Theorems III.5.1 einschließlich des archimedischen Prinzips erfüllt (siehe die Theoreme II.1.4 und II.3.2).

IV Normale Kegel

IV.1 Definitionen und einfachste Eigenschaften normaler Kegel

Der von M. G. Krein [33] eingeführte Begriff der Normalität eines Kegels spielt eine exponierte Rolle in der gesamten Theorie der Räume mit Kegeln. (X, K) bezeichne wie auch bisher einen geordneten normierten Raum.

Definition. Der Kegel K heißt *normal*, wenn ein solches $\delta > 0$ existiert, sodass

$$\|x + y\| \geq \delta \text{ für beliebige } x, y \in K \quad \text{mit} \quad \|x\| = \|y\| = 1$$

gilt.

Aus der Definition folgt sofort, dass ein uneigentlicher Kegel niemals normal sein kann. Somit sind die Resultate dieses Kapitels nicht auf Räume mit Keil erweiterbar.

Beispiel. Es ist leicht einzusehen, dass im Raum $\mathbb{R}^2$ jeder Sektor mit einem Öffnungswinkel kleiner als π ein normaler Kegel ist und dass der durch die offene oder halb offene Halbebene dargestellte Kegel nicht normal ist.

Selbstverständlich gibt es für den allgemeinen Fall, insbesondere im unendlich dimensionalen Raum, keine solche einfache Charakterisierung für normale Kegel. Dennoch bedeutet die Normalität, dass der Kegel in einem bestimmten Sinne nicht allzu „breit" sein darf.

Bemerkung. Ist ein Kegel K normal, dann ist seine Abschließung $\overline{K}$ ebenfalls ein normaler Kegel.

Beweis. Sind $x, y \in \overline{K}$ und $\|x\| = \|y\| = 1$, dann existieren solche $x_n, y_n \in K$, dass $\|x_n\| = \|y_n\| = 1$ sowie $x_n \xrightarrow{\|\cdot\|} x$ und $y_n \xrightarrow{\|\cdot\|} y$ gelten. Wegen $\|x_n + y_n\| \geq \delta$ gilt auch $\|x + y\| \geq \delta$. $\qquad\square$

Im endlich dimensionalen Raum gilt das folgende stärkere Resultat.

Theorem IV.1.1. *Für die Normalität eines Kegels K im endlich dimensionalen geordneten Banachraum (X, K) ist notwendig und hinreichend, dass seine Abschließung $\overline{K}$ ein Kegel ist. Insbesondere ist ein beliebiger abgeschlossener Kegel in einem endlich dimensionalen Raum normal.*

Beweis. Die Notwendigkeit der Bedingung ist bereits für einen beliebigen geordneten normierten Raum bewiesen worden. Wir beweisen nun, dass, falls X endlich dimensional und der Kegel K abgeschlossen sind, Letzterer normal ist. Wir nehmen dazu an, K sei nicht normal. Dann existieren solche Folgen von Elementen $x_n, y_n \in K$, dass $\|x_n\| = \|y_n\| = 1$, aber $\|x_n + y_n\| \longrightarrow 0$. Da die Einheitssphäre im endlich dimensionalen Raum kompakt ist, kann man, wenn notwendig durch Übergang zu Teilfolgen und

DOI 10.1515/9783110478884-004

unter Beibehaltung der gleichen Bezeichnung für die Elemente, $x_n \xrightarrow{\|\cdot\|} x$ und $y_n \xrightarrow{\|\cdot\|} y$ annehmen. Dabei gelten $x, y \in K$ und $\|x\| = \|y\| = 1$. Nun ist aber $x+y = \|\cdot\|\text{-}\lim(x_n+y_n)$ und daher $x + y = 0$. Somit gilt $y = -x$, was aber unmöglich ist, da K ein Kegel ist. Nun ist bereits klar, dass, falls K ein beliebiger Kegel in einem endlich dimensionalen Raum ist und sich $\overline{K}$ ebenfalls als Kegel erweist, $\overline{K}$ normal und damit auch K normal ist. □

Das folgende Beispiel zeigt, dass in einem unendlich dimensionalen (und sogar norm-vollständigen) Raum dieses Theorem seine Gültigkeit verliert.

Beispiel 6. Sei $X = C^1$ der Raum der stetig differenzierbaren Funktionen auf dem ab-geschlossenem Intervall $[0, 2\pi]$ mit der Norm

$$\|x\| = \max\{|x(t)|\} + \max\{|x'(t)|\} ,$$

und bestehe der Kegel K aus allen nicht negativen Funktionen aus X. Offensichtlich ist der Kegel K abgeschlossen. Sind

$$x(t) = \tfrac{1}{n+2}(1 + \sin nt), \quad y(t) = \tfrac{1}{n+2}(1 - \sin nt) ,$$

dann gelten $x, y \in K$, $\|x\| = \|y\| = 1$, aber $\|x + y\| = \tfrac{2}{n+2}$, weswegen $\|x + y\|$ mithilfe von n beliebig klein gemacht werden kann, sodass K nicht normal ist.

Lemma 1. *Wenn der Kegel K normal ist, dann gilt für beliebige $x, y \in K$*

$$\|x + y\| \geq \frac{\delta}{2}\|x\| , \tag{1}$$

wobei δ die Konstante aus der Definition der Normalität bezeichnet.

Beweis. Da aus der Definition der Normalität $\delta \leq 2$ hervorgeht, ist bei $y = 0$ die Un-gleichung trivial. Ebenso trivial ist sie auch bei $x = 0$. Darüber hinaus ist klar, dass die Ungleichung (1) lediglich unter der Voraussetzung $\|x\| \geq \|y\|$ bewiesen werden muss, und indem man x und y durch $\frac{1}{\alpha}x$ und $\frac{1}{\alpha}y$ mit $\alpha = \|x\|$ ersetzt, kann man sofort $0 < \|y\| \leq \|x\| = 1$ annehmen. Man hat dann

$$\|x + y\| \geq 1 - \|y\|, \quad \|x + y\| = \left\|\left(x + \frac{y}{\|y\|}\right) - \left(\frac{1 - \|y\|}{\|y\|}y\right)\right\| \geq \delta - (1 - \|y\|) ,$$

woraus man durch gliedweise Addition $2\|x + y\| \geq \delta$ erhält. □

Aus dem bewiesenen Lemma folgt insbesondere, dass die Normalität eines Kegels nach Übergang zu einer äquivalenten Norm erhalten bleibt.

Lemma 2 (V. I. Azhorkin, I. A. Bachtin [5]). *Wenn der Kegel K normal ist, dann existiert ein solider und normaler Kegel $K_1 \subset X$ mit $K \subset K_1$.*

Beweis. Fixieren wir zunächst ein beliebiges Element $x_0 > 0$. Da die Abschließung $\overline{K}$ ebenfalls ein normaler Kegel ist, existiert nach Theorem II.4.1 ein Funktional $f \in K'$

mit $f(x_0) = a > 0$. Sei $F = B(x_0; \frac{a}{2\|f\|})$. Liegt ein Element z in F, dann ist $f(z) \geq \frac{a}{2}$ und daher $0 \notin F$. Mit L bezeichnen wir den soliden über F aufgespannten Kegel. Klar ist, dass für $z \in L$ und $f(z) = \alpha$ auch $z = \lambda z'$ mit $z' \in F$ und $\lambda \leq \frac{2\alpha}{a}$ gilt. Somit erhält man aus $z_n \in L$ und $f(z_n) \longrightarrow 0$ die Beziehung $z_n \xrightarrow{\|\cdot\|} 0$.

Setzt man nun $K_1 = K + L$, dann ist K_1 ein solider Keil. Wir überzeugen uns davon, dass K_1 normal und somit ein Kegel ist. Unter der Annahme, dass K_1 nicht normal ist, existieren zwei Folgen von Elementen $x_n, x_n' \in K_1$ mit

$$\|x_n\| = \|x_n'\| = 1, \quad x_n + x_n' \xrightarrow{\|\cdot\|} 0 .$$

Nun gelten offenbar die Beziehungen $x_n = y_n + z_n$, $x_n' = y_n' + z_n'$ mit $y_n, y_n' \in K$, $z_n, z_n' \in L$. Dann ist

$$0 \leq f(z_n) \leq f\left(z_n + z_n'\right) \leq f\left(x_n + x_n'\right) \longrightarrow 0 ,$$

woraus $f(z_n) \longrightarrow 0$ und daher $z_n \xrightarrow{\|\cdot\|} 0$ folgen. Analog gilt $z_n' \xrightarrow{\|\cdot\|} 0$, sodass man aus $1 = \|x_n\| \leq \|y_n\| + \|z_n\|$ die Beziehung $\|y_n\| \longrightarrow 1$ und analog $\|y_n'\| \longrightarrow 1$ erhält. Es gilt aber $y_n + y_n' \xrightarrow{\|\cdot\|} 0$, was im Widerspruch zu Formel (1) aus Lemma 1 steht. □

IV.2 Einige Kriterien für die Normalität eines Kegels

Definition. Die Norm in einem geordneten normierten Raum (X, K) heißt *halb monoton* (oder *semimonoton*) *auf dem Kegel K*, wenn eine solche Konstante M (Halbmonotoniekonstante) existiert, dass aus der Ungleichung $0 \leq y \leq x$ die Beziehung

$$\|y\| \leq M \|x\|$$

folgt.

Theorem IV.2.1. *Für die Normalität des Kegels K in einem geordneten normierten Raum (X, K) ist die Semimonotonie der Norm auf dem Kegel K notwendig und hinreichend.*

Beweis. Sei K normal und $0 \leq y \leq x$. Indem man x in der Form $x = y + (x - y)$ schreibt, erhält man unter Verwendung von Lemma 1 sofort $\|x\| \geq \frac{\delta}{2}\|y\|$. Umgekehrt, ist die Norm auf dem Kegel K halb monoton, dann erhält man für $x, y \in K$ mit $\|x\| = \|y\| = 1$ aus der Ungleichung $0 < x < x + y$ die Beziehung

$$\|x\| \leq M \|x + y\| \quad \text{bzw.} \quad \|x + y\| \geq \frac{1}{M} . \qquad \square$$

Folgerung 1. *Die Normalität des Kegels ist der Gültigkeit des Satzes über die „einge-schlossene" Folge[1] in X äquivalent: Wenn $x_n \le y_n \le z_n$ und $v = \lim x_n = \lim z_n$ in der Norm, dann gilt auch $y_n \xrightarrow{\|\cdot\|} v$.*

Beweis. Ist K normal und $x_n \le y_n \le z_n$, dann gilt $\|y_n - x_n\| \le M\|z_n - x_n\|$. Daher hat man aus $x_n \xrightarrow{\|\cdot\|} v$ und $z_n \xrightarrow{\|\cdot\|} v$ auch $y_n \xrightarrow{\|\cdot\|} v$. Umgekehrt, es gelte der Satz über die „eingeschlossene" Folge. Wir nehmen an, der Kegel K sei nicht normal, und folglich ist die Norm nicht halb monoton auf K. Dann findet man für beliebiges $n \in \mathbb{N}$ solche Elemente $x_n, y_n \in K$, sodass zwar $y_n < x_n$, aber auch $\|y_n\| > n\|x_n\|$ gilt. Mit

$$ x_n' = \frac{1}{n\|x_n\|}x_n, \quad y_n' = \frac{1}{n\|x_n\|}y_n $$

erhält man die Beziehungen

$$ 0 < y_n' < x_n', \quad \|x_n'\| = \frac{1}{n} \longrightarrow 0 \quad \text{und} \quad \|y_n'\| > 1 , $$

d. h. einen Widerspruch zum Satz über die „eingeschlossene" Folge. □

Folgerung 2. *Ist der Kegel K normal und gilt $y \le x \le z$ mit $\|y\|, \|z\| \le A$, dann ist $\|x\| \le (2M + 1)A$, wobei M die Halbmonotoniekonstante der Norm auf dem Kegel bezeichnet. Somit ist jedes Intervall in X normbeschränkt.*

Beweis. Für $y \le x \le z$ gilt $\|x - y\| \le M\|z - y\|$ und folglich

$$ \|x\| \le \|x - y\| + \|y\| \le M\|z - y\| + \|y\| \le M(\|z\| + \|y\|) + \|y\| \le (2M + 1)A . \quad \square $$

Etwas später (Bemerkung zu Theorem IV.2.2) werden wir zeigen, dass die umgekehrte Behauptung unter gewissen Einschränkungen ebenfalls gilt.

Folgerung 3. *Ist der Kegel K in einem verbandsgeordneten normierten Raum (X, K) normal, dann ist dieser Verband archimedisch.*

Beweis. Wie in Abschnitt I.5 gezeigt wurde, muss das archimedische Prinzip in einem Vektorverband lediglich auf dem Kegel überprüft werden. Wenn aber $x \ge 0$ und $nx \le y$ für jedes $n \in \mathbb{N}$ gilt, dann ist nach der vorherigen Folgerung die Menge $\{nx : n \in \mathbb{N}\}$ normbeschränkt, was nur bei $x = 0$ möglich ist. □

Folgerung 4. *Ist in einem geordneten normierten Raum (X, K) der Kegel K solid, normal und minihedral, dann ist er abgeschlossen.*

Beweis. Aus der Normalität und Minihedralität folgt das archimedische Prinzip. Für das Übrige braucht man sich nur noch auf die Folgerung aus Theorem II.3.2 zu beziehen. □

---

1 Dieser Satz wurde in den Analysisvorlesungen an der Leningrader Universität auch der „Satz von den zwei Polizisten" (bzw. von den zwei Milizionären), $(x_n)_{n\in\mathbb{N}}$ und $(z_n)_{n\in\mathbb{N}}$, genannt, die beide – den Dieb $(y_n)_{n\in\mathbb{N}}$ untergehakt – zur Wache konvergieren. Damit ist der Dieb gezwungen, ebenfalls dorthin zu konvergieren (A. d. Ü.).

Theorem IV.2.2 (I. A. Bachtin [11]). *Sei (X, K) ein geordneter Banachraum mit abgeschlossenem Kegel K. Wenn jede (o)-beschränkte wachsende Folge positiver Elemente aus X normbeschränkt ist, dann ist der Kegel K normal.*

Bemerkung. In diesem Satz ist offensichtlich auch die folgende Behauptung enthalten: Ist in einem geordneten Banachraum (X, K) mit abgeschlossenem Kegel K jedes Intervall normbeschränkt, dann ist der Kegel K normal.

Beweis des Theorems IV.2.2. Sei K nicht normal und seien $x_n, y_n \in K$ solche Elemente mit $\|x_n\| = \|y_n\| = n$ und $\|x_n + y_n\| < \frac{1}{n^2}$. Setzt man

$$x = \sum_{n=1}^{\infty} (x_n + y_n) \,,$$

dann hat man nach Theorem II.3.1 sowohl $x \in K$ als auch

$$z_n = \sum_{k=1}^{n} (x_k + y_k) + x_{n+1} \le x \,,$$

und die Elemente z_n bilden eine monoton wachsende Folge. Folglich muss die Zahlenfolge $(\|z_n\|)_{n \in \mathbb{N}}$ laut Voraussetzung beschränkt sein. Andererseits gilt aber

$$\|z_n\| \ge \|x_{n+1}\| - \sum_{k=1}^{n} \|x_k + y_k\| > n + 1 - \sum_{k=1}^{n} \frac{1}{k^2} \xrightarrow{n \to \infty} \infty \,. \qquad \square$$

Wir kommen jetzt zu Beispielen, die zeigen, dass in diesem Satz auf keine der (X, K) auferlegten Bedingungen verzichtet werden kann.

Beispiel 7 (I. I. Tschutschaew [48]). Sei X der Raum aller finiten Zahlenfolgen $x = \{\xi_1, \xi_2, \ldots, \xi_n, 0, 0, \ldots\}$, $n = n(x)$ mit der Norm

$$\|x\| = \max \left\{ |\xi_1|, \max_{i \ge 2} \{|\xi_i - \xi_{i-1}|\} \right\} \,.$$

Der Kegel K bestehe aus allen Vektoren (von X) mit nicht negativen Koordinaten. In diesem Raum zieht die Normkonvergenz die koordinatenweise Konvergenz nach sich, weswegen der Kegel K abgeschlossen ist. Die Folge der Elemente

$$x_n = \left(1, \tfrac{1}{2}, \ldots, \tfrac{1}{n}, 0, 0, \ldots\right)$$

ist offenbar eine Cauchy-Folge, besitzt aber keinen Grenzwert bezüglich der Norm, sodass X kein Banachraum ist. Dabei bemerken wir, dass X intervallvollständig ist, wie leicht zu sehen ist. Wir zeigen, dass der Kegel K nicht normal ist. Bezeichne

$$x_n = \left(\tfrac{1}{n}, \tfrac{2}{n}, \ldots, \tfrac{n-1}{n}, 1, \tfrac{n-1}{n}, \ldots, \tfrac{2}{n}, \tfrac{1}{n}, 0, 0, \ldots\right)$$

und e_n den n-ten Koordinatenvektor. Dann hat man $x_n, e_n \in K$ und $e_n < x_n$, wobei $\|x_n\| = \frac{1}{n}$, $\|e_n\| = 1$ gilt. Daraus folgt, dass die Norm auf dem Kegel K nicht halb monoton und folglich K nicht normal ist.

Gleichzeitig sieht man aber auch: Wenn eine wachsende Folge positiver Elemente x_n (o)-beschränkt ist und $x_n \leq y$ gilt, dann sind die Koordinaten der Elemente x_n kleiner oder gleich den entsprechenden Koordinaten des Elements y. Ist dabei $y = (\eta_i)$ mit $\eta_i \leq A$, dann gilt $\|x_n\| \leq A$.

Beispiel 8 (I. I. Tschutschaew [48]). Sei $X = \ell^1$ mit der klassischen Norm, der Kegel aber bestehe aus allen finiten Vektoren $x = (\xi_i)_{i\in\mathbb{N}}$, für die $\xi_1 \geq 0$ und $|\xi_i| \leq \xi_1$ bei allen $i \geq 2$ gilt, wobei die letzte von null verschiedene Koordinate positiv ist. X ist ein Banachraum, aber K kein abgeschlossener Kegel. Wir zeigen, dass K nicht normal ist. Seien

$$x = \left(\tfrac{1}{n}, \tfrac{1}{n}, \ldots, \tfrac{1}{n}, \tfrac{1}{n}, 0, 0, \ldots\right) \quad \text{und} \quad y = \left(\tfrac{1}{n}, -\tfrac{1}{n}, \ldots, -\tfrac{1}{n}, \tfrac{1}{n}, 0, 0, \ldots\right)$$

(beide Vektoren x und y haben hier genau n von null verschiedene Koordinaten). Dann hat man $x, y \in K$, $\|x\| = \|y\| = 1$, aber auch

$$x + y = \left(\tfrac{2}{n}, 0, 0, 0, \ldots, 0, \tfrac{2}{n}, 0, 0, \ldots\right)$$

und daher $\|x + y\| = \tfrac{4}{n}$. Somit ist der Kegel K nicht normal. Wir betrachten erneut eine wachsende Folge positiver Elemente x_n, die von oben durch das Element $y = (\eta_i)_{i\in\mathbb{N}}$ beschränkt sei. Wenn $\eta_i = 0$ bei $i > k$ gilt, dann sind auch in allen x_n die Koordinaten mit den Indizes $i > k$ gleich null, wohingegen alle übrigen Koordinaten ihrem Absolutbetrag nach nicht größer als η_1 sind. Hieraus folgt die Normbeschränktheit der Folge (x_n) (siehe auch Abschnitt VI.1).

In einem Raum mit solidem Kegel gilt folgendes einfaches Normalitätskriterium.

Theorem IV.2.3 (D. P. Milman (1912–1982) [34]). *Wenn der Kegel K in einem geordneten normierten Raum (X, K) solid und für ein gewisses $u \gg 0$ das Intervall $\Delta = [0, u]$ normbeschränkt sind, dann ist K normal.*[2]

Beweis. Sei $\|x\| \leq c$ für beliebiges $x \in \Delta$. Wir betrachten Elemente $x, y \in K$ mit der Norm $\|x\| = \|y\| = 1$. Wenn $\overline{B(u; \varrho)} \subset K$, dann gilt nach Formel (1) aus Kapitel II

$$x + y \leq \tfrac{1}{\varrho} \|x + y\| u,$$

---

[2] Ohne zusätzliche Bedingungen folgt sogar in einem Banachraum die Normalität eines Kegels nicht daraus, dass Letzterer solid ist, wie das folgende Beispiel zeigt.
In [31, Chapter 2.8.3] ist ein auf W. J. Stezenko zurückgehendes Beispiel eines soliden Kegels angegeben, der nicht normal ist.
Sei X der Raum aller Funktionen $f(z)$ auf der abgeschlossenen Einheitskugel der komplexen Ebene, die im Inneren analytisch und reellwertig für reelle Argumente sind. Dann ist X mit der gleichmäßigen Norm ein Banachraum. Der Kegel

$$K = \left\{f \in X: f(z) \geq 0 \text{ für } z \in \left[-1, -\tfrac{1}{2}\right]\right\}$$

ist solid, aber nicht normal (A. d. Ü.).

und folglich auch $x \leq \frac{1}{\varrho}\|x+y\|u$ bzw. $\frac{\varrho}{\|x+y\|}x \in \Delta$. Dann ist $\frac{\varrho}{\|x+y\|} \leq c$ oder $\|x+y\| \geq \frac{\varrho}{c}$, und nach Definition ist der Kegel K normal. $\qquad\square$

Theorem IV.2.4 (M. G. Krein [33]). *Für die Normalität des Kegels K in einem geordneten normierten Raum (X, K) ist notwendig und hinreichend, dass im Raum X eine äquivalente Norm existiert, die auf dem Kegel K monoton ist.*

Beweis. Die Hinlänglichkeit der Bedingung ergibt sich aus Theorem IV.2.1, sodass wir ihre Notwendigkeit beweisen. Seien B die Einheitskugel aus X und

$$Q = \{x \in X : \exists u, v \in B \text{ derart, dass } u \leq x \leq v\} = (B - K) \cap (B + K) .$$

Offenbar gilt $B \subset Q$ (für $x \in B$ kann man $u = v = x$ verwenden). Nach Folgerung 2 aus Theorem IV.2.1 ist die Menge Q normbeschränkt. Somit ist Q eine konvexe, symmetrische und normbeschränkte Nullumgebung. Bezeichne p das von Q erzeugte Minkowski-Funktional, dann ist p eine Norm, die zu der Ausgangsnorm $\|\cdot\|$ in X äquivalent ist. Hat man dabei $0 \leq y \leq x$ und $p(x) = \lambda$, dann gilt $x \in (\lambda + \varepsilon)Q$ für jedes $\varepsilon > 0$. Folglich existiert ein solches von ε abhängiges Element $v \in B$, dass $0 \leq \frac{1}{\lambda+\varepsilon}x \leq v$ gilt. Dann ist aber auch $0 \leq \frac{1}{\lambda+\varepsilon}y \leq v$ und daher $y \in (\lambda + \varepsilon)Q$, woraus man $p(y) \leq \lambda$ ersieht. Somit ist die Norm p auf dem Kegel K monoton. $\qquad\square$

Definition. Wir sagen, dass eine Folge $(x_n)_{n\in\mathbb{N}}$ in einem archimedischen geordneten Banachraum zu einem Element x $(*-r)$-konvergiert und schreiben dafür $x_n \xrightarrow[(r)n\to\infty]{(*-r)} x$, wenn jede Teilfolge $(x_{n_i})_{i\in\mathbb{N}}$ von $(x_n)_{n\in\mathbb{N}}$ eine Teilfolge $(x_{n_{i_k}})_{k\in\mathbb{N}}$ mit $x_{n_{i_k}} \xrightarrow[k\to\infty]{} x$ besitzt.

Wir beweisen nun einige diese Konvergenzart betreffende Aussagen:
(1) Ist der Kegel K in einem geordneten Banachraum (X, K) abgeschlossen und erzeugend, dann ist jede normkonvergente Folge von Elementen aus X auch $(*-r)$-konvergent zum gleichen Grenzwert.

Beweis. Es ist ausreichend, den Fall der Konvergenz zu Null zu betrachten. Seien zunächst $x_n \in K$ und $x_n \xrightarrow{\|\cdot\|} 0$. Wir entnehmen eine monoton wachsende Indexfolge n_k derart, dass $\|x_{n_k}\| \leq \frac{1}{k^3}$ gilt, und setzen danach

$$y := \sum_{k=1}^{\infty} k x_{n_k} .$$

Dann ist $x_{n_k} \leq \frac{1}{k}y$ für jedes k und demzufolge $x_{n_k} \xrightarrow[k\to\infty]{(r)} 0$. Da dieselben Überlegungen auch für jede Teilfolge von (x_n) gelten, ergibt sich daraus $x_n \xrightarrow{(*-r)} 0$. Betrachten wir nunmehr eine beliebige Folge $x_n \xrightarrow{\|\cdot\|} 0$. Nach dem Satz von Krein-Schmuljan (Theorem III.2.1) ist der Kegel K nichtabgeflacht und daher jedes x_n in der Form $x_n = u_n - v_n$ mit $u_n, v_n \in K$ und $u_n, v_n \xrightarrow{\|\cdot\|} 0$ darstellbar. Nach dem bereits bewiesenen Teil gelten $u_n \xrightarrow{(*-r)} 0$ und $v_n \xrightarrow{(*-r)} 0$. Dann ist aber auch $x_n \xrightarrow{(*-r)} 0$ klar. $\qquad\square$

Bemerkung. Beide in dieser Behauptung auferlegten Bedingungen bezüglich K sind ebenfalls notwendig dafür, dass jede normkonvergente Folge zu demselben Grenzwert ($*$-r)-konvergiert (der Raum X wird als archimedisch vorausgesetzt).

Tatsächlich, für jedes $x \in X$ ist die Folge $\frac{1}{n}x$ normkonvergent gegen 0. Wenn man voraussetzt, dass die Normkonvergenz die ($*$-r)-Konvergenz impliziert, dann muss eine Indexteilfolge n_k existieren, für die $\frac{1}{n_k}x \xrightarrow[k\to\infty]{(r)} 0$ mit einem gewissen Regulator u gilt. Dann gilt aber auch $\pm x \leq n_k u$ bei hinreichend großem k, und somit ist der Kegel K erzeugend.

Wenn man $x_n \in K$ und $x_n \xrightarrow[n\to\infty]{\|\cdot\|} x$ hat, dann gilt $x_{n_k} \xrightarrow[k\to\infty]{(r)} x$ und daher auch $x_{n_k} \xrightarrow[k\to\infty]{(o)} x$ (Theorem I.4.1). Aber dann ist bereits klar[3], dass $x \in K$ gilt, also K abgeschlossen ist.

(2) Sei (X, K) ein geordneter normierter Raum mit abgeschlossenem Kegel K. Dafür, dass jede ($*$-r)-konvergente Folge von Elementen aus X zum gleichen Grenzwert normkonvergiert, ist notwendig und hinreichend, dass jedes Intervall in X normbeschränkt ist.

Beweis. (a) Notwendigkeit. Die ($*$-r)-Konvergenz impliziere die Normkonvergenz; wir nehmen aber an, dass ein gewisses Intervall aus X nicht normbeschränkt ist. Ohne Beschränkung der Allgemeinheit kann man annehmen, dass es die Form $[0, u]$ hat. Folglich existiert für jedes $n \in \mathbb{N}$ ein solches $x_n \in [0, u]$, für das $\|x_n\| > n^2$ gilt. Setzen wir $y_n = \frac{1}{n}x_n$, dann ist $0 \leq y_n \leq \frac{1}{n}u$, deshalb $y_n \xrightarrow[n\to\infty]{(r)} 0$ und somit nach Voraussetzung $y_n \xrightarrow[n\to\infty]{} 0$. Es gilt jedoch $\|y_n\| > n$, womit wir zu einem Widerspruch kommen.
(b) Hinlänglichkeit. Es sei jedes Intervall in X normbeschränkt. Hat man $x_n \xrightarrow[n\to\infty]{(r)} 0$ mit Regulator u, dann ist $\pm x_n \leq \varepsilon_n u$ mit $\varepsilon_n \to 0$. Die Normen der Elemente aus $[-u, u]$ sind in ihrer Gesamtheit durch eine gewisse Zahl C beschränkt, woraus $\|x_n\| \leq \varepsilon_n C$ und damit $x_n \xrightarrow{\|\cdot\|} 0$ folgen. Wenn jetzt $x_n \xrightarrow[n\to\infty]{(*-r)} 0$, dann kann man nach dem bereits Bewiesenen zu jeder ihrer Teilfolgen eine zu Null normkonvergierende Teilfolge finden. Dann gilt aber auch $x_n \xrightarrow[n\to\infty]{\|\cdot\|} 0$. $\square$

Theorem IV.2.5. *Sei (X, K) ein geordneter normierter Raum mit abgeschlossenem Kegel K. Für die Normalität von K ist notwendig und im Fall eines normvollständigen X auch hinreichend, dass jede ($*$-r)-konvergente Folge von Elementen aus X zum gleichen Grenzwert normkonvergiert.*

Beweis. Ist K normal, dann ist nach Folgerung 2 aus Theorem IV.2.1 jedes Intervall in X normbeschränkt, und es verbleibt, auf Aussage **(2)** oben zu verweisen. Umgekehrt, wenn die Bedingung des Theorems erfüllt und X ein Banachraum ist, dann ergibt sich die Normalität des Kegels K aus Theorem IV.2.2 mithilfe derselben Aussage **(2)**. $\square$

---

3 Aus der Definition der (o)-Konvergenz im Abschnitt I.4 folgt für die monoton fallende Folge $(y_k)_{k\in\mathbb{N}}$, dass $y_k \geq 0$ für alle $k \in \mathbb{N}$ gilt. Demzufolge ergibt sich $x = \inf_{k\in\mathbb{N}}\{y_k\} \geq 0$ (A. d. Ü.).

Folgerung. *Ist (X, K) ein geordneter Banachraum und K ein abgeschlossener, erzeugender und normaler Kegel, dann fallen die $(*\text{-}r)$-Konvergenz und die Normkonvergenz in X zusammen, d. h., es gilt $x_n \xrightarrow[n\to\infty]{(*\text{-}r)} x$ genau dann, wenn $x_n \xrightarrow[n\to\infty]{\|\cdot\|} x$.*

Die Folgerung ergibt sich aus dem bewiesenen Theorem mithilfe der Aussage **(1)**. Die umgekehrte Behauptung jedoch gilt auch ohne die Forderung der Normvollständigkeit des Raumes X. Genauer, es gilt die folgende Aussage.

(3) Fallen in einem archimedischen geordneten normierten Raum (X, K) die $(*\text{-}r)$-Konvergenz und die Normkonvergenz zusammen, dann ist der Kegel K abgeschlossen, erzeugend und normal.

Beweis. Aus der Bemerkung zur Aussage **(1)** folgt bereits, dass der Kegel K abgeschlossen und erzeugend ist. Nehmen wir an, er wäre nicht normal. Dann existieren solche Folgen von Elementen x_n und y_n, dass

$$0 < y_n < x_n, \quad x_n \xrightarrow[n\to\infty]{\|\cdot\|} 0, \quad \|y_n\| \nrightarrow 0$$

gelten. Da laut Voraussetzung $x_n \xrightarrow[n\to\infty]{(*\text{-}r)} 0$, kann zu jeder Teilfolge $(x_{n_k})_{k\in\mathbb{N}}$ eine Teilfolge mit $x_{n_{k_i}} \xrightarrow[i\to\infty]{(r)} 0$ gefunden werden. Umso mehr gilt $y_{n_{k_i}} \xrightarrow[i\to\infty]{(r)} 0$ und deshalb $y_n \xrightarrow[n\to\infty]{(*\text{-}r)} 0$. Hieraus folgt, erneut laut Voraussetzung der zu beweisenden Aussage, $y_n \xrightarrow[n\to\infty]{\|\cdot\|} 0$, womit wir zu einem Widerspruch kommen. $\square$

Zum Abschluss des Abschnitts geben wir eine Ergänzung zu Theorem III.3.1 an, die eine Verallgemeinerung eines bekannten Satzes von I. Amemiya [2] darstellt.

Theorem IV.2.6. *Sei (X, K) ein geordneter normierter Raum mit normalem und nichtabgeflachtem Kegel K. Wenn jede monoton wachsende Cauchy-Folge positiver Elemente aus X eine kleinste obere Schranke besitzt, dann ist der Raum X normvollständig.*[4]

Beweis. Seien $x_n \geq 0$ und bilde (x_n) eine monoton wachsende Cauchy-Folge. Diese enthält eine Teilfolge $(x_{n_k})_{k\in\mathbb{N}}$ mit

$$\|x_{n_{k+1}} - x_{n_k}\| < \frac{1}{k^3}, \quad k \in \{1, 2, 3, \ldots\} . \tag{2}$$

Laut Voraussetzung existiert $x = \sup\{x_n\}$. Dann ist[5]

$$x = x_{n_1} + (\mathrm{o})\text{-} \sum_{k=1}^{\infty} (x_{n_{k+1}} - x_{n_k}) .$$

---

[4] Es ist offensichtlich, dass, falls der Kegel K abgeschlossen ist, diese Bedingung auch notwendig ist. In diesem Falle besitzt jede monoton wachsende Cauchy-Folge positiver Elemente einen Grenzwert x in K, der nach Aussage 1 aus Abschnitt II.3 gleich $\sup_{n\in\mathbb{N}}\{x_n\}$ ist (A. d. Ü.).
[5] (o) bedeutet hier, dass die Summe der Reihe als (o)-Grenzwert der Folge der Partialsummen verstanden wird.

Wie aus (2) folgt, bilden für die Reihe

$$x_{n_1} + \sum_{k=1}^{\infty} k\left(x_{n_{k+1}} - x_{n_k}\right)$$

die Partialsummen eine monoton wachsende Cauchy-Folge. Aber dann existiert deren exakte obere Schranke y, sodass

$$x_{n_1} + (\mathrm{o})\text{-} \sum_{k=1}^{\infty} k\left(x_{n_{k+1}} - x_{n_k}\right) = y$$

gilt. Jetzt zeigen wir $x_{n_k} \xrightarrow[k\to\infty]{\|\cdot\|} x$. Wegen

$$x - x_{n_k} = (\mathrm{o})\text{-} \sum_{l=k}^{\infty} \left(x_{n_{l+1}} - x_{n_l}\right)$$

gilt

$$k\left(x - x_{n_k}\right) \leq (\mathrm{o})\text{-} \sum_{l=k}^{\infty} l\left(x_{n_{l+1}} - x_{n_l}\right) \leq y\,.$$

Folglich ist $0 \leq x - x_{n_k} \leq \frac{1}{k}y$. Wegen $\frac{1}{k}y \xrightarrow[k\to\infty]{\|\cdot\|} 0$ hat man nach der Folgerung 1 aus Theorem IV.2.1 $x - x_{n_k} \xrightarrow[k\to\infty]{\|\cdot\|} 0$, d. h. $x_{n_k} \xrightarrow[k\to\infty]{\|\cdot\|} x$. Hieraus folgt $x_n \xrightarrow[n\to\infty]{\|\cdot\|} x$, sodass sich der Rest des Beweises aus dem Theorem III.3.1 unter Berücksichtigung der dort gemachten Bemerkung ergibt.[6] $\square$

Folgerung. *Ist in einem σ-Dedekind-vollständigen geordneten normierten Raum (X, K) der Kegel normal und solid, dann ist (X, K) ein Banachraum.*

Beweis. Seien $x_n \in K, x_n \uparrow$ und (x_n) eine Cauchy-Folge. Aus Letzterem folgt die Normbeschränktheit von (x_n), und da der Kegel K solid ist, ist diese Folge auch (o)-beschränkt (Theorem II.1.4). Nun folgt aus der σ-Dedekind-Vollständigkeit von (X, K) die Existenz von $\sup\{x_n\}$ und nach dem vorhergehenden Theorem IV.2.6 ist der Raum (X, K) normvollständig.[7] $\square$

IV.3 Der Satz über die schwache Konvergenz

Theorem IV.3.1 (F. Bonsall (1920–2011) [14]). *Sei (X, K) ein geordneter normierter Raum mit normalem Kegel K. Wenn $(x_\alpha) \in K$ ein fallendes Netz ist, das schwach gegen null konvergiert, d. h. $x_\alpha \xrightarrow[\alpha]{\sigma(X, X')} 0$, dann gilt $x_\alpha \xrightarrow[\alpha]{\|\cdot\|} 0$.*

---

6 Wir erinnern daran, dass im Teil der Hinlänglichkeit das Theorem III.3.1 auch ohne die Forderung der Abgeschlossenheit des Kegels K Gültigkeit besitzt.

7 Die Nichtabgeflachtheit von K ergibt sich daraus, dass K solid ist (III.1).

Dieses Theorem kann als eine abstrakte Fassung des bekannten Satzes von Dini[8] über eine fallende Folge stetiger Funktionen aufgefasst werden.

Beweis. Ohne Beschränkung der Allgemeinheit kann man die Norm in X als monoton auf dem Kegel K voraussetzen. Nehmen wir an, die Elemente x_α genügen den Bedingungen des Theorems, aber $\|x_\alpha\| \nrightarrow 0$, d. h., es existiert ein $\varepsilon > 0$, sodass $\|x_\alpha\| > \varepsilon$ für alle α gilt. Bezeichnet A die konvexe Hülle der Menge $\{x_\alpha\}$, dann gilt für beliebiges $x \in A$

$$x = \sum_{i=1}^{p} \lambda_i x_{\alpha_i} \text{ mit } \lambda_i > 0 \text{ und } \sum_{i=1}^{p} \lambda_i = 1$$

und daher[9] $x \geq x_\alpha$ bei $\alpha \geq \alpha_i$, $i \in \{1, 2, 3, \dots, p\}$. Somit ist $\|x\| > \varepsilon$, und der Durchschnitt der Menge A mit der offenen Kugel $B(0; \varepsilon)$ erweist sich als leer. Nach Theorem II.2.1 sind diese beiden Mengen durch eine Hyperebene $H = \{x \in X : f(x) = c\}$ mit einem Funktional $f \in X'$ und einer Zahl c trennbar. Da $B(0; \varepsilon)$ streng auf einer Seite von H liegt, ist $c \neq 0$, wobei man ohne Beschränkung der Allgemeinheit $c > 0$ annehmen kann. Dann gilt aber $f(x) \geq c$ und $f(x_\alpha) \nrightarrow 0$, womit man einen Widerspruch erhalten hat. $\qquad\square$

Bemerkung. Der bewiesene Satz gilt auch ohne die Voraussetzung $x_\alpha \in K$.

Beweis. Ist der Kegel K abgeschlossen, dann folgt diese Aussage aus den übrigen Bedingungen des Satzes. Und zwar so: Lässt man $x_{\alpha_0} \notin K$ für ein gewisses α_0 zu, dann existiert ein Funktional $f \in K'$ mit $f(x_{\alpha_0}) < 0$. Da das Netz $(f(x_\alpha))_\alpha$ fallend gerichtet ist, hat man $f(x_\alpha) \nrightarrow 0$. Ist der Kegel K hingegen nicht abgeschlossen, dann ersetzt man ihn durch $\overline{K}$. Dabei ist $\overline{K}$ normal und die x_α bilden wie vorher ein fallend gerichtetes Netz. Nach dem oben Bewiesenen gilt $x_\alpha \xrightarrow{\|\cdot\|} 0$. $\qquad\square$

IV.4 Räume beschränkter Elemente

In einem archimedischen geordneten normierten Raum (X, K) sei ein Element $u > 0$ fixiert. Sei $(X_u, \|\cdot\|_u, K_u)$ der Teilraum der bezüglich u beschränkten Elemente (I.9). Der Raum X_u ist archimedisch. Da die u-Norm auf dem Kegel K_u monoton ist (I.9), ist der Kegel K_u normal. Außerdem ist K_u solid (Theorem II.1.5). Nach Theorem II.1.3 ist der Kegel K_u im Raum X_u abgeschlossen.

Theorem IV.4.1. *Ist der Kegel K in einem geordneten normierten Raum (X, K) normal, dann ist die u-Topologie in X_u stärker als die ursprüngliche, d. h. als die aus X induzierte.*

---

8 Siehe [H03, Satz 108.1] (A. d. Ü.).
9 Das sieht man wie folgt: $\alpha \geq \alpha_i$, $i \in \{1, 2, \dots, p\}$ impliziert $x_\alpha \leq x_{\alpha_1}, \dots, x_{\alpha_p}$, woraus sich $x = \sum_{i=1}^{p} \lambda_i x_{\alpha_i} \geq \sum_{i=1}^{p} \lambda_i x_\alpha = x_\alpha$ ergibt (A. d. Ü.).

Beweis. Sei I der Einbettungsoperator des Raumes X_u in X. Da der Kegel K normal ist, ist das Intervall $[-u, u]$ im Raum X normbeschränkt (Folgerung 2 aus Theorem IV.2.1). Dasselbe Intervall dient als die Einheitskugel im Raum $(X_u, \|\cdot\|_u)$. Somit ist der Operator I beschränkt und damit stetig. Daher zieht die Konvergenz bezüglich der u-Norm die Konvergenz in der Norm $\|\cdot\|$ zu demselben Grenzwert nach sich. $\qquad\square$

Folgerung. *Ist der Kegel K normal und $u \gg 0$, dann sind die Normen $\|\cdot\|$ und $\|\cdot\|_u$ im Raum X äquivalent.*

Beweis. Aus $u \gg 0$ folgt, dass die Mengen X_u und X identisch sind. Nun braucht man lediglich zu berücksichtigen, dass in diesem Falle die u-Topologie in X immer schwächer als die Ausgangstopologie ist (II.1, Beweis zu Theorem II.1.2). $\qquad\square$

Beispiel. Im Raum $X = C([0, 1])$ mit der natürlichen Halbordnung nehmen wir für u die Funktion $u(t) = t(1 - t)$. Die Inklusion $x \in X_u$ bedeutet dann $|x(t)| \le \lambda t(1 - t)$ für eine gewisse Zahl $\lambda > 0$. Folglich ist

$$\|x\| \le \|x\|_u \max_{t \in [0,1]} \{t(1 - t)\} = \frac{1}{4}\|x\|_u .$$

Gehen wir nun zur Frage nach der (u)-Vollständigkeit[10] der Räume X_u über. Die hauptsächlichen Resultate in dieser Richtung erhält man als einfache Folgerungen aus einem Theorem, auf das G. J. Lozanowskij die Aufmerksamkeit des Autors lenkte. Dieses Theorem entstammt der allgemeinen Theorie der Banachräume ohne Verwendung der Idee der Halbordnung:

Seien $(X, \|\cdot\|)$ ein Banachraum, B eine abgeschlossene, symmetrische, konvexe Teilmenge von X, X_B die lineare Hülle der Menge B, d. h.

$$X_B = \{x \in X : x = \lambda y, \text{ wobei } y \in B,\ \lambda \in \mathbb{R}\}$$

und p das von der Menge B in X_B erzeugte Minkowski-Funktional. Das Funktional p ist genau dann eine Norm[11] und (X_B, p) ein Banachraum, wenn die Menge B in X normbeschränkt ist (siehe Anhang 1).

Theorem IV.4.2. *Sei der Kegel K in einem geordneten Banachraum $(X, \|\cdot\|, K)$ abgeschlossen. Für die (u)-Vollständigkeit des Raumes X_u ist notwendig und hinreichend, dass das Intervall $[0, u]$ im Raum $(X, \|\cdot\|, K)$ normbeschränkt ist.*

Beweis. Dieses Theorem folgt unmittelbar aus dem Vorherigen: Setzt man $B := [-u, u]$, dann sind X_B mit X_u und p mit der u-Norm identisch. Außerdem sind die Normbeschränktheit des Intervalls $[-u, u]$ und die Normbeschränktheit des Intervalls $[0, u]$ äquivalent, was sofort aus der Gleichung

$$[-u, u] = [0, 2u] - u$$

ersichtlich ist. $\qquad\square$

---

10 Unter (u)-Vollständigkeit verstehen wir die Vollständigkeit bezüglich der u-Norm.

11 Im allgemeinen Falle ist p, definiert durch $p(x) = \inf\{\lambda : \lambda > 0,\ x \in \lambda B\}$, eine Halbnorm.

Folgerung 1. *Sei der Kegel K in einem geordneten Banachraum $(X, \|\cdot\|, K)$ abgeschlossen. Ist der Kegel K_u im Raum $(X, \|\cdot\|)$ normal, dann ist der Raum $(X_u, \|\cdot\|_u)$ (u)-vollständig.*

Beweis. Aus der Normalität des Kegels K_u in $(X, \|\cdot\|)$ folgt die Normbeschränktheit des Intervalls $[0, u]$. □

Folgerung 2 (I. A. Bachtin [9]). *Sei der Kegel K in einem geordneten Banachraum $(X, \|\cdot\|, K)$ abgeschlossen. Für die (u)-Vollständigkeit des Raumes $(X_u, \|\cdot\|_u)$ ist notwendig und hinreichend, dass eine solche Konstante M existiert, sodass für beliebige $x, y \in K_u$ aus der Ungleichung $x \le y$ die Beziehung*

$$\|x\| + \|x\|_u \le M \left(\|y\| + \|y\|_u \right)$$

folgt.

Nennen wir die Summe $\|\cdot\| + \|\cdot\|_u$ die summarische Norm im Raum X_u. Dann bedeutet die in der Folgerung formulierte Bedingung gerade die Normalität des Kegels K_u bezüglich der summarischen Norm in X_u.

Beweis. Sei das Intervall $[0, u]$ im Raum $(X, \|\cdot\|)$ normbeschränkt, d. h., es existiert eine Konstante N, sodass $0 \le x \le u$ die Ungleichung $\|x\| \le N$ impliziert. Dann folgt für beliebige $x, y \in K_u$ aus $x \le y$ die Ungleichung $\|x\| \le N\|y\|_u$ (wegen $0 \le x \le y \le \|y\|_u u$). Berücksichtigt man nun, dass die u-Norm auf K_u monoton ist, ergibt sich daraus sofort, dass die summarische Norm mit der Konstanten $M = N + 1$ semimonoton ist. Umgekehrt folgt aus der Semimonotonie der summarischen Norm sofort die Normbeschränktheit des Intervalls $[0, u]$. □

Wir heben hervor, dass die Forderung der Normalität des Kegels K_u in $(X, \|\cdot\|)$ für die (u)-Vollständigkeit von X_u nicht notwendig ist. Ein entsprechendes Beispiel ist in [9] angegeben. Da die in Russisch verfasste Arbeit [9] schwer zugänglich ist, fügen wir dieses Beispiel hier ein (A. d. Ü.).

Beispiel. Sei ω der Raum aller Zahlenfolgen[12] $x = (\xi_1, \eta_1; \ldots; \xi_n, \eta_n; \ldots)$, für die

$$\|x\| := \sup_{n \in \mathbb{N}} \left\{ \frac{|\xi_n|}{n} + |\eta_n| \right\} < +\infty$$

gilt. Sei K die Menge $\{x \in \omega : \xi_n \ge 0, |\eta_n| \le n\xi_n \text{ für alle } n \in \mathbb{N}\}$. Dann sind $\|\cdot\|$ eine Norm und K ein Kegel in ω. Für das Element $u_0 = (1, 0; \frac{1}{2}, 0; \ldots; \frac{1}{n}, 0; \ldots)$ sei ω_{u_0} der Teilraum der bezüglich u_0 beschränkten Elemente in ω mit der Norm $\|\cdot\|_{u_0}$. Wir zeigen, dass für alle $x \in \omega_{u_0}$

$$\|x\|_{u_0} = \sup_{n \in \mathbb{N}} \{ n |\xi_n| + |\eta_n| \}$$

---

12 Es erweist sich als zweckmäßig, hier die Folgenglieder paarweise zu notieren.

gilt. Sei λ die kleinste Zahl, für die die Ungleichungen $-\lambda u_0 \leq x \leq \lambda u_0$ gelten. Man hat also $\lambda u_0 + x \in K$ und $\lambda u_0 - x \in K$. Dann sind für alle $n \in \mathbb{N}$ die Ungleichungen

$$\frac{\lambda}{n} + \xi_n \geq 0, \ |\eta_n| \leq n\left(\frac{\lambda}{n} + \xi_n\right) = \lambda + n\xi_n \ \text{und} \ \frac{\lambda}{n} - \xi_n \geq 0, \ |\eta_n| \leq n\left(\frac{\lambda}{n} - \xi_n\right) = \lambda - n\xi_n$$

erfüllt, die man auch in der Form

$$-\lambda \leq n\xi_n \leq \lambda \ \text{und} \ |\eta_n| \pm n\xi_n \leq \lambda$$

schreiben kann, woraus man $n|\xi_n| \leq \lambda$ und $|\eta_n| + n|\xi_n| \leq \lambda$ erhält. Aus der Minimalität von λ ergibt sich somit $\lambda = \|x\|_{u_0} = \sup_{n\mathbb{N}}\{n|\xi_n| + |\eta_n|\}$ und daraus

$$\|x\| + \|x\|_{u_0} = \sup_{n\in\mathbb{N}}\left\{\frac{|\xi_n|}{n} + |\eta_n|\right\} + \sup_{n\in\mathbb{N}}\{n|\xi_n| + |\eta_n|\} .$$

Seien nun $0 \leq x \leq y = (v_1, w_1; v_2, w_2; \ldots; v_n, w_n; \ldots)$. Dann gilt

$$\|x\| + \|x\|_{u_0} \leq 4\sup_{n\in\mathbb{N}}\{nv_n\}$$

$$\leq 4\left(\sup_{n\in\mathbb{N}}\left\{\frac{v_n}{n} + |w_n|\right\} + \sup_{n\in\mathbb{N}}\{nv_n + |w_n|\}\right) = 4(\|y\| + \|y\|_{u_0})$$

Nach Folgerung 2 ist der Raum $\boldsymbol{\omega}_{u_0}$ in der u_0-Norm vollständig. Andererseits genügen die Folgen

$$x_n = \left(0, 0; \ldots; \frac{1}{2n}, \frac{1}{n}; \ldots\right) \quad \text{und} \quad y_n = \left(0, 0; \ldots; \frac{1}{n}, 0; 0, 0; \ldots\right), \quad n \in \mathbb{N},$$

wegen $\|x_n\| = \frac{1}{2n^2} + \frac{1}{n}$ und $\|y_n\| = \frac{1}{n^2}$ offenbar den Ungleichungen

$$0 \leq x_n \leq y_n \leq u_0 \ \text{und} \ \|x_n\| > \frac{n^2}{2}\|y_n\| \quad \text{für alle } n \in \mathbb{N} .$$

Die Ungleichung $\|x\| \leq M\|y\|$ ist demzufolge bei keinem $M > 0$ erfüllt. Somit kann der Kegel K_{u_0} nicht normal sein.

Theorem IV.4.3. (M. A. Krasnoselskij [29], V. A. Geiler, I. F. Danilenko, I. I. Tschutscha-ew [21]). *Sei (X, K) ein geordneter Banachraum mit abgeschlossenem Kegel K. Für die Vollständigkeit (in der (u)-Topologie) des Raumes $(X_u, \|\cdot\|_u)$ (bei beliebigem $u > 0$) ist die Normalität von K notwendig und hinreichend.*

Beweis. (a) Die Hinlänglichkeit der Bedingung folgt aus dem vorhergehenden Theorem, da die Normalität von K die Normbeschränktheit jedes Intervalls in X impliziert. (b) Die Notwendigkeit folgt aus dem gleichen Satz mithilfe der Bemerkung zu Theorem IV.2.2. □

Das soeben bewiesene Theorem kann ebenfalls als ein Kriterium für die (r)-Vollständigkeit des Raumes X angesehen werden. Wir werden sagen, dass die Folge $(x_n)_{n\in\mathbb{N}}$ aus X eine (r)-*Cauchy-Folge* ist, wenn ein solches $u > 0$ (Regulator) und eine Folge $(\varepsilon_n)_{n\in\mathbb{N}}$ positiver reeller Zahlen mit $\varepsilon_n \xrightarrow[n\to\infty]{} 0$ existieren, sodass für alle $n, m \in \mathbb{N}$ mit $m > n$ gilt

$$\pm (x_n - x_m) \leq \varepsilon_n u . \tag{3}$$

Definition. Ein archimedischer geordneter Vektorraum (X, K) heißt (r)-*vollständig*, wenn jede (r)-Cauchy-Folge in X (r)-konvergiert.

Bemerkung. Ist (x_n) eine (r)-Cauchy-Folge mit dem Regulator u und $x_n \xrightarrow{(r)} x$ mit dem Regulator v, dann gilt $x_n \xrightarrow{(r)} x$ auch mit dem Regulator u.

Beweis. Nach Theorem I.4.1 folgt aus der (r)-Konvergenz die (o)-Konvergenz, und der Übergang zum (o)-Grenzwert in (3) ergibt $\pm(x_n - x) \leq \varepsilon_n u$. Daraus folgt bereits $x_n \xrightarrow{(r)} x$ mit dem Regulator u. $\square$

Theorem IV.4.4. *Die (r)-Vollständigkeit eines archimedischen geordneten Vektorraumes (X, K) ist der gleichzeitigen (u)-Vollständigkeit aller Räume $(X_u, \|\cdot\|_u)$ $(u > 0)$ äquivalent. Somit ist für die (r)-Vollständigkeit eines geordneten Banachraumes (X, K) mit abgeschlossenem Kegel K die Normalität des Kegels K notwendig und hinreichend.*

Beweis. Seien X (r)-vollständig und (x_n) eine (u)-Cauchy-Folge in einem gewissen Raum X_u. Dann ist (x_n) nach Definition der u-Norm eine (r)-Cauchy-Folge mit dem Regulator u. Deshalb existiert ein $x \in X$ mit $x_n \xrightarrow{(r)} x$, d. h. $x_n \xrightarrow{(u)} x$ in X_u. Folglich sind alle Räume X_u vollständig.

Umgekehrt, sei (x_n) eine (r)-Cauchy-Folge in X mit einem Regulator u, d. h., es existiert eine Folge $(\varepsilon_n)_{n\in\mathbb{N}}$ positiver reeller Zahlen mit $\varepsilon_n \xrightarrow{n\to\infty} 0$ und

$$\forall m, n \in \mathbb{N} \text{ mit } m > n \text{ gilt } \pm (x_n - x_m) \leq \varepsilon_n u .$$

Daraus ergibt sich $x_n - x_m \in X_u$, und des Weiteren ist bei fixiertem m die Folge $(x_n - x_m)_{n\in\mathbb{N}}$ eine (u)-Cauchy-Folge in X_u. Dank der Vollständigkeit von X_u gilt folglich $x_n - x_m \xrightarrow[n\to\infty]{(u)} y$ für ein $y \in X_u$. Das aber bedeutet $x_n - x_m \xrightarrow[n\to\infty]{(r)} y$ mit dem Regulator u, demzufolge $x_n \xrightarrow[n\to\infty]{(r)} y + x_m$. $\square$

Folgerung. *Ist in einem (oσ)-vollständigen verbandsgeordneten Banachraum (X, K) der Kegel K abgeschlossen, dann ist er auch normal.*

Der Beweis dieses Faktes folgt unmittelbar aus dem vorhergehenden Theorem, da aus der Theorie der Vektorverbände bekannt ist, dass jeder K_σ-Raum (r)-vollständig ist ([53, Lemma V.3.1]).

IV.5 Der Satz von M. G. Krein

In diesem Abschnitt ist (X, K) ein beliebiger geordneter normierter Raum. Wir beweisen nunmehr eines der zentralen Resultate der gesamten Theorie der Kegel.

Theorem IV.5.1 (M. G. Krein [33]). *Für die Darstellbarkeit eines beliebigen Funktionals $f \in X'$ als Differenz zweier stetiger linearer positiver Funktionale ist die Normalität des Kegels K notwendig und hinreichend.*

Bemerkung. Dieses Theorem kann auch wie folgt formuliert werden:
Im dualen Raum X' ist der Keil K' genau dann erzeugend, wenn der Kegel K in X normal ist.

Beweis. (a) Notwendigkeit. Sei $f \in X'$. Laut Bedingung hat man $f = g - h$ mit $g, h \in K'$. Die Menge A sei definiert durch

$$A = \{y \in X : \exists x \in K \text{ mit } 0 \leq y \leq x, \|x\| = 1\} \ .$$

Man hat dann für $y \in A$

$$|f(y)| \leq g(y) + h(y) \leq g(x) + h(x) \leq \|g\| + \|h\| \ ;$$

folglich ist jedes $f \in X'$ auf der Menge A beschränkt. Das aber zieht die Normbeschränktheit von A selbst nach sich, also mit einer Konstanten M gilt $\|y\| \leq M$ für alle $y \in A$. Hieraus folgt sofort, dass die Norm auf dem Kegel K mit der Konstanten M semimonoton[13] und nach Theorem IV.2.1 der Kegel K normal ist.

(b) Hinlänglichkeit. Der Kegel K sei normal. Es bezeichne Y die Vervollständigung des Raumes X bezüglich seiner Norm und $\overline{K_Y}$ die Abschließung des Kegels K in Y. Aufgrund der Normalität von K ist $\overline{K_Y}$ ebenfalls ein normaler Kegel. Jedes Funktional $f \in X'$ erlaubt eine eindeutige stetige lineare Fortsetzung von X auf Y. Wir bezeichnen diese Fortsetzung ebenfalls mit f. Nach Folgerung 2 aus Theorem IV.2.1 ist jede (o)-beschränkte Menge aus $(Y, \overline{K_Y})$ normbeschränkt, sodass auch das Funktional f auf ihr beschränkt ist. Damit genügt f der Bedingung des Theorems von Namioka (II.7.1) und ist somit als Differenz stetiger linearer und (bezüglich des Kegels $\overline{K_Y}$) positiver Funktionale darstellbar. Nach Übergang zu ihren Einschränkungen auf X erhält man die geforderte Darstellung auch für das ursprüngliche vorgegebene Funktional $f \in X'$.[14] $\qquad \square$

Bemerkung. Ist der Kegel K normal, dann genügt der duale Raum (X', K') allen Bedingungen des Satzes von Krein-Schmuljan, sodass der Keil K' nichtabgeflacht ist. Folglich ist jedes $f \in X'$ sogar in der Form $f = g - h$ mit $g, h \in K'$ und $\|g\|, \|h\| \leq M\|f\|$ (M ist eine Nichtabgeflachtheitskonstante von K') darstellbar.

IV.6 Der duale Satz von T. Ando

Unter der Voraussetzung der Normvollständigkeit des Raumes X und der Abgeschlossenheit des Kegels K erweist sich, dass man im Satz von M. G. Krein die Rollen der

---

13 Gilt nämlich für zwei Elemente $0 \leq y \leq x$ und ist $y \neq 0$, dann ist auch $x \neq 0$, und aus $0 \leq \frac{1}{\|x\|} y \leq \frac{1}{\|x\|} x$ folgt $\frac{1}{\|x\|} y \in A$, sodass wegen $\|\frac{y}{\|x\|}\| \leq M$ die Beziehung $\|y\| \leq M\|x\|$ gilt (A. d. Ü.).

14 Der ursprüngliche Beweis von M. G. Krein war schwieriger. Später wurden im Vergleich zu M. G. Krein einfachere direkte Beweise dieses Satzes entwickelt, die ohne den Satz von Namioka auskommen.

Kegel K und K' vertauschen kann. Vorbereitend beweisen wir einen allgemeineren Satz.

Theorem IV.6.1. *Sei (X, K) ein geordneter normierter Raum. Für die Normalität des dualen Kegels K' ist notwendig und hinreichend, dass der Kegel K der folgenden (zwischen der Nichtabgeflachtheit und der Fast-Nichtabgeflachtheit liegenden) Bedingung genügt: Es existiert eine solche Konstante M, sodass jedes $x \in X$ in der Form*

$$x = \|\cdot\| \cdot \lim_{n \to \infty} (u_n - v_n) \quad mit\ u_n, v_n \in K\ und\ \|u_n\|, \|v_n\| \leq M \|x\|$$

darstellbar ist.

Beweis. (a) Hinlänglichkeit. Seien $f, g \in K'$ und $g \leq f$. Für jedes $x \in X$ mit $\|x\| = 1$ hat man unter Verwendung der in der Bedingung des Theorems angegebenen Darstellung

$$g(x) = \lim_{n \to \infty} (g(u_n) - g(v_n)),$$

$$|g(u_n) - g(v_n)| \leq g(u_n) + g(v_n) \leq f(u_n) + f(v_n) \leq 2M \|f\|$$

und daraus $|g(x)| \leq 2M\|f\|$. Folglich ist $\|g\| \leq 2M\|f\|$ und die Norm in X' semimonoton auf K', d. h., K' ist normal.

(b) Notwendigkeit. Dieser Teil des Beweises basiert auf etwas tiefer liegenden Überlegungen.[15] Sei K' normal. Wir bezeichnen mit B (bzw. mit B') die abgeschlossene Einheitskugel in X (bzw. in X') und betrachten die Menge

$$D' = \left(B' - K'\right) \cap \left(B' + K'\right).$$

Ist $f \in D'$, dann existieren $g, h \in B'$ mit $g \leq f \leq h$, weswegen nach Folgerung 2 aus Theorem IV.2.1 die Menge D' im Raum X' normbeschränkt ist.

Klar ist, dass $B' = B°$ und $\pm K' = (\mp K)°$ gilt, wobei $E°$ die Polare der Menge E bezeichnet. Da andererseits die Einheitskugel B' schwach*-kompakt und der Kegel K'

---

15 In diesem Beweis benutzen wir die folgenden Fakten aus der Polarentheorie. Ist E eine Teilmenge von X, dann ist ihre Polare die Menge

$$E° = \left\{ f \in X' : \forall x \in E \text{ gilt } f(x) \leq 1 \right\}.$$

Für jede Teilmenge $E \subset X$ ist ihre Polare $E°$ eine $\sigma(X', X)$-abgeschlossene konvexe Teilmenge von X' mit $0 \in E°$. Analog dazu definieren wir für eine Teilmenge E' von X' die Polare in X durch

$$E'° = \left\{ x \in X : \forall f \in E' \text{ gilt } f(x) \leq 1 \right\}.$$

Die Polare der Polaren irgendeiner Menge aus X heißt ihre *Bipolare*. Die Polare der Vereinigung zweier Mengen aus X ist gleich dem Durchschnitt ihrer Polaren; die Polare des Durchschnitts zweier schwach abgeschlossener konvexer Mengen, von denen jede Null enthält, ist gleich der schwach*-abgeschlossenen konvexen Hülle der Vereinigung ihrer Polaren. Die Bipolare einer die Null enthaltenden Menge aus X ist mit der schwach abgeschlossenen konvexen Hülle Letzterer identisch (siehe z. B. [47, S. 160–161], [W07, S. 412]).

schwach*-abgeschlossen[16] sind, erweisen sich die Mengen $B' \pm K'$ ebenfalls als schwach*-abgeschlossen. Folglich ist $B' \pm K'$ mit der schwach*-abgeschlossenen konvexen Hülle der Menge $B' \cup (\pm K')$ (entsprechend) identisch. Daher gilt

$$B' \mp K' = (\pm B_+)^\circ \,, \text{ wobei } B_+ = B \cap K \,.$$

Daraus folgt

$$D' = (B_+ \cup B_-)^\circ \,, \text{ wobei } B_- = -B_+ = B \cap (-K) \,.$$

Wenn aber die Polare (im vorliegenden Falle D') einer Menge aus X normbeschränkt ist, dann enthält ihre Bipolare eine gewisse Kugel mit Zentrum in Null. Gleichzeitig ist

$$\overline{\operatorname{co}(B_+ \cup B_-)} = \overline{B_+ + B_-} \,,$$

weswegen folglich ein $r > 0$ derart existiert, für das

$$\overline{B(0;r)} \subset \overline{B_+ + B_-}$$

gilt. Damit ist die Bedingung des Theorems mit der Konstanten $M = \frac{1}{r}$ erfüllt. $\qquad \square$

Theorem IV.6.2 (T. Ando [3]). *Ist (X, K) ein geordneter Banachraum mit abgeschlossenem Kegel K, dann sind die folgenden Bedingungen äquivalent:*
(a) *Der Kegel K ist erzeugend.*
(b) *Der Kegel K' ist normal.*

Beweis. (a) $\Rightarrow$ (b). Ist der Kegel K erzeugend, dann ist er nach dem Satz von Krein-Schmuljan (III.2.1) nichtabgeflacht, und folglich kann das vorhergehende Theorem angewendet werden.
(b) $\Rightarrow$ (a). Im vorhergehenden Theorem ist insbesondere bewiesen worden, dass K fast nichtabgeflacht ist, falls der Kegel K' normal ist. Dann ist aber nach Lemma 3 aus III.2 der Kegel K nichtabgeflacht und somit erzeugend. $\qquad \square$

Folgerung. *Ist ein geordneter normierter Raum (X, K) dergestalt, dass K' normal ist, dann ist der duale Raum (X', K') Dedekind-vollständig.*

Beweis. Da der Übergang vom geordneten normierten Raum (X, K) zu seiner Norm-vervollständigung und zur Abschließung des Kegels K keinen Einfluss auf den dualen Raum und den dualen Keil hat, kann man X als Banachraum und K als abgeschlossenen Kegel voraussetzen. Dann ist nach dem bewiesenen Theorem der Kegel K erzeugend und infolgedessen auch nichtabgeflacht, sodass nur noch Theorem III.4.1 heranzuziehen ist. $\qquad \square$

IV.7 Darstellung von geordneten normierten Räumen

Wir befassen uns jetzt mit der Darstellung von geordneten normierten Räumen mithilfe von stetigen Funktionen. Wenn T ein kompakter Hausdorff-Raum ist, dann bezeich-

---

16 Wenn $f_\alpha \in K'$ und $f_\alpha \xrightarrow[\alpha]{\sigma(X', X)} f$ in X', dann gilt insbesondere $f_\alpha(x) \to f(x)$ in $\mathbb{R}$ für jedes $x \in K$. Aus $f_\alpha(x) \geq 0$ folgt dann $f(x) \geq 0$ für jedes $x \in K$. Also ist $f \in K'$ (A. d. Ü.).

net $C(T)$ den Raum aller reellen stetigen Funktionen auf T mit der üblichen gleichmäßigen Norm. Die Halbordnung in $C(T)$ ergibt sich auf natürliche Art und Weise: Eine Funktion $y \in C(T)$ ist positiv, wenn $y(t) \geq 0$ für alle $t \in T$ gilt. In diesem Falle erweist sich $C(T)$ als ein Banachverband beschränkter Elemente; die Norm in $C(T)$ ist mit der u-Norm identisch, wenn für u die Funktion $u(t) \equiv 1$ genommen wird. Bei der Untersuchung von Teilräumen[17] aus $C(T)$ werden wir in ihnen die induzierte Norm und Halbordnung aus $C(T)$ betrachten.

Die geordneten normierten Räume (X, K) und (Y, L) werden *isomorph* (im algebraischen, ordnungtheoretischen und topologischen Sinne) genannt, wenn eine eineindeutige und umkehrbare stetige Abbildung[18] ψ des Raumes X auf den Raum Y mit $\psi K = L$ existiert.

Theorem IV.7.1. *Für jeden geordneten normierten Raum (X, K) mit abgeschlossenem, normalem und nichtabgeflachtem[19] Kegel K existiert ein solcher kompakter Hausdorff-Raum T, dass (X, K) einem gewissen Teilraum aus $C(T)$ isomorph ist.*

Beweis. Im dualen Raum (X', K') betrachten wir die Menge $B'_+ = B' \cap K'$, wobei B' die abgeschlossene Einheitskugel in X' bezeichnet. Da B' schwach*-kompakt und K' schwach*-abgeschlossen ist, ist B'_+ schwach*-kompakt. Eben diese Menge nehmen wir für T; ihre Punkte sind damit dem Wesen nach die positiven stetigen linearen Funktionale aus B', während die Topologie in T die von der schwach*-Topologie des dualen Raumes induzierte ist. Ist $x \in X$, dann setzen wir

$$y_x : T \to \mathbb{R}, \ f \mapsto f(x) .$$

Die Funktion y_x ist stetig, d. h. $y_x \in C(T)$, und die Abbildung

$$\psi : X \longrightarrow C(T), \ x \mapsto y_x$$

ist linear. Ist $y_x = 0$, dann gilt $f(x) = 0$ für jedes $f \in B'_+$ und folglich auch für jedes $f \in K'$. Da aber der Kegel K als normal vorausgesetzt wurde, ist K' erzeugend (Theorem IV.5.1), und daher gilt $f(x) = 0$ für jedes $f \in X'$, sodass sich $x = 0$ ergibt. Damit ist die Abbildung ψ eineindeutig. Ist $x \in K$, dann hat man $f(x) \geq 0$ für jedes $f \in B'_+$ und somit $y_x \geq 0$. Umgekehrt, ist $y_x \geq 0$, dann hat man $f(x) \geq 0$ für beliebiges $f \in K'$. Dann gilt $x \in K$ nach dem Lemma aus Abschnitt II.4. Das heißt, ψK ist mit dem Kegel der positiven Funktionen aus ψX identisch, weswegen sich (X, K) und $(\psi X, \psi K)$ als algebraisch und ordnungstheoretisch isomorph erweisen.

---

17 Als Teilraum bezeichnen wir hier eine beliebige lineare nicht unbedingt abgeschlossene Teilmenge.

18 Das heißt, ψ ist linear und stetig und die inverse Abbildung ψ^{-1} ist ebenfalls stetig.

19 Die Nichtabgeflachtheit des Kegels K wird für den Beweis sowohl dieses Satzes als auch für den von Theorem IV.7.2 nicht gebraucht (A. d. Ü.).

Es verbleibt nachzuweisen, dass die Abbildung ψ umkehrbar stetig ist. Für beliebiges $x \in X$ und $f \in T$ hat man

$$|y_x(f)| \le \|f\| \, \|x\| \le \|x\| \, ,$$

folglich $\|y_x\| \le \|x\|$, woraus sich die Stetigkeit von ψ ergibt. Andererseits, da X' ein Banachraum und der Kegel K' abgeschlossen[20] und erzeugend sind, ist er nichtabgeflacht. Sei M eine Nichtabgeflachtheitskonstante von K'. Für beliebiges $f \in B'$ existiert eine Darstellung $f = g - h$ mit $g, h \in K'$ und $\|g\|, \|h\| \le M$. Dann ist $g = Mg_1$, $h = Mh_1$ für gewisse $g_1, h_1 \in B'_+$, und für beliebiges $x \in X$ gilt

$$|f(x)| \le |g(x)| + |h(x)| = M\left(|g_1(x)| + |h_1(x)|\right) \le 2M\|y_x\| \, .$$

Daraus folgt[21] $\|x\| \le 2M\|y_x\|$, weswegen die Umkehrabbildung ψ^{-1} stetig ist.   □

Theorem IV.7.2. *Jeder separable geordnete normierte Raum* (X, K) *mit abgeschlossenem, normalem und nichtabgeflachtem Kegel* K *ist einem gewissen Teilraum aus* $C([0, 1])$ *isomorph.*

Beweis. Dieses Theorem kann auf dieselbe Weise wie auch der klassische Satz von Banach-Mazur über die algebraische Isomorphie und Isometrie eines separablen normierten Raumes zu einem gewissen Teilraum von $C([0, 1])$ erhalten werden. Wir verwenden hier z. B. den Beweis des Satzes von Banach-Mazur aus [26]. In diesem Beweis wird zu vorgegebenem $x \in X$ eine stetige Funktion y_x auf dem abgeschlossenen Intervall $[0,1]$ unter Verwendung aller Funktionale f aus der Einheitskugel B' (B' ist in dem erwähnten Buch mit Γ bezeichnet) konstruiert. In unserem Fall muss B' durch B'_+ ersetzt werden. Die geforderte Isomorphie ergibt sich dann genau wie im vorhergehenden Theorem. Dabei erhält man an Stelle der im Satz von Banach-Mazur bewiesenen Isometrie in unserem Fall wie im vorhergehenden Theorem lediglich die Äquivalenz der Normen.   □

Theorem IV.7.3. *Jeder geordnete Banachraum* (X, K) *mit solidem, normalem und minihedralem Kegel ist dem Raum* $C(T)$ *isomorph, wobei* T *ein gewisser kompakter Hausdorff-Raum ist.*

Beweis. Für ein fixiertes stark positives Element $u \in X$ führen wir die u-Norm ein, die nach der Folgerung aus Theorem IV.4.1 der ursprünglichen Norm in X äquivalent ist. Andererseits ist $(X, \|\cdot\|_u, K)$ ein Banachverband beschränkter Elemente, der nach dem bekannten Satz von M. G. Krein, S. G. Krein und S. Kakutani aus der Theorie der

---

20 Der Kegel (Keil) K' ist im normierten Raum X' stets $\|\cdot\|$-abgeschlossen. Dies sieht man folgendermaßen (vgl. mit Fußnote 16 in Abschnitt IV.6): Aus $f_n \in K'$ und $f_n \xrightarrow{\|\cdot\|} f$ folgt insbesondere $f_n(x) \longrightarrow f(x)$ für alle $x \in X$. Wegen $f_n(x) \ge 0$ für alle $x \in K$ und $n \in \mathbb{N}$ erhält man $f(x) \ge 0$ für alle $x \in K$ und somit $f \in K'$, siehe auch Abschnitt IX.1 (A. d. Ü.).

21 Hier verwenden wir die Formel $\|x\| = \sup\{|f(x)|: f \in B'\}$ für alle $x \in X$ (siehe [W07, Kor. III.1.7]) (A. d. Ü.).

Vektorverbände[22] zu dem Banachverband stetiger Funktionen auf einem kompakten Hausdorff-Raum T algebraisch und ordnungstheoretisch isomorph und sogar isometrisch ist.[23] □

Bemerkung. Wenn man auf die Normvollständigkeit des Raumes X verzichtet, dann bleibt das vorhergehende Theorem in der folgenden abgeschwächten Formulierung noch richtig: Für jeden geordneten normierten Raum (X, K) mit solidem, normalem und minihedralem Kegel K existiert ein solcher kompakter Hausdorff-Raum T, sodass (X, K) zu einem gewissen Teilraum Z aus $C(T)$, der in $C(T)$ dicht liegt, isomorph ist. Dabei ist Z ein Teilvektorverband in $C(T)$, d. h., die exakten Schranken endlicher Mengen von Funktionen aus Z berechnen sich, genau wie in $C(T)$, punktweise.
Diesen Sachverhalt beweist man ebenso wie das Theorem, da für normierte Verbände beschränkter Elemente der Satz von M. G. Krein, S. G. Krein und S. Kakutani in seiner abgeschwächten Form (siehe Bemerkung zum genannten Satz in [53]) anwendbar ist.

---

22 Siehe [53, Theorem VII.5.1].
23 Zwei weitere interessante Eigenschaften von reellen Banachräumen erweisen sich als äquivalente Bedingungen für seine Darstellbarkeit als $C(T)$ auf einem kompaktem Raum T (siehe [NB85, Chapters 8, 10]).
Ein normierter Raum X besitzt die *binäre Durchschnittseigenschaft* (englisch: *binary intersection property* (BIP); in [KA77]: *Raum vom Typ* $\mathfrak{M}$), wenn jede Familie von abgeschlossenen Kugeln einen nicht leeren Durchschnitt besitzt, falls jeweils beliebige zwei ihrer Kugeln einen nicht leeren Durchschnitt haben.
Ein reeller normierter Raum X heißt *erweiterungsfähig für Operatoren* (englisch: *extendible*; in [KA77]: P_1-*Raum*), wenn jeder beschränkte lineare Operator $A: Z \to X$ aus einem beliebigen Teilraum Z eines reellen normierten Raumes Y in den Raum X eine stetige lineare Fortsetzung $\tilde{A}: Y \to X$ mit $\|\tilde{A}\| = \|A\|$ besitzt. Diese Eigenschaft spielt für die Erweiterung linearer stetiger Operatoren, im Zuge einer Verallgemeinerung des Satzes von Hahn-Banach die entscheidende Rolle, wie man aus dem nächsten Resultat ersieht, das im Wesentlichen bereits von L. Nachbin in [N50] bewiesen wurde. Es gilt nun das Theorem (siehe [NB85, (10.5.3)], [KA77, (V.8.4)]).
Für einen reellen Banachraum X sind die folgenden Aussagen äquivalent:
(a) X ist erweiterungsfähig.
(b) X ist (linear) isometrisch zu $C(T, \mathbb{R})$, wobei T ein kompakter Hausdorff-Raum ist.
(c) X ist ein archimedischer Dedekind-vollständiger Vektorverband mit einer Ordnungseinheit.
(d) X (mit der durch eine Ordnungseinheit u definierten u-Norm) besitzt die binäre Durchschnittseigenschaft (BIP).
(A. d. Ü.).

V Räume mit der Interpolationseigenschaft

V.1 Verschiedene Formen der Interpolationseigenschaft

Definition. Man sagt, dass der geordnete Vektorraum (X, K) die *Riesz'sche Interpolationseigenschaft* besitzt, wenn für beliebige vier Elemente a_1, a_2, b_1, b_2, die den Ungleichungen $a_i \leq b_j$, $i, j \in \{1, 2\}$ genügen, ein solches „Zwischenelement" $c \in X$ existiert, sodass

$$a_i \leq c \leq b_j, \quad i, j \in \{1, 2\}$$

gilt.

Offenbar kann die Riesz'sche Interpolationseigenschaft induktiv auf beliebige endliche Mengen von Elementen $a_i, i \in \{1, 2, \ldots, m\}$ und b_j, $j \in \{1, 2, \ldots, n\}$, mit $a_i \leq b_j$ ausgedehnt werden. Wir bemerken außerdem, dass es für den Nachweis der Riesz'schen Interpolationseigenschaft ausreicht, die Existenz eines Zwischenelements c unter der zusätzlichen Bedingung $a_1, a_2 \geq 0$ zu zeigen. Tatsächlich, ist $a_i \leq b_j$, $i, j \in \{1, 2\}$, dann (vgl. Abschnitt I.2) existiert ein Element $d \leq a_1, a_2$, beispielsweise $d = a_1 + a_2 - b_1$, sodass man von beliebigen a_i, b_j zu $a_i - d, b_j - d$ übergehen kann.

Lemma 1. *Die Riesz'sche Interpolationseigenschaft ist zu jeder der beiden folgenden Eigenschaften äquivalent:*

(a) *Wenn $0 \leq y \leq x_1 + x_2$ mit $x_1, x_2 \geq 0$, dann existieren solche $y_1, y_2 \geq 0$, sodass $y_i \leq x_i$, $i \in \{1, 2\}$ und $y = y_1 + y_2$ gelten.*

(b) *Wenn $x = x_1 + x_2$ mit $x_i \geq 0$ und andererseits $x = y + z$ mit $y, z \geq 0$, dann kann jedes x_i in der Form $x_i = y_i + z_i$ mit $y_i, z_i \geq 0$ und*

$$y = y_1 + y_2, \quad z = z_1 + z_2$$

dargestellt werden.

Beweis. Riesz'sche Interpolationseigenschaft $\Rightarrow$ (a). Genügen y, x_1 und x_2 den angeführten Bedingungen, dann setzt man $a_1 := 0$, $a_2 := y - x_1$, $b_1 := y$, $b_2 := x_2$ und erhält mithilfe der Riesz'schen Interpolationseigenschaft das Zwischenelement c. Anschließend kann man sich leicht davon überzeugen, dass $y_1 = y - c$ und $y_2 = c$ die geforderten Bedingungen erfüllen.

(a) $\Rightarrow$ (b). Wenn die Elemente x_1, x_2, y und z den unter (b) genannten Bedingungen genügen, dann gilt insbesondere $0 \leq y \leq x_1 + x_2$, weswegen man Elemente y_1 und y_2 findet, die der Bedingung (a) genügen. Setzt man $z_i := x_i - y_i$ für $i \in \{1, 2\}$, dann gilt $z_i \geq 0$ und $z = z_1 + z_2$.

(b) $\Rightarrow$ Riesz'sche Interpolationseigenschaft. Gilt $a_i \leq b_j$, $i \in \{1, 2\}$, dann setzt man

$$u_1 := b_1 - a_1, \ u_2 := b_2 - a_2, \ v_1 := b_1 - a_2, \ v_2 := b_2 - a_1, \ u := u_1 + u_2 = v_1 + v_2 \, .$$

DOI 10.1515/9783110478884-005

Alle diese Elemente sind positiv, und nach (b) existieren solche $t_{ij} \geq 0$, $i, j \in \{1, 2\}$, sodass

$$u_i = t_{i1} + t_{i2}, \ i \in \{1, 2\} \text{ und } v_j = t_{1j} + t_{2j}, \ j \in \{1, 2\}$$

gilt. Das Element $a_1 + t_{12}$ ist dann ein Zwischenelement zwischen a_i und b_j. Davon kann man sich einfach überzeugen, wenn man $a_1 + t_{12} = b_2 - t_{22}$ berücksichtigt. □

Bemerkung. Klar ist, dass die beiden Behauptungen (a) und (b) induktiv auf eine beliebige endliche Zahl von Summanden erweitert werden können, sodass sich insbesondere der folgende Satz über die Doppelzerlegung positiver Elemente ergibt.

Theorem V.1.1. *Ein geordneter Vektorraum (X, K) besitzt genau dann die Riesz'sche Interpolationseigenschaft, wenn folgende Bedingung erfüllt ist:*
Gilt einerseits $x = x_1 + \ldots + x_n$ mit allen $x_i \geq 0$ und andererseits $x = y + z$ mit $y, z \geq 0$, dann existieren solche $y_i, z_i \geq 0$, dass $x_i = y_i + z_i$ für alle $i \in \{1, \ldots, n\}$ und

$$y = y_1 + \ldots + y_n, \quad z = z_1 + \ldots + z_n$$

gilt.

Die Riesz'sche Interpolationseigenschaft eines Raumes (X, K) bedeutet für beliebige $y, z \in K$

$$[0, y] + [0, z] = [0, y + z] \ . \tag{1}$$

Tatsächlich, dass die Menge auf der linken Seite in der der rechten enthalten ist, gilt für beliebige geordnete Vektorräume, während die umgekehrte Inklusion eine unmittelbare Konsequenz aus Eigenschaft (a) des Lemmas 1 ist.[1]

Lemma 2 (T. Ando [3]). *Sei (X, K) ein geordneter Banachraum mit abgeschlossenem, normalem Kegel K. Sei die folgende Bedingung erfüllt:*
Für beliebige $a_i \leq b_j$ mit $i, j \in \{1, 2\}$ und beliebiges $\varepsilon > 0$ existieren solche Elemente $c \in X$ und $y \in K$, dass $\|y\| < \varepsilon$ und $a_i \leq c \leq b_j + y$, $i, j \in \{1, 2\}$ gelten. Dann besitzt (X, K) die Riesz'sche Interpolationseigenschaft.

Beweis. Durch Induktion erhält man sofort, dass, falls die angegebene Bedingung für zweielementige Mengen gilt, sie auch für beliebige endliche Mengen erfüllt ist. Seien $a_i \leq b_j$ für $i, j \in \{1, 2\}$. Nach Bedingung existieren $c_1 \in X$ und $y_1 \in K$ mit

$$a_i \leq c_1 \leq b_j + y_1, \quad i, j \in \{1, 2\}; \quad \|y_1\| < \tfrac{1}{2} \ .$$

Wir betrachten die Mengen $\{a_1, a_2, c_1 - y_1\}$ und $\{b_1, b_2, c_1\}$, auf die man erneut die angegebene Bedingung anwenden kann, sodass solche $c_2 \in X$ und $y_2 \in K$ existieren,

---

[1] Die Eigenschaft (a) aus Lemma 1 und folglich die Gültigkeit der Beziehung (1) werden in der Literatur häufig als *Riesz'sche Dekompositionseigenschaft* bezeichnet; siehe [AT07, MeN91, R40, AB06, 53] (A. d. Ü.).

die den Ungleichungen

$$a_1, a_2, c_1 - y_1 \leq c_2 \leq b_1 + y_2, b_2 + y_2, c_1 + y_2, \quad \|y_2\| < \tfrac{1}{2^2}$$

genügen. Daraus folgt $-y_1 \leq c_2 - c_1 \leq y_2$. Seien nun $c_i \in X$ und $y_i \in K$, $i \in \{1, 2, \dots, n\}$ mit $\|y_i\| < \tfrac{1}{2^i}$ und für $i \geq 2$ mit

$$a_1, a_2, c_{i-1} - y_{i-1} \leq c_i \leq b_1 + y_i, b_2 + y_i, c_{i-1} + y_i$$

bereits konstruiert. Zu den Mengen $\{a_1, a_2, c_n - y_n\}$ und $\{b_1, b_2, c_n\}$ findet man dann solche $c_{n+1} \in X$ und $y_{n+1} \in K$, dass $\|y_{n+1}\| < \tfrac{1}{2^{n+1}}$ und

$$a_1, a_2, c_n - y_n \leq c_{n+1} \leq b_1 + y_{n+1}, b_2 + y_{n+1}, c_n + y_{n+1} \tag{2}$$

gelten. Dabei ist $-y_n \leq c_{n+1} - c_n \leq y_{n+1}$. Dieser Prozess setzt sich induktiv fort. Aus der Normalität des Kegels K folgt

$$\|c_{n+1} - c_n\| \leq A \tfrac{1}{2^n},$$

wobei A eine positive Konstante ist (siehe Folgerung 2 aus Theorem IV.2.1). Es existiert folglich $c := \|\cdot\|\text{-lim}_{n\to\infty} c_n$, und der Übergang zum Normgrenzwert in der Ungleichung (2) ergibt schließlich

$$a_i \leq c \leq b_j, \quad i, j \in \{1, 2\}. \qquad \square$$

Wir befassen uns nun mit der Riesz'schen Interpolationseigenschaft in einem Raum (X, K) mit solidem Kegel K.

Definition. Man sagt, dass ein Raum (X, K) mit solidem Kegel K die *starke Riesz'sche Interpolationseigenschaft* besitzt, wenn für beliebige $a_i, b_j \in X$, die der Bedingung $a_i \ll b_j$ für $i, j \in \{1, 2\}$ genügen, ein solches Element $c \in X$ (Zwischenelement) existiert, dass

$$a_i \ll c \ll b_j, \quad i, j \in \{1, 2\}$$

gilt.[2]

Theorem V.1.2. *Sei (X, K) ein geordneter Banachraum mit solidem Kegel K. Wenn der Raum (X, K) die Riesz'sche Interpolationseigenschaft besitzt, dann besitzt er auch die starke Riesz'sche Interpolationseigenschaft. Umgekehrt, besitzt der Raum (X, K) die starke Riesz'sche Interpolationseigenschaft und ist der (solide) Kegel K abgeschlossen und normal, dann besitzt (X, K) auch die Riesz'sche Interpolationseigenschaft.*

---

2 Die starke Riesz'sche Interpolationseigenschaft gewährleistet die Existenz eines Zwischenelements *lediglich* für Elemente a, b, die der Relation $a \ll b$ genügen (A. d. Ü.).

Beweis. (a) Besitze X die Riesz'sche Interpolationseigenschaft. Sei K solid und seien $a_i \ll b_j$, $i,j \in \{1,2\}$. Wir wählen ein stark positives Element u. Da $b_j - a_i \gg 0$ und somit starke Einheiten in X sind, existieren solche Zahlen $\varepsilon_{ij} > 0$ mit denen $2\varepsilon_{ij}u \le b_j - a_i$ gilt. Setzt man

$$\varepsilon := \min_{i,j} \varepsilon_{ij}; \quad a_i' := a_i + \varepsilon u \quad \text{und} \quad b_j' := b_j - \varepsilon u \,,$$

dann ist $a_i' \le b_j'$, $i,j \in \{1,2\}$. Nach der Riesz'schen Interpolationseigenschaft existiert ein Zwischenelement $c \in X$ mit

$$a_i' \le c \le b_j', \quad i,j \in \{1,2\} \,.$$

Es gilt aber $a_i \ll a_i'$ und $b_j \gg b_j'$ und demzufolge $a_i \ll c \ll b_j$.
(b) Sei der Kegel K abgeschlossen, normal sowie solid und besitze der Raum (X, K) die starke Riesz'sche Interpolationseigenschaft. Seien $a_i \le b_j$, $i,j \in \{1,2\}$. Setzt man $b_j' := b_j + \varepsilon u$ zu gewähltem Element $u \gg 0$ und vorgegebenem $\varepsilon > 0$, dann ist $a_i \ll b_j'$, und folglich existiert ein solches $c \in X$, für das $a_i \ll c \ll b_j'$ gilt. Somit ist für den Raum (X, K) die Bedingung des vorangestellten Lemmas erfüllt, weswegen er die Riesz'sche Interpolationseigenschaft besitzt. $\qquad\square$

V.2 Der Zusammenhang zwischen der Interpolationseigenschaft und der Minihedralität des Kegels

Ist (X, K) ein Vektorverband und $a_i, b_j \in X$ derart, dass $a_i \le b_j$, $i,j \in \{1,2\}$ gilt, dann ist beispielsweise das Element $c = a_1 \vee a_2$ oder $c = b_1 \wedge b_2$ ein Zwischenelement. Somit besitzt jeder Vektorverband die Riesz'sche Interpolationseigenschaft. Wie das folgende einfache Beispiel zeigt, gilt die Umkehrung jedoch nicht.

Beispiel. Sei $X = \mathbb{R}^2$ und die Halbordnung in X mithilfe des Kegels

$$K = \{x = (\xi_1, \xi_2) : \xi_1 > 0, \ \xi_2 > 0 \text{ oder } \xi_1 = \xi_2 = 0\}$$

eingeführt. Den Nachweis der Riesz'schen Interpolationseigenschaft in diesem Raum überlassen wir dem Leser. Gleichzeitig ist dieser Kegel nicht minihedral. So hat beispielsweise die aus den beiden Elementen $(0, 0)$ und $(1, -1)$ bestehende Menge kein Supremum.

Wir erörtern nun ein weniger triviales auf Namioka [42] zurückgehendes Beispiel.

Beispiel 9. Der Vektorraum X bestehe aus allen stetigen, auf dem Intervall $[0, 4]$ gegebenen Funktionen, die der zusätzlichen Bedingung

$$x(2) = x(1) + x(3) \tag{3}$$

genügen, während der Kegel K aus allen nicht negativen Funktionen aus X bestehe. Mit der aus $C[0, 4]$ in X induzierten Norm wird (X, K) ein Banachraum, und der Kegel K

ist abgeschlossen darin. Sei x die in folgender Weise auf dem kompakten Intervall $[0, 4]$ gegebene Funktion:

$$x(0) = x(1) = 1, \quad x(3) = x(4) = -1,$$

und in den Intervallen zwischen den genannten Punkten werde $x(t)$ nach der linearen Interpolationsregel definiert (Abbildung 7).

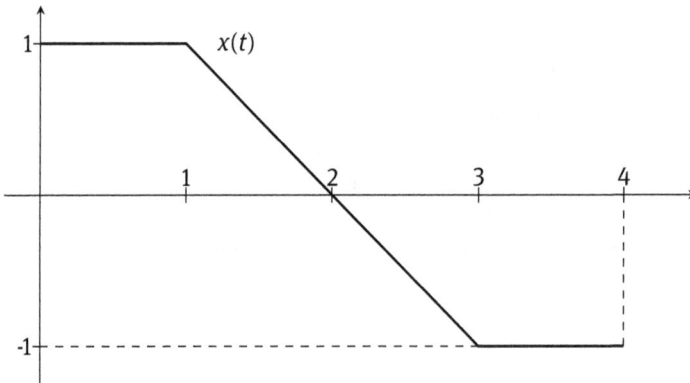

Abb. 7: Die Funktion x.

Dann ist $x \in X$. Würde nun in X das Element $y = x \vee 0$ existieren, dann hätte man für alle $t > 2$, wie leicht zu sehen ist, $y(t) = 0$ und $y(1) \geq 1$. Dann ist aber $y(2) = y(1) + y(3) \geq 1$, was die Stetigkeit der Funktion y verletzt.[3]

Wir weisen jetzt nach, dass der Raum X die Riesz'sche Interpolationseigenschaft besitzt. Seien vier Elemente $x, y, z, u \in X$ mit $x, y \leq z, u$ gegeben. Setzt man

$$p(t) := \max\{x(t), y(t)\} \quad \text{und} \quad q(t) := \min\{z(t), u(t)\},$$

dann gilt $p(t) \leq q(t)$ für alle $t \in [0, 4]$. Diese Funktionen brauchen nicht zu X gehören, da für sie die Bedingung (3) nicht erfüllt sein muss. Gleichzeitig ist leicht einzusehen, dass die Ungleichung

$$p(2) \leq p(1) + p(3) \leq q(2)$$

gilt. Wir setzen jetzt

$$r(t) := \begin{cases} p(t) & \text{für } t \in [0, 1] \cup [3, 4], \\ p(1) + p(3) & \text{für } t = 2 \end{cases}$$

---

3 Der erhaltene Widerspruch zeigt, dass X kein Vektorverband ist (A. d. Ü.).

und definieren $r(t)$ in den Intervallen $(1, 2)$ und $(2, 3)$ nach der linearen Interpolationsregel. Weiterhin führen wir die folgenden Funktionen ein:

$$s(t) = \max\{p(t), r(t)\} \quad \text{und} \quad v(t) = \min\{q(t), s(t)\} .$$

Man sieht sofort

$$s(1) = v(1) = p(1), \ \ s(3) = v(3) = p(3), \ \ s(2) = v(2) = p(1) + p(3) .$$

Somit gehört v zu X, außerdem gilt $p(t) \leq v(t) \leq q(t)$ für alle t. Also ergibt sich $x, y \leq v \leq z, u$.

Wir beweisen nun eine Verallgemeinerung des Theorems I.5.1.

Theorem V.2.1. *Wenn ein geordneter Vektorraum (X, K) die Riesz'sche Interpolationseigenschaft besitzt sowie Dedekind-Vollständigkeit aufweist und der Kegel K erzeugend ist, dann ist (X, K) ein K-Raum.*

Beweis. Wegen Theorem I.5.1 ist es ausreichend zu überprüfen, ob (X, K) ein Vektorverband ist. Wir fixieren dazu beliebige $x, y \in X$. Da der Kegel K als erzeugend vorausgesetzt wurde, ist die Menge $\{x, y\}$ von oben beschränkt. Sind z und u zwei beliebige ihrer oberen Schranken, dann existiert dank der Riesz'schen Interpolationseigenschaft ein Zwischenelement c mit

$$x, y \leq c \leq z, u .$$

Dieses Element c ist gleichfalls eine obere Schranke der Menge $\{x, y\}$, und folglich ist die Gesamtheit der oberen Schranken dieser Menge fallend gerichtet. Dank der Dedekind-Vollständigkeit des Raumes X existiert das Infimum[4] der Gesamtheit der oberen Schranken, dass offensichtlich ebenfalls eine obere Schranke der Menge $\{x, y\}$ und somit $x \vee y$ ist. □

Folgerung. *Ist in einem geordneten normierten Raum (X, K) der Kegel K nichtabgeflacht und normal, dann ist im dualen Raum (X', K') die Riesz'sche Interpolationseigenschaft der Minihedralität des Kegels K' äquivalent.*

Beweis. Nach Theorem III.4.1 ist der duale Raum (X', K') Dedekind-vollständig und nach dem Satz von Krein (IV.5.1) der Kegel K' erzeugend. Daraus erhält man unter der Voraussetzung, dass (X', K') die Riesz'sche Interpolationseigenschaft besitzt, dass nach Theorem V.2.1 (X', K') ein Vektorverband ist. □

V.3 Die Minihedralität des dualen Kegels

Die Riesz'sche Interpolationseigenschaft spielt eine entscheidende Rolle bei der Klärung der Frage, wann der duale Kegel minihedral ist. Die Beweismethode des an-

---

4 Siehe Bemerkung zur zweiten Definition aus Abschnitt I.2 (A. d. Ü.).

schließenden Satzes wurde im Wesentlichen aus den Arbeiten von F. Riesz [45] und L. W. Kantorowitsch [25] übernommen.

Theorem V.3.1. *Besitzt ein geordneter normierter Raum* (X, K) *mit nichtabgeflachtem und normalem Kegel* K *die Riesz'sche Interpolationseigenschaft, dann ist der duale Raum* (X', K') *ein K-Raum.*

Beweis. Nach der Folgerung aus Theorem III.4.1 ist es ausreichend nachzuweisen, dass (X', K') ein Vektorverband ist. Da der Kegel K als normal vorausgesetzt wurde, ist K' erzeugend. Daher genügt es, beliebige Funktionale g, h aus K' zu betrachten und die Existenz ihres Supremums zu beweisen (siehe Abschnitt I.5). Zu diesem Zweck setzen wir für beliebiges $x \in K$

$$f(x) := \sup \{g(y) + h(z) : y + z = x, \quad y, z \in K\} .$$

Wegen $g(y) + h(z) \leq g(x) + h(x)$ gilt $f(x) \leq g(x) + h(x) < +\infty$. Wir zeigen, dass f auf K additiv ist.

Sei $x = x_1 + x_2$ mit $x_1, x_2 \in K$. Wenn $y_1 + z_1 = x_1$ und $y_2 + z_2 = x_2$ mit $y_i, z_i \in K$, so setzen wir $y := y_1 + y_2$ und $z := z_1 + z_2$. Dann gilt

$$(g(y_1) + h(z_1)) + (g(y_2) + h(z_2)) = g(y) + h(z) \leq f(x) ,$$

woraus man nach Übergang zum Supremum innerhalb der Klammern

$$f(x_1) + f(x_2) \leq f(x) \tag{4}$$

erhält.

Umgekehrt, seien y, z beliebige Elemente aus K mit $y + z = x$. Nach Lemma 1 aus Abschnitt V.1 existieren solche $y_i, z_i \in K$, dass sowohl $x_i = y_i + z_i$, $i \in \{1, 2\}$ als auch $y = y_1 + y_2$ und $z = z_1 + z_2$ gelten. Dann ist

$$g(y) + h(z) = (g(y_1) + h(z_1)) + (g(y_2) + h(z_2)) \leq f(x_1) + f(x_2) ,$$

woraus man nach Übergang zum Supremum auf der linken Seite

$$f(x) \leq f(x_1) + f(x_2) \tag{5}$$

erhält. Aus (4) und (5) folgt $f(x) = f(x_1) + f(x_2)$.

Das Funktional f wird nun auf übliche Weise unter Beibehaltung seiner Additivität auf ganz X erweitert, woraus man ein lineares Funktional gewinnt, das, als Element aus $X^{\#}$ aufgefasst, der Ungleichung $0 \leq f \leq g + h$ genügt. Nach dem Lemma aus Abschnitt III.4 liegt dann f in K'.[5]   □

---

5 Mit $y = x$, $z = 0$ bzw. $y = 0$, $z = x$ erhält man aus der Formel

$$f(x) = \sup \{g(y) + h(z) : y + z = x, y, z \in K\}$$

Der soeben bewiesene Satz erlaubt es, leicht eine ganze Reihe von Räumen aufzuzei-gen, die die Riesz'sche Interpolationseigenschaft nicht besitzen. Sei zum Beispiel X ein reflexiver, mithilfe eines abgeschlossenen, erzeugenden und normalen Kegels K geordneter Banachraum. Wir setzen voraus, dass (X, K) die Riesz'sche Interpolations-eigenschaft besitzt. Dann ist der duale Raum (X', K') ein Vektorverband, wobei der Kegel K' offensichtlich abgeschlossen und nach dem Satz von Krein erzeugend so-wie nach dem dualen Satz von Ando auch normal ist. Folglich ist der biduale Raum (X'', K'') ebenfalls ein Vektorverband, wobei K'' den zu K' dualen Kegel bezeichnet. Nun kann aber (wegen der Reflexivität von X) X'' mit X identifiziert werden, sodass nach dem Lemma aus Abschnitt II.4 der Kegel K'' mit K zusammenfällt. Damit erweist sich auch (X, K) als Vektorverband.[6] Infolgedessen kann ein reflexiver Raum mit ei-nem, zwar den oben aufgeführten Bedingungen genügenden, aber nicht minihedra-len Kegel nicht die Riesz'sche Interpolationseigenschaft besitzen.[7] Insbesondere er-weist sich in endlich dimensionalen Räumen mit abgeschlossenem, erzeugendem Ke-gel die Riesz'sche Interpolationseigenschaft der Minihedralität des Kegels als äqui-valent.[8] Des Weiteren zeigt das eingangs von Abschnitt V.2 erste erörterte Beispiel, dass ein endlich dimensionaler Raum mit nicht abgeschlossenem, erzeugendem Ke-gel zwar die Riesz'sche Interpolationseigenschaft besitzen kann, jedoch kein Verband sein muss.

V.4 Die Sätze von T. Ando und M. G. Krein

Wesentlich aufwendiger als der Beweis des vorhergehenden Theorems ist der Beweis des umgekehrten Resultats, das für Banachräume mit abgeschlossenem, erzeugen-dem Kegel Gültigkeit besitzt.

---

zunächst $f(x) \geq g(x), h(x)$ für jedes $x \in K$, sodass sich nach der Erweiterung von f auf ganz X das Funktional f als obere Schranke der Menge $\{g, h\}$ erweist. Ist nun beispielsweise $f_1 \in X'$ eine beliebige obere Schranke dieser Menge, dann folgt aus $g(y) + h(z) \leq f_1(y) + f_1(z) = f_1(x)$ die Beziehung $f(x) \leq f_1(x)$ für alle $x \in K$. Folglich ist $f = g \vee h$. Die angegebene Formel zur Berechnung von $f = g \vee h$ ist die Urform der später „*Riesz-Kantorowitsch Formeln*" genannten Formeln zur Berechnung von $S \vee T, S \wedge T, |T|$ für Operatoren S, T von einem Vektorverband mit Werten in einem Dedekind-vollständigen Vektorverband, siehe [53, 26, jeweils Kapitel VIII.2] (A. d. Ü.).

6 Ein durch einen abgeschlossenen erzeugenden normalen Kegel geordneter reflexiver Banachraum X besitzt die Riesz'sche Interpolationseigenschaft genau dann, wenn X ein Vektorverband ist; siehe [AT07, Cor. 2.48] (A. d. Ü.).

7 Im folgenden Kapitel gelingt eine Verstärkung dieses Resultats (siehe Abschnitt VI.4).

8 Daraus folgt, dass der mithilfe eines abgeschlossenen Kreiskegels geordnete Raum $\mathbb{R}^3$ nicht die Riesz'sche Interpolationseigenschaft besitzt.

Theorem V.4.1 (T. Ando [3]). *Seien (X, K) ein geordneter Banachraum und der Kegel K abgeschlossen und erzeugend. Wenn der duale Raum (X', K') ein Vektorverband ist,[9] dann besitzt (X, K) die Riesz'sche Interpolationseigenschaft und der Kegel K ist normal.*

Der nachfolgend dargelegte Beweis dieses Satzes stammt von I. F. Danilenko.[10]

Beweis. (1) Da im Vektorverband (X', K') der Kegel K' erzeugend ist, folgt die Normalität des Kegels K aus dem Satz von Krein (IV.5.1).

(2) Wir überzeugen uns davon, dass (X, K) die Riesz'sche Interpolationseigenschaft besitzt.

(a) Seien $a_i \leq b_j$, $i, j \in \{1, 2\}$, wobei es ausreicht, die anschließenden Überlegungen unter der Voraussetzung $a_i \geq 0$ anzustellen. Wir führen den Banachraum $Y = X \times \mathbb{R}$ ein, wobei $\mathbb{R}$ die reelle Gerade ist mit der durch die Formel

$$\|(x, \lambda)\| = \|x\| + |\lambda|$$

definierten Norm. Der zu Y duale Raum Y' hat offensichtlich die Gestalt $Y' = X' \times \mathbb{R}$, wobei

$$\|(f, \lambda)\| = \max\{\|f\|, |\lambda|\} \quad \left(f \in X', \ \lambda \in \mathbb{R}\right)$$

gilt. In Y zeichnen wir vier Kegel aus:

$$\underline{L_i} = \left\{(f, \lambda) : f \in K', \ 0 \leq \lambda \leq f(a_i)\right\},$$
$$\overline{L_j} = \left\{(f, \lambda) : f \in K', \ \lambda \geq f(b_j)\right\}, \qquad i, j \in \{1, 2\}.$$

Dass es sich um Kegel handelt, ist offensichtlich. Mit deren Hilfe konstruieren wir den Keil

$$L = \underline{L_1} + \underline{L_2} - \overline{L_1} - \overline{L_2}.$$

(b) Die Struktur der Elemente $(f, \lambda) \in L$.

Ist $(f, \lambda) \in L$, dann heißt das $f = \varphi_1 + \varphi_2 - \psi_1 - \psi_2$ und $\lambda = \mu_1 + \mu_2 - \nu_1 - \nu_2$ mit $(\varphi_i, \mu_i) \in \underline{L_i}$, $(\psi_j, \nu_j) \in \overline{L_j}$, $i, j \in \{1, 2\}$, und daher

$$0 \leq \mu_i \leq \varphi_i(a_i), \quad \nu_j \geq \psi_j(b_j), \quad i, j \in \{1, 2\}. \tag{6}$$

Das Funktional f kann in der Form $f = f^+ - f^-$, wobei f^+ und f^- positiver und negativer Teil von f sind (siehe Abschnitt I.5), geschrieben werden. Hierbei gilt

$$0 \leq f^+ \leq \varphi_1 + \varphi_2, \ 0 \leq f^- \leq \psi_1 + \psi_2.$$

Da ein Vektorverband die Riesz'sche Interpolationseigenschaft besitzt, existieren nach Lemma 1 aus Abschnitt V.1 solche Funktionale $f_1^+, f_2^+, f_1^-, f_2^- \in K'$, dass

$$f^+ = f_1^+ + f_2^+, \quad f^- = f_1^- + f_2^-, \quad f_i^+ \leq \varphi_i, \quad f_j^- \leq \psi_j \quad \text{für} \quad i, j \in \{1, 2\} \tag{7}$$

---

9 Aufgrund der Theoreme I.5.1 und III.4.1 folgt hieraus bereits, dass (X', K') ein K-Raum ist.
10 Es ist vorteilhaft, diesen längeren Beweis etwas zu strukturieren (A. d. Ü.).

gilt. Setzt man weiterhin

$$g_i := \varphi_i - f_i^+, \quad h_j := \psi_j - f_j^-, \quad i, j \in \{1, 2\} ,$$

dann ist $g_1 + g_2 = \varphi_1 + \varphi_2 - f^+ = \psi_1 + \psi_2 + f - f^+ = \psi_1 + \psi_2 - f^- = h_1 + h_2$.

Nach dem Satz über die Doppelzerlegung positiver Elemente (Theorem V.1.1) existieren Funktionale $l_{ij} \in K'$, $i, j \in \{1, 2\}$, mit

$$g_i = l_{i1} + l_{i2}, \; h_j = l_{1j} + l_{2j} \quad \text{für} \quad i, j \in \{1, 2\} .$$

Wir gehen zur Abschätzung der Zahl λ, der zweiten Komponente des aus L stammenden Elements (f, λ), über. Aus (6) folgt

$$\lambda \le \varphi_1 (a_1) + \varphi_2 (a_2) - \psi_1 (b_1) - \psi_2 (b_2) = f_1^+ (a_1) + f_2^+ (a_2) - f_1^- (b_1) - f_2^- (b_2) + A$$

mit

$$A = g_1 (a_1) + g_2 (a_2) - h_1 (b_1) - h_2 (b_2)$$
$$= l_{11} (a_1) + l_{12} (a_1) + l_{21} (a_2) + l_{22} (a_2) - l_{11} (b_1) - l_{21} (b_1) - l_{12} (b_2) - l_{22} (b_2) .$$

Wegen $a_i \le b_j$, $i, j \in \{1, 2\}$ gilt $A \le 0$. Folglich ist

$$\lambda \le f_1^+ (a_1) + f_2^+ (a_2) - f_1^- (b_1) - f_2^- (b_2) .$$

Aus dieser Ungleichung folgt, dass λ in der Form $\lambda = \lambda_1^+ + \lambda_2^+ - \lambda_1^- - \lambda_2^-$ mit

$$0 \le \lambda_i^+ \le f_i^+ (a_i), \; \lambda_j^- \ge f_j^- (b_j), \quad i, j \in \{1, 2\}$$

geschrieben werden kann. Somit ist

$$(f, \lambda) = (f_1^+, \lambda_1^+) + (f_2^+, \lambda_2^+) - (f_1^-, \lambda_1^-) - (f_2^-, \lambda_2^-) , \qquad (8)$$

wobei

$$(f_i^+, \lambda_i^+) \in \underline{L_i}, \quad (f_j^-, \lambda_j^-) \in \overline{L_j}, \quad i, j \in \{1, 2\},$$
$$f_1^+ + f_2^+ = f^+, \quad f_1^- + f_2^- = f^-$$

gelten.

(c) Wir zeigen nun, dass der Keil L in Y' schwach*-abgeschlossen ist.

Nach dem bekannten Kriterium von Krein-Schmuljan[11] für die schwach*-Abgeschlossenheit reicht es aus, wenn man zeigt, dass der Durchschnitt L_1 des Keils L mit der abgeschlossenen Einheitskugel aus Y', also

$$L_1 = L \cap \left(B' \times [-1, 1] \right)$$

---

[11] Das Kriterium von Krein-Schmuljan besagt:

Ist $E \subset X'$ eine konvexe Teilmenge derart, dass ihr Durchschnitt mit beliebigem Vielfachen nB' der abgeschlossenen Einheitskugel $B' \subset X'$ schwach*-abgeschlossen ist, dann ist auch E schwach*-abgeschlossen; siehe z. B. [17, W07]. Da wir das Kriterium von Krein-Schmuljan auf einen Keil anwenden, genügt es, die schwach*-Abgeschlossenheit des Durchschnitts des Keils nur mit der Einheitskugel nachzuweisen.

(B' bezeichne die abgeschlossene Einheitskugel aus X') schwach*-abgeschlossen ist. Für ein Netz $((f_\alpha, \lambda_\alpha))_\alpha$ aus L_1 sei $(f_\alpha, \lambda_\alpha) \xrightarrow[\alpha]{\sigma(Y', Y)} (f, \lambda)$. Das bedeutet, dass sowohl $f_\alpha \xrightarrow[\alpha]{\sigma(X', X)} f$ mit $f_\alpha \in B'$ in X' als auch $\lambda_\alpha \xrightarrow[\alpha]{} \lambda$ mit $\lambda_\alpha \in [-1, 1]$ in $\mathbb{R}$ gelten. Dann gelten aber $\hat{f} \in B'$, $\lambda \in [-1, 1]$ und folglich $(f, \hat{\lambda}) \in B' \times [-1, 1]$. Es verbleibt lediglich, noch $(f, \lambda) \in L$ zu zeigen. Da K' ein abgeschlossener und erzeugender Kegel im geordneten Banachraum (X', K') ist, erweist er sich nach Theorem III.2.1 als nichtabgeflacht. Sei M eine Nichtabgeflachtheitskonstante des Kegels K'. Nach dem dualen Satz von Ando (IV.6.2) ist der Kegel K' normal. Sei N eine fixierte Halbmonotoniekonstante der Norm in X'. Jedes Element $(f_\alpha, \lambda_\alpha)$ des betrachteten Netzes stellen wir in der Form (8) dar:

$$(f_\alpha, \lambda_\alpha) = (f_{\alpha 1}^+, \lambda_{\alpha 1}^+) + (f_{\alpha 2}^+, \lambda_{\alpha 2}^+) - (f_{\alpha 1}^-, \lambda_{\alpha 1}^-) - (f_{\alpha 2}^-, \lambda_{\alpha 2}^-) \ ,$$

mit

$$f_{\alpha 1}^+ + f_{\alpha 2}^+ = f_\alpha^+, \ f_{\alpha 1}^- + f_{\alpha 2}^- = f_\alpha^-,$$
$$0 \le \lambda_{\alpha i}^+ \le f_{\alpha i}^+(a_i), \ \lambda_{\alpha j}^- \ge f_{\alpha j}^-(b_j), \quad i, j \in \{1, 2\} \ . \tag{9}$$

Da jedes Funktional f_α auch noch eine Darstellung der Art $f_\alpha = g_\alpha - h_\alpha$ mit $g_\alpha, h_\alpha \in K'$ und $\|g_\alpha\|, \|h_\alpha\| \le M\|f_\alpha\| \le M$ gestattet und

$$0 \le f_{\alpha 1}^+, f_{\alpha 2}^+ \le f_\alpha^+ \le g_\alpha, \quad 0 \le f_{\alpha 1}^-, f_{\alpha 2}^- \le f_\alpha^- \le h_\alpha$$

gilt, ist $\|f_{\alpha 1}^+\|$, $\|f_{\alpha 2}^+\|$, $\|f_{\alpha 1}^-\|$, $\|f_{\alpha 2}^-\| \le NM$, woraus

$$\lambda_{\alpha i}^+ \le f_{\alpha i}^+(a_i) \le NM\|a_i\|, \quad i, j \in \{1, 2\}$$

und

$$\lambda_{\alpha 1}^- + \lambda_{\alpha 2}^- \le \lambda_{\alpha 1}^+ + \lambda_{\alpha 2}^+ + |\lambda_\alpha| \le NM(\|a_1\| + \|a_2\|) + 1$$

folgen. Nun kann man dank der schwach*-Kompaktheit der abgeschlossenen Kugeln in X' und der Kompaktheit des abgeschlossenen Intervalls $[-1, 1]$ aus der gerichteten Menge der Indizes $\{\alpha\}$ eine gerichtete Teilmenge $\{\alpha_\beta\}$ (und entsprechende zugehörige Teilnetze, siehe Anhang 2) derart finden, dass

$$f_{\alpha_\beta, i}^+ \xrightarrow[\beta]{\sigma(X', X)} g_i, \quad f_{\alpha_\beta, j}^- \xrightarrow[\beta]{\sigma(X', X)} h_j, \quad \lambda_{\alpha_\beta, i}^+ \longrightarrow \mu_i, \quad \lambda_{\alpha_\beta, j}^- \longrightarrow \nu_j, \quad i, j \in \{1, 2\}$$

gilt. Dann ist aber

$$(f, \lambda) = (g_1, \mu_1) + (g_2, \mu_2) - (h_1, \nu_1) - (h_2, \nu_2) \ .$$

Aus (9) folgen

$$0 \le \mu_i \le g_i(a_i), \quad \nu_j \ge h_j(g_j)$$

und daher $(g_i, \mu_i) \in \underline{L_i}$, $(h_j, \nu_j) \in \overline{L_j}$, $i, j \in \{1, 2\}$ sowie $(f, \lambda) \in L$. Die schwach*-Abgeschlossenheit von L_1 und damit auch die von L ist somit bewiesen.

(d) Wir zeigen, dass das Element $(0, 1)$ aus Y' nicht in L liegt. Ließe man $(0, 1) \in L$ zu und bediente sich der Formel (8) bei $f = 0$ und $\lambda = 1$, so erhielte man

$$f_1^+ = f_2^+ = f_1^- = f_2^- = 0 \quad \text{und} \quad \lambda_1^+ = \lambda_2^+ = 0 \ .$$

Andererseits ist aber $\lambda_1^+ + \lambda_2^+ \ge \lambda = 1$, was ein Widerspruch ist.

(e) Trennung von L und $(0,1)$ in Y' und Gewinnung eines Zwischenelements.
Bekanntlich (siehe Anhang 3) existiert nun ein $C \in Y \subset Y''$ derart, dass die Hyperebene $F(C) = \kappa$ den Keil L und das Element $(0,1)$ trennt. Hierbei bedeuten $C = (c, \rho)$ mit $c \in X, \rho \in \mathbb{R}$ und $F = (f, \lambda) \in Y'$. Auf diese Weise kann die Gleichung der trennenden Hyperebene in der Form

$$f(c) + \lambda \cdot \rho = \kappa$$

geschrieben werden. Ohne Beschränkung der Allgemeinheit darf $f(c) + \lambda \cdot \rho \geq \kappa$ für alle $(f, \lambda) \in L$ und, da L ein Keil ist, sogar $F(C) = f(c) + \lambda \cdot \rho \geq 0$ für alle $F = (f, \lambda) \in L$ angenommen werden. Da $(0,1) \notin L$, gilt gleichzeitig $F(C) < 0$ für $F = (0,1)$, d.h. $\rho < 0$. Ohne Beschränkung der Allgemeinheit kann man natürlich $\rho = -1$ annehmen. Es gilt $(f, f(a_i)) \in \underline{L_i} \subset L$, $i \in \{1,2\}$ für jedes $f \in K'$, sodass man $f(c) - f(a_i) \geq 0$ und somit $f(c) \geq f(a_i)$ hat. Da Letzteres für alle $f \in K'$ gilt, erhält man nach dem Lemma aus Abschnitt II.4 die Ungleichungen $c \geq a_i$, $i \in \{1,2\}$. Analog, da das Element $(f, f(b_j))$ für alle $f \in K'$ in $\overline{L_j} \subset -L$, $j \in \{1,2\}$ liegt, hat man $f(c) - f(b_j) \leq 0$, woraus sich $f(c) \leq f(b_j)$ ergibt und man somit $c \leq b_j$, $j \in \{1,2\}$ schlussfolgern kann. Auf diese Weise ist die Existenz eines Zwischenelements c bewiesen. □

Wesentlich eher, bevor der Satz von Ando bewiesen wurde, erhielt M. G. Krein einen analogen Satz für Räume mit solidem Kegel. Wir beweisen diesen Satz mithilfe des Satzes von Ando.

Theorem V.4.2 (M. G. Krein [32]). *Sei (X, K) ein geordneter Banachraum mit abgeschlossenem, solidem und normalem Kegel K. Dafür, dass der duale Raum (X', K') ein Vektorverband ist, ist notwendig und hinreichend, dass (X, K) die starke Riesz'sche Interpolationseigenschaft besitzt.*

Beweis. Unter Berücksichtigung von V.1.2 ist in diesem Satz die starke Riesz'sche Interpolationseigenschaft zur Riesz'schen Interpolationseigenschaft äquivalent. Außerdem ergibt sich die Nichtabgeflachtheit von K als Folge dessen, dass K ein solider Kegel ist. Es verbleibt nun lediglich noch, die Theoreme V.3.1 und V.4.1 heranzuziehen. □

Zu den Theoremen V.3.1 und V.4.1 kontaktiert das folgende Theorem.

Theorem V.4.3. *Sei (X, K) ein geordneter Banachraum mit abgeschlossenem Kegel K. Die folgenden beiden Bedingungen sind notwendig und hinreichend dafür, dass der duale Raum (X', K') ein K-Raum ist.*
(1) Der Kegel K ist erzeugend und normal.
(2) (X, K) besitzt die Riesz'sche Interpolationseigenschaft.
Dabei folgt die Notwendigkeit der obigen beiden Bedingungen bereits aus der Voraussetzung, dass (X', K') ein K_σ-Raum ist.

Den nicht schwierigen Beweis dieses Satzes werden wir weglassen.

Die beiden vorhergehenden Seiten (genauer, der Text vom unteren Drittel der Seite 82 bis zur Mitte der Seite 84) haben im russischen Original ein Aussehen, wie auf den Seiten 87–88 abgebildet ist. In den 70er Jahren des vergangenen Jahrhunderts, also noch zu computerlosen Zeiten (wenn man von den teilweise noch turnhallengroßen Großrechnern absieht), mussten wissenschaftliche Arbeiten wie Diplomarbeiten, Dissertationen und Veröffentlichungen mit einer (meistens noch mechanischen) Schreibmaschine abgefasst und die in mathematischen Texten erforderlichen Formeln mit der Hand eingetragen werden. Dies war wegen der kyrillischen Schrift, insbesondere im Russischen, teilweise sehr aufwändig, wenn man bedenkt, dass für die Promotion fünf Exemplare der Dissertation eingereicht werden mussten. Kopiermöglichkeiten standen nur in begrenztem Umfang zur Verfügung. Selbst kleinere Verlage – und das war im vorliegenden Fall genau so – verfügten nicht über Möglichkeiten, die Formeltexte in eine Druckversion zu bringen, sodass man Bücher faktisch in einem Ablichtungs- oder Rotaprintverfahren druckte. Die Hauptsache war damals das Erscheinen eines Lehrbuches, und das zu einem niedrigen Preis; auf der Innenseite der Broschüren habe ich den jeweiligen Preis gefunden: 50 Kopeken kostete der erste Teil und 22 Kopeken der zweite Teil! Das war selbst für Studierende erschwinglich. Der Preis für das beliebte Moskauer Eis am Stiel mit Nussummantelung lag damals bei 25 Kopeken. Nun ja, so war es eben (Anmerkung des Herausgebers).

Так как векторная решетка обладает (и.св.), то по лемме 1 из У.1 существуют такие функционалы $f_1^+, f_2^+, f_1^-, f_2^- \in K'$, что

$$f^+ = f_1^+ + f_2^+, \quad f^- = f_1^- + f_2^-, \quad f_i^+ \leq \varphi_i, \quad f_j^- \leq \psi_j \quad (i,j = 1,2). \quad (6)$$

Далее положим

$$g_i = \varphi_i - f_i^+, \quad h_j = \psi_j - f_j^- \quad (i,j = 1,2).$$

Тогда
$$g_1 + g_2 = \varphi_1 + \varphi_2 - f^+ =$$
$$= \psi_1 + \psi_2 + f - f^+ = \psi_1 + \psi_2 - f^- = h_1 + h_2.$$

По теореме о двойном разбиении положительных элементов (У.1.1) существуют такие функционалы $\ell_{ij} \in K' (i,j=1,2)$, что

$$g_i = \ell_{i1} + \ell_{i2}, \quad h_j = \ell_{1j} + \ell_{2j} \quad (i,j = 1,2).$$

Теперь будем оценивать число λ (вторую компоненту взятого из L элемента (f,λ)). Из (5) следует, что

$$\lambda \leq \varphi_1(a_1) + \varphi_2(a_2) - \psi_1(b_1) - \psi_2(b_2) =$$
$$= f_1^+(a_1) + f_2^+(a_2) - f_1^-(b_1) - f_2^-(b_2) + A,$$

где

$$A = g_1(a_1) + g_2(a_2) - h_1(b_1) - h_2(b_2) =$$
$$= \ell_{11}(a_1) + \ell_{12}(a_1) + \ell_{21}(a_2) + \ell_{22}(a_2) -$$
$$- \ell_{11}(b_1) - \ell_{21}(b_1) - \ell_{12}(b_2) - \ell_{22}(b_2).$$

Но так как $a_i \leq b_j \quad (i,j = 1,2)$, то $A \leq 0$. Следовательно,

$$\lambda \leq f_1^+(a_1) + f_2^+(a_2) - f_1^-(b_1) - f_2^-(b_2).$$

Из этого неравенства вытекает, что λ можно представить в виде
$\lambda = \lambda_1^+ + \lambda_2^+ - \lambda_1^- - \lambda_2^-$, где

$$0 \leq \lambda_i^+ \leq f_i^+(a_i), \quad \lambda_j^- \geq f_j^-(b_j) \quad (i,j = 1,2).$$

Таким образом,

$$(f,\lambda) = (f_1^+, \lambda_1^+) + (f_2^+, \lambda_2^+) - (f_1^-, \lambda_1^-) - (f_2^-, \lambda_2^-), \quad (7)$$

причем

$$(f_i^+, \lambda_i^+) \in L_i, \quad (f_j^-, \lambda_j^-) \in \overline{L}_j \quad (i,j = 1,2),$$
$$f_1^+ + f_2^+ = f^+, \quad f_1^- + f_2^- = f^-.$$

Теперь покажем, что клин L слабо замкнут в $У'$. По известному критерию слабой замкнутости Крейна-Шмульяна[*] достаточно проверить, что пересечение L_1 клина L с замкнутым единичным шаром из Y':

$$L_1 = L \cap (B' \times [-1,1])$$

(B' - замкнутый единичный шар из X'), слабо замкнуто. Пусть направление $(f_\alpha, \lambda_\alpha) \xrightarrow{\text{сл}} (f, \lambda)$, причем $(f_\alpha, \lambda_\alpha) \in L_1$. Это означает, что $f_\alpha \xrightarrow{\text{сл}} f$ в X', $\lambda_\alpha \to \lambda$, и притом $f_\alpha \in B'$, $\lambda_\alpha \in [-1,1]$. Но тогда и $f \in B'$, $\lambda \in [-1,1]$, следовательно, $(f,\lambda) \in B' \times [-1,1]$. Остается проверить, что $(f,\lambda) \in L$. Поскольку конус K' замкнутый и воспроизводящий в УВП (X',K'), то, по теореме Ш.2.1, он несплюснен. Пусть M - его константа несплюснутости. По двойственной теореме Андо (IУ.6.2) конус K' нормален. Пусть N - константа полумонотонности нормы в X'. Представим каждый элемент $(f_\alpha, \lambda_\alpha)$ по формуле (7):

$$(f_\alpha, \lambda_\alpha) = (f_{\alpha 1}^+, \lambda_{\alpha 1}^+) + (f_{\alpha 2}^+, \lambda_{\alpha 2}^+) - (f_{\alpha 1}^-, \lambda_{\alpha 1}^-) - (f_{\alpha 2}^-, \lambda_{\alpha 2}^-),$$

причем

$$f_{\alpha 1}^+ + f_{\alpha 2}^+ = (f_\alpha)^+, \quad f_{\alpha 1}^- + f_{\alpha 2}^- = (f_\alpha)^-,$$

$$0 \leqslant \lambda_{\alpha i}^+ \leqslant f_{\alpha i}^+(a_i), \quad \lambda_{\alpha j}^- \geqslant f_{\alpha j}^-(b_j) \quad (i,j=1,2). \quad (8)$$

Но так как каждый f_α допускает еще и представление в виде $f_\alpha = g_\alpha - h_\alpha$, где $g_\alpha, h_\alpha \in K'$, и притом $\|g_\alpha\|, \|h_\alpha\| \leqslant M \|f_\alpha\| \leqslant M$, а

$$0 \leqslant f_{\alpha 1}^+, f_{\alpha 2}^+ \leqslant (f_\alpha)^+ \leqslant g_\alpha, \quad 0 \leqslant f_{\alpha 1}^-, f_{\alpha 2}^- \leqslant (f_\alpha)^- \leqslant h_\alpha,$$

то $\|f_{\alpha 1}^+\|, \|f_{\alpha 2}^+\|, \|f_{\alpha 1}^-\|, \|f_{\alpha 2}^-\| \leqslant NM$. Отсюда следует, что

$$\lambda_{\alpha i}^+ \leqslant f_{\alpha i}^+(a_i) \leqslant NM \|a_i\| \quad (i,j=1,2),$$

а

$$\lambda_{\alpha 1}^- + \lambda_{\alpha 2}^- \leqslant \lambda_{\alpha 1}^+ + \lambda_{\alpha 2}^+ + |\lambda_\alpha| \leqslant NM (\|a_1\| + \|a_2\|) + 1.$$

---

[*]Критерий Крейна-Шмульяна заключается в следующем: если выпуклое множество $E \subset X'$ таково, что его пересечение с любым кратным nB' замкнутого единичного шара $B' \subset X'$ слабо замкнуто, то и E слабо замкнуто. См., например: Н. Данфорд и Дж. Шварц, Линейные операторы. М., ИИЛ, 1962, том I, стр.465. Поскольку здесь мы применяем критерий Крейна-Шмульяна к клину, достаточно проверить слабую замкнутость пересечения клина с единичным шаром.

Teil II: **Spezielle Fragen der Kegelgeometrie in normierten Räumen (Kap. VI–XI)**

МИНИСТЕРСТВО ВЫСШЕГО И СРЕДНЕГО СПЕЦИАЛЬНОГО
ОБРАЗОВАНИЯ РСФСР
КАЛИНИНСКИЙ ГОСУДАРСТВЕННЫЙ УНИВЕРСИТЕТ

Б. З. ВУЛИХ

СПЕЦИАЛЬНЫЕ ВОПРОСЫ ГЕОМЕТРИИ КОНУСОВ В НОРМИРОВАННЫХ ПРОСТРАНСТВАХ

УЧЕБНОЕ ПОСОБИЕ

КАЛИНИНСКИЙ ГОСУДАРСТВЕННЫЙ УНИВЕРСИТЕТ
КАЛИНИН 1978

VI Reguläre und vollreguläre Kegel

VI.1 Reguläre Kegel

Definition. Der Kegel K in einem geordneten normierten Raum (X, K) heißt *regulär*, wenn jede monoton wachsende (o)-beschränkte Folge von Elementen aus K eine Cauchy-Folge ist.[1]

Aus der Definition folgt sofort, dass im Fall eines intervallvollständigen geordneten normierten Raumes (X, K) mit regulärem Kegel jede monoton wachsende (o)-beschränkte Folge seiner Elemente einen Normgrenzwert besitzt. Wir vermerken ebenfalls, dass ein uneigentlicher Kegel nicht regulär sein kann. Tatsächlich, wenn $\pm x \in K$, $x \neq 0$, dann ist die Folge $x, -x, x, -x, \ldots$ monoton wachsend und (o)-beschränkt, aber keine Cauchy-Folge.

Man kann leicht nachprüfen, dass der Kegel der nicht negativen Funktionen in den Räumen[2] $L^p[a, b]$ ($1 \leq p < +\infty$) regulär, aber im Raum $L^\infty[a, b]$ nicht regulär ist. Ein einfaches Beispiel eines abgeschlossenen, normalen und regulären Kegels in einem normierten Raum, der zwar intervallvollständig, aber kein Banachraum ist, erhält man mit dem Kegel der nicht negativen Funktionen im Raum L^∞, wobei L^∞ mit der aus L^1 induzierten Integralnorm betrachtet wird.

Bemerkung. Ist der Kegel K in einem geordneten normierten Raum (X, K) regulär, dann ist jedes wachsende (o)-beschränkte Netz von Elementen aus K ebenfalls ein $\|\cdot\|$-Cauchy-Netz.[3] In der Tat, sei $0 \leq x_\alpha \uparrow \leq y$. Lässt man zu, dass das Netz (x_α) kein $\|\cdot\|$-Cauchy-Netz ist, dann existiert bei einem gewissen $\varepsilon > 0$ für jedes α ein solcher Index $\beta > \alpha$, sodass $\|x_\beta - x_\alpha\| \geq \varepsilon$ gilt. Folglich existiert eine wachsende Indexfolge α_n mit

$$\|x_{\alpha_{n+1}} - x_{\alpha_n}\| \geq \varepsilon \, .$$

Nun ist aber

$$x_{\alpha_1} \leq x_{\alpha_2} \leq \ldots \leq x_{\alpha_n} \leq \ldots \leq y \, ,$$

und nach der Definition der Regularität des Kegels K muss diese Folge eine Cauchy-Folge sein. Wir sind damit zu einem Widerspruch gekommen.

---

1 Die Begriffe regulärer und vollregulärer Kegel wurden von M. A. Krasnoselskij [30] eingeführt. Allerdings betrachtete M. A. Krasnoselskij nur Banachräume, weswegen in seinen Definitionen von den monotonen Folgen nicht die Eigenschaft, eine Cauchy-Folge zu sein, sondern die Existenz eines Normgrenzwertes gefordert wird.

2 In diesem Kapitel werden die Räume L^p für $1 \leq p \leq +\infty$ stets auf dem Intervall $[a, b]$ oder einer beschränkten Menge aus $\mathbb{R}^n$ betrachtet (A. d. Ü.).

3 Ein monoton wachsendes Netz $(x_\alpha)_{\alpha \in A}$ heißt $\|\cdot\|$-Cauchy-Netz, wenn für jedes $\varepsilon > 0$ ein solcher Index $\alpha_0 \in A$ existiert, sodass $\|x_\beta - x_\alpha\| < \varepsilon$ für alle $\alpha, \beta \geq \alpha_0$ gilt. In einem Banachraum besitzt jedes $\|\cdot\|$-Cauchy-Netz einen Normgrenzwert.

DOI 10.1515/9783110478884-006

Theorem VI.1.1. *Ist der Kegel in einem geordneten Banachraum (X, K) abgeschlossen und regulär, dann ist er normal.*

Beweis. Wir nehmen den Kegel als nicht normal und demzufolge die Norm als nicht semimonoton auf K an. Dann existieren in K solche Folgen (x_n) und (z_n), dass

$$0 < z_n < x_n, \quad \|x_n\| = \frac{1}{n^2}, \quad \|z_n\| > 1$$

gilt. Setzt man

$$y := \sum_{n=1}^{\infty} x_n ,$$

dann gilt für beliebiges $n \in \mathbb{N}$

$$0 < y_n = z_1 + z_2 + \ldots + z_n < x_1 + x_2 + \ldots + x_n < y ,$$

und die Elemente y_n bilden eine monoton wachsende Folge. Wegen der Regularität des Kegels K ist (y_n) eine Cauchy-Folge. Jedoch gilt andererseits $\|y_{n+1} - y_n\| = \|z_{n+1}\| > 1$ bei jedem $n \in \mathbb{N}$. $\qquad\square$

Die in Abschnitt IV.2 dargelegten Beispiele 7 und 8 zeigen, dass dieses Resultat seine Gültigkeit verliert, wenn man auf die Normvollständigkeit von X oder auf die Abgeschlossenheit von K verzichtet.

Tatsächlich ist der im Beispiel 7 konstruierte Raum (X, K) – wie dort gezeigt worden ist – nicht normvollständig, der Kegel K abgeschlossen, aber nicht normal. Wir zeigen, dass er regulär ist. Wenn $0 \le x_n \uparrow \le y$ mit $x_n = (\xi_{nk})_{k \in \mathbb{N}}$ und $y = (\eta_k)_{k \in \mathbb{N}}$, dann existiert – da y ein finiter Vektor ist – ein solches k_0, dass in jedem Element x_n alle Koordinaten mit Indizes $k > k_0$ gleich null sind. Da aber die ersten k_0 Koordinaten wegen $\xi_{nk} \uparrow \eta_k$ für $k \in \{1, \ldots, k_0\}$ gleichfalls konvergierende Zahlenfolgen bilden, gilt $\|x_n - x_m\| \longrightarrow 0$ bei $m, n \longrightarrow \infty$. Das gleiche Beispiel zeigt, dass die Intervallvollständigkeit des Raumes nicht ausreicht, um von der Regularität und der Abgeschlossenheit des Kegels auf seine Normalität schließen zu können.

Der im Beispiel 8 konstruierte Raum (X, K) ist normvollständig, also ein Banachraum, der Kegel K aber weder abgeschlossen noch normal. Wir zeigen, dass er dennoch regulär ist. Seien

$$0 \le x_1 \le x_2 \le \ldots \le x_n \le \ldots \le y \quad \text{mit} \quad x_n = (\xi_{nk})_{k \in \mathbb{N}} \quad \text{und} \quad y = (\eta_k)_{k \in \mathbb{N}} .$$

Dann gilt

$$\xi_{11} \le \xi_{21} \le \ldots \le \xi_{n1} \le \ldots \le \eta_1$$

und folglich existiert $\xi_1 = \lim_{n \leftarrow \infty} \xi_{n1}$. Wegen $x_n - x_m \ge 0$ für $n \ge m$ gilt

$$\left| \xi_{nk} - \xi_{mk} \right| \le \xi_{n1} - \xi_{m1} \longrightarrow 0, \quad \text{wenn } n, m \longrightarrow 0 .$$

Somit existiert auch für beliebiges k der Grenzwert $\xi_k = \lim_{n\to\infty} \xi_{nk}$. Wenn $\eta_k = 0$ bei $k > k_0$, dann gilt auch $\xi_{nk} = 0$ bei $k > k_0$ und allen n. Damit erhält man $\xi_k = 0$ bei $k > k_0$. Setzt man $x := (\xi_k)_{k\in\mathbb{N}}$, dann gehört x zu X, und es gilt

$$\|x_n - x\| = \sum_{k=1}^{k_0} |\xi_{nk} - \xi_k| \xrightarrow[n\to\infty]{} 0 \,,$$

d. h. $x = \|\cdot\|\text{-}\lim x_n$.

Im Unterschied zu vielen anderen in diesem Buch untersuchten Kegeleigenschaften geht die Regularität des Kegels K beim Übergang zu anderen „nahe bei K liegenden" Kegeln häufig verloren. Wir formulieren zwei Behauptungen derartigen Typs.

(a) Wenn in einem geordneten Banachraum (X, K) der Kegel K regulär, aber nicht normal und folglich auch nicht abgeschlossen ist, dann ist $\overline{K}$ kein regulärer Kegel. Wäre nämlich $\overline{K}$ regulär, dann wäre er nach dem bewiesenen Theorem auch normal. Aber dann muss auch K normal sein.[4] Genauso ist der Sachverhalt im soeben erwähnten Beispiel 8.

(b) Sei $X = L^1$ mit der natürlichen Halbordnung und $u(t) \equiv 1$. Wir wiesen bereits darauf hin, dass der Kegel K im Raum L^1 regulär ist. Gleichzeitig ist X_u genau der Raum L^∞ mit der gleichmäßigen Norm, und K_u ist der Kegel der nicht negativen Funktionen aus L^∞. Dieser Kegel ist nicht regulär. Damit impliziert also die Regularität des Kegels K nicht die Regularität von K_u.

Wir fügen jetzt noch einige einfache, aber wichtige Aussagen hinzu.

(1) Ist in einem intervallvollständigen geordneten normierten Raum (X, K) der Kegel K abgeschlossen und regulär, dann ist der Raum (X, K) Dedekind-vollständig. In der Tat, gilt nämlich $0 \leq x_\alpha \uparrow \leq y$, dann ist $x_\alpha \xrightarrow{\|\cdot\|} x$ mit $x = \sup\{x_\alpha\}$.

(2) Ist (X, K) ein intervallvollständiger verbandsgeordneter normierter Raum mit abgeschlossenem und regulärem Kegel K, dann ist (X, K) ein K-Raum, wie aus der ersten Aussage folgt.

(3) Ist (X, K) ein intervallvollständiger geordneter normierter Raum mit der Riesz'schen Interpolationseigenschaft und K ein abgeschlossener, erzeugender und regulärer Kegel, dann ist (X, K) ein K-Raum.
Mithilfe von Theorem V.2.1 folgt dieser Sachverhalt aus der ersten Aussage.

VI.2 Vollreguläre Kegel

Definition. Der Kegel K in einem geordneten normierten Raum (X, K) heißt *vollregulär*, wenn jede monoton wachsende normbeschränkte Folge von Elementen aus K eine Cauchy-Folge ist.

---

4 Siehe Abschnitt IV.1 (A. d. Ü.).

Die im vorhergehenden Abschnitt erwähnten Kegel in den Räumen L^p ($1 \leq p < \infty$) sind vollregulär, während der Kegel in $\mathbf{c_0}$ nicht vollregulär ist. Die monoton wachsende Folge von Elementen

$$x_n = \left(\underbrace{1, 1, \ldots, 1}_{n}, 0, 0, \ldots \right),$$

wobei 1 nur an den ersten n Stellen steht, ist normbeschränkt, aber keine Cauchy-Folge.

Genauso wie in Abschnitt VI.1 für reguläre Kegel beweist man, dass im Fall eines vollregulären Kegels K jedes normbeschränkte monoton wachsende Netz seiner Elemente ein $\| \cdot \|$-Cauchy-Netz ist.

Theorem VI.2.1. *Ist der Kegel K in einem geordneten normierten Raum (X, K) vollregulär, dann ist er normal und regulär.*[5]

Beweis. Zuerst zeigen wir die Normalität des Kegels K. Dafür nehmen wir an, K sei nicht normal. Dann existieren bei beliebigem $n \in \mathbb{N}$ solche $x_n, y_n \in K$, dass $\|x_n\| = \|y_n\| = 1$, aber $\|x_n + y_n\| < \frac{1}{n^2}$ gilt. Setzt man

$$z_{2n} := x_1 + y_1 + \ldots + x_n + y_n \quad \text{und} \quad z_{2n+1} := z_{2n} + x_{n+1},$$

dann ist die Folge $(z_n)_{n \geq 2}$ monoton wachsend und wegen

$$\|z_n\| < \sum_{n=2}^{\infty} \frac{1}{n^2} + 1$$

normbeschränkt. Folglich ist sie eine Cauchy-Folge. Letzteres widerspricht aber der Gleichung

$$\|z_{2n+1} - z_{2n}\| = 1.$$

Jetzt beweisen wir die Regularität von K. Ist eine monoton wachsende Folge positiver Elemente (o)-beschränkt, dann ist sie wegen der Normalität des Kegels K auch normbeschränkt und infolge der Vollregularität des Kegels K eine Cauchy-Folge. $\square$

Wie das weiter oben erwähnte Beispiel des Raumes $\mathbf{c_0}$ zeigt, erlaubt das bewiesene Theorem keine Umkehrung: Der Kegel in $\mathbf{c_0}$ ist normal und regulär, aber nicht vollregulär. Es gilt jedoch der folgende einfache Zusammenhang.

Theorem VI.2.2. *Ist ein Kegel K in einem geordneten normierten Raum (X, K) regulär und solid, dann ist er vollregulär.*

Der Beweis ergibt sich aus dem Fakt, dass wegen der Solidität von K die Normbeschränktheit einer Menge ihre (o)-Beschränktheit nach sich zieht.

---

[5] Wir heben hervor, dass hier im Unterschied zu dem analogen Theorem VI.1.1 weder die Normvollständigkeit von X noch die Abgeschlossenheit von K gefordert werden.

Theorem VI.2.3. *Ist der Kegel K in einem geordneten normierten Raum (X, K) vollregulär, dann ist auch seine Abschließung $\overline{K}$ ein vollregulärer Kegel.*

Beweis. Aus der Normalität des Kegels K folgt bereits, dass $\overline{K}$ ebenfalls ein Kegel ist (Bemerkung in Abschnitt IV.1). Sei $(x_n)_{n \in \mathbb{N}}$ eine Folge in $\overline{K}$, die bezüglich $\overline{K}$ monoton wächst (d. h. $x_{n+1} - x_n \in \overline{K}$), und sei $\|x_n\| \leq C$ für alle $n \in \mathbb{N}$. Für $\varepsilon > 0$ wählen wir $y_1 \in K$ mit $\|y_1 - x_1\| < \frac{\varepsilon}{2}$. Weiter wählen wir für jedes $n \geq 2$ Elemente $y_n \in K$ so, dass

$$\|y_n - (x_n - x_{n-1})\| < \frac{\varepsilon}{2^n}$$

gilt. Setzt man $z_n := \sum_{i=1}^{n} y_i$, dann hat man $z_n \in K$ und

$$z_n - x_n = y_1 - x_1 + \sum_{i=2}^{n} (y_i - (x_i - x_{i-1})) \ .$$

Folglich ist $\|z_n - x_n\| < \varepsilon$ bei allen $n \in \mathbb{N}$ und daher $\|z_n\| < C + \varepsilon$. Da der Kegel K vollregulär ist, ist $(z_n)_{n \in \mathbb{N}}$ eine Cauchy-Folge; somit gilt ab einem bestimmten von ε abhängigen Index N die Beziehung $\|z_n - z_m\| < \varepsilon$ für $n, m \geq N$. Dann ist $\|x_n - x_m\| < 3\varepsilon$ für $n, m \geq N$, d. h., $(x_n)_{n \in \mathbb{N}}$ ist ebenfalls eine Cauchy-Folge. $\square$

Wir erinnern daran, dass, wie bereits weiter oben hervorgehoben wurde, ein analoger Satz für reguläre Kegel nicht gilt.

Wir haben ebenfalls bereits gesehen:[6] Falls man in der Definition der Regularität eines Kegels die Forderung der Cauchy-Eigenschaft der betreffenden Folgen durch die Forderung der Existenz eines Normgrenzwertes ersetzt, dann garantiert diese Verschärfung selbst für normierte Verbände nicht die Normvollständigkeit des Raumes.

Bezüglich der Vollregularität liegen die Dinge anders, und zwar so: Wenn in einem geordneten normierten Raum (X, K) jede monoton wachsende normbeschränkte Folge positiver Elemente einen Normgrenzwert besitzt und der Kegel K abgeschlossen und nichtabgeflacht ist, dann ist X ein Banachraum. Das folgt unmittelbar aus dem Theorem III.3.1.

Theorem VI.2.4. *Ist in einem geordneten normierten Raum (X, K) der Kegel K solid, minihedral und regulär, dann ist der Raum X endlich dimensional.*[7]

Beweis. Seien Y die Vervollständigung des Raumes X in der Norm und $\overline{K}^Y$ die Abschließung des Kegels K im Raum Y. Nach den beiden vorhergehenden Sätzen ist der Kegel $\overline{K}^Y$ vollregulär. Außerdem ist er offenbar auch solid, da jeder innere Punkt des Kegels K innerer Punkt von $\overline{K}^Y$ ist. Aus der Theorie der Vektorverbände ist bekannt,

---

6 Siehe die unmittelbar nach der Definition der Regularität eines Kegels angeführten Erläuterungen des Autors (A. d. Ü.).

7 Für Banachräume ist dieses Theorem von W. J. Stezenko in seiner 1961 verteidigten Dissertation bewiesen worden.

dass $\overline{K}^Y$ ebenfalls minihedral ist.[8] Nach Theorem IV.7.3 ist $(Y, \overline{K}^Y)$ einem gewissen Raum $C(T)$ isomorph, wobei T ein kompakter Hausdorff-Raum ist. Wir zeigen, dass T nur aus einer endlichen Anzahl von Punkten besteht. Wir nehmen an, dass T eine unendliche Menge von Punkten enthält. Dann kann man aus T eine abzählbare Menge von Punkten t_n entnehmen, die paarweise disjunkte Umgebungen besitzen.[9] Danach konstruiert man auf T stetige Funktionen x_n, sodass $0 \le x_n(t) \le 1$ für alle $t \in T$ und

$$x_n(t_i) = \begin{cases} 1, & i \in \{1, 2, \dots, n\}, \\ 0, & i \ge n + 1 \end{cases}$$

gilt. Setzt man weiterhin

$$y_n(t) := \max\{x_1(t), \dots, x_n(t)\},$$

dann bildet $(y_n)_{n \in \mathbb{N}}$ eine normbeschränkte monoton wachsende Folge, wobei

$$y_n(t_n) - y_{n-1}(t_n) = 1 \quad \text{für } n \ge 2$$

gilt, weswegen $(y_n)_{n \in \mathbb{N}}$ keine Cauchy-Folge ist. Das widerspricht aber der Vollregularität des Kegels $\overline{K}^Y$. Somit besteht T tatsächlich nur aus einer endlichen Anzahl von Punkten. Das bedeutet, dass der Raum $C(T)$ und, gemeinsam mit ihm, auch die Räume Y und X endlich dimensional sind. $\qquad\square$

VI.3 Einige Kriterien für Regularität und Vollregularität

Wir führen zunächst zwei auf dem Begriff eines streng wachsenden Funktionals basierende Kriterien von M. A. Krasnoselskij [29] an.

Definition. Ein auf dem Kegel K eines geordneten normierten Raumes (X, K) gegebenes Funktional[10] f mit nicht negativen Werten heißt *streng wachsend*, wenn für eine

---

8 Dank der Tatsache, dass K als normal und solid vorausgesetzt wurde, existiert in X eine äquivalente u-Norm. Folglich wird (X, K) zu einem normierten Verband, sodass sich $(Y, \overline{K}^Y)$ als Banachverband erweist (siehe [53, S. 197]). Wir weisen ebenfalls darauf hin, dass aus der Normalität und Minihedralität des Kegels K das archimedische Prinzip in (X, K) folgt (Folgerung (3) aus Theorem IV.2.1).

9 Gibt es in T eine abzählbare Menge isolierter Punkte, dann wählt man aus dieser die t_n. Ist nur eine endliche Anzahl isolierter Punkte vorhanden, dann betrachtet man die Menge T_1 aller nicht isolierten Punkte und stellt die weiteren Untersuchungen in T_1 induktiv an. Sind aus T_1 bereits n Punkte, die paarweise disjunkte Umgebungen besitzen, und $G_n \subset T_1$ eine nicht leere offene Teilmenge, die sich mit jeder dieser Umgebungen nicht schneidet, konstruiert, dann kann man der Menge G_n einen weiteren Punkt entnehmen, der eine zu allen vorhergehenden Umgebungen disjunkte Umgebung derart besitzt, dass sich auch diese Umgebung mit einer gewissen nicht leeren offenen Menge $G_{n+1} \subset G_n$ nicht schneidet.

10 Wir heben hervor, dass von dem Funktional $f : K \to \mathbb{R}$ weder die Additivität noch die Homogenität gefordert sind.

beliebige Folge von Elementen $x_n \in K$, die der Bedingung $\inf_n\{\|x_n\|\} > 0$ genügt, die Beziehung

$$f(x_1 + x_2 + \ldots + x_n) \xrightarrow[n\to\infty]{} +\infty$$

gilt.

Außerdem heißt ein Funktional f üblicherweise monoton, wenn aus $x \leq y$ die Beziehung $f(x) \leq f(y)$ folgt.

Theorem VI.3.1. *Existiert auf dem Kegel K eines geordneten normierten Raumes (X, K) ein monotones streng wachsendes Funktional f, dann ist der Kegel K regulär.*

Beweis. Seien $0 \leq x_n \uparrow \leq y$, die Folge $(x_n)_{n\in\mathbb{N}}$ aber keine Cauchy-Folge. Dann existiert ein solches $\varepsilon > 0$, sodass man für jedes $n \in \mathbb{N}$ ein $p > n$ mit $\|x_p - x_n\| \geq \varepsilon$ findet. Daraus folgt die Existenz einer solchen Teilfolge $(x_{n_k})_{k\in\mathbb{N}}$, für die $\|x_{n_{k+1}} - x_{n_k}\| \geq \varepsilon$ gilt. Setzt man nun

$$y_p := \sum_{k=1}^{p} \left(x_{n_{k+1}} - x_{n_k}\right),$$

dann hat man nach Voraussetzung $f(y_p) \xrightarrow[p\to\infty]{} +\infty$. Andererseits gilt $y_p \leq y$ und demzufolge $f(y_p) \leq f(y)$, womit wir einen Widerspruch erhalten haben. $\qquad\square$

Theorem VI.3.2. *Existiert auf dem Kegel K eines geordneten normierten Raumes (X, K) ein streng wachsendes Funktional f, das auf jeder Kugel beschränkt ist, dann ist der Kegel K vollregulär.*

Beweis. Seien $0 \leq x_n \uparrow$, $\|x_n\| \leq C$ für alle $n \in \mathbb{N}$, und nehmen wir an, $(x_n)_{n\in\mathbb{N}}$ sei keine Cauchy-Folge. Genauso wie im vorhergehenden Beweis konstruiert man die Folge von Elementen y_p, wobei man $\|y_p\| \leq 2C$ und $f(y_p) \xrightarrow[p\to\infty]{} +\infty$, also einen Widerspruch zur Bedingung des Theorems erhält. $\qquad\square$

Beispiel. Ein Beispiel eines streng wachsenden Funktionals auf dem Kegel im Raum L^p $(1 \leq p < +\infty)$ ist

$$f(x) = \|x\|^p .$$

In der Tat, aus der Ungleichung[11] $(\alpha + \beta)^p \geq \alpha^p + \beta^p$ mit $\alpha, \beta \geq 0$ folgt sofort

$$f(x_1 + x_2 + \ldots + x_n) \geq \sum_{i=1}^{n} f(x_i) = \sum_{i=1}^{n} \|x_i\|^p \geq n\,\delta^p \xrightarrow[n\to\infty]{} +\infty ,$$

mit $x_n \in K$, $n \in \mathbb{N}$ und $\delta := \inf_n\{\|x_n\|\} > 0$. Da die Beschränktheit des Funktionals f auf jeder Kugel trivialerweise vorliegt, überzeugen wir uns ein weiteres Mal (diesmal

---

11 Diese Ungleichung kann recht elementar, beispielsweise durch Differenziation nach β, bewiesen werden.

mithilfe von Theorem VI.3.2) davon, dass der klassische Kegel im Raum L^p ($1 \leq p \leq +\infty$) vollregulär ist.[12]

Notwendige und hinreichende Kriterien anderen Typs sind von I. A. Bachtin [6] gefunden worden. Eines davon, welches sich auf die Vollregularität bezieht, führen wir an.

Theorem VI.3.3. *Für die Vollregularität des Kegels K in einem geordneten normierten Raum (X, K) ist die folgende Bedingung notwendig und hinreichend: Für jede beliebige Folge von Elementen $x_n \in K$ mit $\|x_n\| = 1$ existiert ein Funktional $f \in K'$ derart, dass $\sum_{n=1}^{\infty} f(x_n) = +\infty$ gilt.*

Beweis. (a) Notwendigkeit. Seien der Kegel K vollregulär, $x_n \in K$, $\|x_n\| = 1$ und $\sum_{n=1}^{\infty} f(x_n) < +\infty$ für beliebiges $f \in K'$. Setzt man

$$y_n := x_1 + \ldots + x_n,$$

dann bilden die y_n eine monoton wachsende Folge, und die Zahlenfolge $(f(y_n))_{n\in\mathbb{N}}$ ist für jedes $f \in K'$ beschränkt. Da K vollregulär und somit normal ist und sich deswegen der Kegel K' in X' als erzeugend erweist, ist $(f(y_n))$ folglich auch für beliebiges $f \in X'$ beschränkt. Daraus folgt die Normbeschränktheit der Folge $(y_n)_{n\in\mathbb{N}}$, die daher dank der Vollregularität von K eine Cauchy-Folge ist. Das kann aber wegen $\|y_n - y_{n-1}\| = \|x_n\| = 1$ nicht sein.

(b) Hinlänglichkeit. Sei die Bedingung des Theorems erfüllt, der Kegel K aber nicht vollregulär. Das bedeutet, es existiert eine monoton wachsende, normbeschränkte Folge von Elementen $z_n \in K$, die jedoch keine Cauchy-Folge ist. Indem wir genauso wie im Beweis von Theorem VI.3.1 verfahren, entnehmen wir eine Teilfolge $(z_{n_k})_{k\in\mathbb{N}}$ mit $\|z_{n_{k-1}} - z_{n_k}\| \geq \varepsilon > 0$ und setzen

$$x_k := \frac{z_{n_{k+1}} - z_{n_k}}{\|z_{n_{k-1}} - z_{n_k}\|}.$$

Laut Bedingung existiert nun ein Funktional $f \in K'$ mit $\sum_{k=1}^{\infty} f(x_k) = +\infty$. Es gilt aber

$$z_{n_{k+1}} = z_{n_1} + \sum_{i=1}^{k} \|z_{n_{i+1}} - z_{n_i}\| x_i,$$

und daher

$$f(z_{n_{k+1}}) \geq \varepsilon \sum_{i=1}^{k} f(x_i) \xrightarrow[k\to\infty]{} +\infty,$$

was der Normbeschränktheit der Folge $(z_n)_{n\in\mathbb{N}}$ widerspricht. □

---

12 Zur Regularität und Vollregularität des Kegels der nicht negativen Funktionen in einem Orlicz-Raum L_M siehe [29, Chapter I.5.6] (A. d. Ü.).

VI.4 Kegel in sequenziell schwach vollständigen Räumen

Im Weiteren brauchen wir die folgende Definition.

Definition. Ein normierter Raum heißt *sequenziell schwach vollständig*, wenn jede schwache Cauchy-Folge von Elementen $(x_n)_{n\in\mathbb{N}}$ (d. h. eine solche, sodass die Zahlenfolge $(f(x_n))_{n\in\mathbb{N}}$ einen endlichen Grenzwert für jedes $f \in X'$ besitzt) schwach zu einem gewissen Grenzwert konvergiert, d. h., es existiert ein $x \in X$ mit $x_n \xrightarrow[n\to\infty]{\sigma(X,X')} x$.

Es ist bekannt, dass reflexive Räume sequenziell schwach vollständig sind.[13] Jeder sequenziell schwach vollständige Raum ist normvollständig.[14]

Kegel in sequenziell schwach vollständigen Räumen besitzen eine Reihe zusätzlicher interessanter Eigenschaften.

Lemma. *Ist der Kegel K in einem geordneten normierten Raum (X, K) normal, dann ist jede monotone normbeschränkte Folge $(x_n)_{n\in\mathbb{N}}$ eine schwache Cauchy-Folge.*

Beweis. Die Folge $(f(x_n))_{n\in\mathbb{N}}$ ist für jedes $f \in K'$ monoton und beschränkt und besitzt infolgedessen einen endlichen Grenzwert. Wegen der Normalität von K ist jedes $f \in X'$ als Differenz zweier Funktionale aus K' darstellbar. Folglich existiert der endliche Grenzwert $\lim_n f(x_n)$ für beliebiges $f \in X'$. □

Theorem VI.4.1. *Ist der Kegel K in einem sequenziell schwach vollständigen geordneten Banachraum (X, K) normal, dann ist er auch vollregulär.*[15]

Beweis. Sei $(x_n)_{n\in\mathbb{N}}$ eine monoton wachsende und normbeschränkte Folge von Elementen aus K. Die Folge $(x_n)_{n\in\mathbb{N}}$ konvergiert dann dank des Lemmas schwach zu einem gewissen x_0. Die Differenzen $x_0 - x_n$ bilden eine monoton fallende Folge, wobei $x_0 - x_n \xrightarrow{\sigma(X,X')} 0$ gilt. Nach Theorem IV.3.1 (siehe ebenfalls die Bemerkung dazu) gilt $x_0 - x_n \xrightarrow{\|\cdot\|} 0$, d. h. $x_n \xrightarrow{\|\cdot\|} x_0$. □

Folgerung. *Sei (X, K) ein geordneter Banachraum, der sequenziell schwach vollständig ist und die Riesz'sche Interpolationseigenschaft besitzt. Ist der Kegel K abgeschlossen, erzeugend und normal, dann ist (X, K) ein K-Raum.*

---

13 Siehe z. B. [56, Chapter V.1].

14 Da in den Standardbüchern zur Funktionalanalysis dieser Satz nicht explizit aufgeführt wird, geben wir seinen einfachen Beweis an.

Seien der normierte Raum X sequenziell schwach vollständig und $(x_n)_{n\in\mathbb{N}}$ eine $\|\cdot\|$-Cauchy-Folge. Da sie auch eine schwache Cauchy-Folge ist, existiert ihr schwacher Grenzwert: $x_n \xrightarrow{\sigma(X,X')} x$. Zu vorgegebenem $\varepsilon > 0$ findet man ein solches $m \in \mathbb{N}$, dass $\|x_n - x_m\| < \varepsilon$ für alle $n > m$, also $x_n \in B(x_m; \varepsilon)$ mit $n > m$ gilt. Da jede abgeschlossene Kugel schwach abgeschlossen ist, gilt auch $x \in \overline{B(x_m; \varepsilon)}$ und somit $\|x - x_n\| \le \|x - x_m\| + \|x_m - x_n\| < 2\varepsilon$ für alle $n > m$. Das bedeutet $x_n \xrightarrow{\|\cdot\|} x$.

15 Einige weitere Bedingungen an Banachräume, und allgemeiner an Frechet-Räume, unter denen jeder abgeschlossene normale Kegel regulär oder vollregulär ist, werden in einer Arbeit von McArthur [McA71] angegeben (A. d. Ü.).

Das ergibt sich aus dem bewiesenen Satz mithilfe der Aussage 3 aus Abschnitt VI.1. Das letzte Resultat korrespondiert mit der am Ende von Abschnitt V.3 gemachten Bemerkung.

Im nachfolgenden Schema (Abbildung 8) sind für einen geordneten normierten Raum (X, K) die Relationen zwischen den Kegeleigenschaften Normalität, Regularität und Vollregularität zusammengestellt, wobei an den Pfeilen (soweit erforderlich) die zusätzlichen Bedingungen angegeben sind, unter denen die entsprechende Implikation Gültigkeit besitzt.

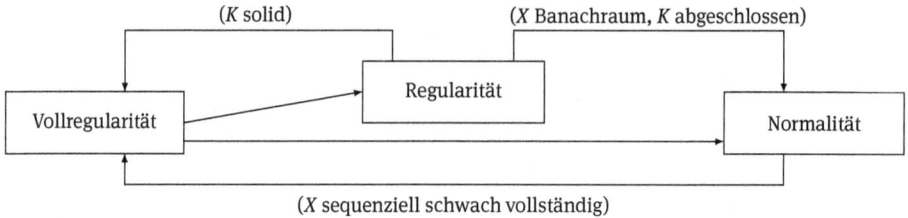

Abb. 8: Die Relationen zwischen Normalität, Regularität und Vollregularität eines Kegels.

VI.5 Monoton stetige Normen

Definition. Die Norm in einem geordneten normierten Raum (X, K) heißt *monoton* σ-*stetig*, wenn aus $x_n \downarrow 0$ die Beziehung $x_n \xrightarrow[n\to\infty]{\|\cdot\|} 0$ folgt (Bedingung (A_σ)). Die Norm heißt *monoton stetig*, wenn das Gleiche für ein beliebiges Netz gilt: Aus $x_\alpha \downarrow 0$ folgt $x_\alpha \xrightarrow[\alpha]{\|\cdot\|} 0$ (Bedingung (A)).[16]

Wie wir sehen werden, ist die monotone Stetigkeit der Norm eng mit der Regularität des Kegels K verbunden, obwohl im allgemeinen Fall und selbst für Vektorverbände diese Eigenschaften unabhängig sind. Obwohl sich, wie in Abschnitt VI.1 gezeigt worden ist, die Definitionen eines regulären Kegels mithilfe von Folgen und mithilfe beliebiger Netze als äquivalent erweisen, folgt aus der monotonen σ-Stetigkeit der Norm im allgemeinen Fall nicht ihre monotone Stetigkeit. Die im Weiteren dargelegten Beispiele sind den Arbeiten von Luxemburg und Zaanen [39] entnommen.

Beispiel 10. Sei T eine überabzählbare Menge, und bestehe X aus allen reellen Funktionen x auf T, für die eine Zahl $l(x)$ existiert, die der folgenden Bedingung genügt: Für

---

[16] In der Literatur über Vektorverbände wird bisher die Bedingung (A_σ) häufig mit (A) und die Bedingung (A) mit (A') bezeichnet. Wir ändern hier diese Bezeichnungen, um sie mit vielen anderen, in denen durch den Buchstaben σ jeweils der abzählbare Fall gekennzeichnet wird, in Übereinstimmung zu bringen.

beliebiges $\varepsilon > 0$ gilt die Ungleichung $|x(t) - l(x)| < \varepsilon$ auf ganz T mit Ausnahme einer endlichen Anzahl von Punkten $t \in T$. Als Norm führen wir in X die gleichmäßige, d. h. $\|x\| = \sup\{|x(t)|: t \in T\}$, ein und ordnen X mithilfe des Kegels K der nicht negativen Funktionen.

Aus der Definition von X sieht man, dass jede zu X gehörende Funktion x überall mit Ausnahme von einer nicht mehr als abzählbaren Menge gleich $l(x)$ ist. Klar ist, dass X ein Banachverband ist, der nicht σ-Dedekind-vollständig und demzufolge kein K_σ-Raum ist.

Sei $x_n \downarrow 0$. Dann ist $x_n(t) \downarrow 0$ bei jedem $t \in T$, da sonst die Folge $(x_n)_{n\in\mathbb{N}}$ untere Schranken größer als null besäße. Es gilt aber $l(x_n) = x_n(t)$ für beliebiges $n \in \mathbb{N}$ und alle $t \in T$ mit Ausnahme einer nicht mehr als abzählbaren Menge und daher auch $l(x_n) \downarrow 0$. Daraus gewinnt man leicht $\|x_n\| \longrightarrow 0$, d. h., die Bedingung (A_σ) ist erfüllt.

Betrachten wir jetzt die durch Inklusion partiell geordnete Gesamtheit E aller endlichen Teilmengen $e \subset T$ und bezeichnen mit x_e die charakteristische Funktion der Menge $T \setminus e$. Klar ist, dass $(x_e)_{e\in E}$ ein fallendes Netz bildet, und da $x_e(t) \downarrow_{e\in E} 0$ für jedes $t \in T$ gilt, ist $\inf_{e\in E}\{x_e\} = 0$. Gleichzeitig gilt $\|x_e\| = 1$ für jedes $e \in E$. Die Bedingung (A) ist demzufolge nicht erfüllt.

Man weist leicht nach, dass der Kegel K in diesem Raum nicht regulär ist. Dazu genügt es, eine abzählbare Menge von Punkten $t_n \in T$ zu wählen und für x_n die charakteristische Funktion der Menge $\{t_1, t_2, \ldots, t_n\}$ zu nehmen. Diese Funktionenfolge wächst, ist (o)-beschränkt (eine ihrer oberen Schranken ist beispielsweise die Funktion $x \equiv 1$), aber keine Cauchy-Folge.

Beispiel 11. Sei X der Vektorraum aller reellen stetigen Funktionen auf $[0, 1]$ mit der natürlichen Halbordnung (der Kegel K besteht aus allen nicht negativen Funktionen), auf dem man die Norm

$$\|x\| = |x(0)| + \int_0^1 |x(t)|\, dt$$

betrachtet. Setzt man

$$x_n(t) := \begin{cases} 1 - nt, & 0 \le t \le \frac{1}{n}, \\ 0, & \frac{1}{n} \le t \le 1, \end{cases}$$

dann ist $x_n \downarrow 0$, aber $\|x_n\| > 1$. Folglich ist die Bedingung (A_σ) nicht erfüllt. Gleichzeitig konvergiert jede monoton wachsende (o)-beschränkte Folge von Funktionen $x_n \in X$ in sich[17] in jedem Punkt $t \in [0, 1]$, weswegen sie in der eingeführten Norm eine Cauchy-Folge[18] ist. Somit ist der Kegel K regulär.

---

17 Das heißt, $(x_n(t))_{n\in\mathbb{N}}$ ist eine Cauchy-Folge von reellen Zahlen für jedes $t \in [0, 1]$ (A. d. Ü.).

18 Bei fixiertem $t \in [0, 1]$ findet man zu jedem $\varepsilon > 0$ eine Zahl $N(t, \varepsilon)$, sodass $|x_n(t) - x_m(t)| < \varepsilon$ für alle $m, n > N(t, \varepsilon)$ gilt. Aufgrund der Stetigkeit der Funktionen ist diese Ungleichung sogar in einer offenen Umgebung $U(t)$ des Punktes t erfüllt. Sind nun $t_1, \ldots, t_k$ Punkte aus $[0, 1]$ mit $[0, 1] \subset \bigcup_{i=1}^k U(t_i)$, dann gilt $|x_n(t) - x_m(t)| < \varepsilon$ für alle $m, n > \max_{i\in\{1,\ldots,k\}}\{N(t_i, \varepsilon)\}$. Daraus erhält man unmittelbar $\|x_n - x_m\| < 2\varepsilon$ (A. d. Ü.).

Wir bemerken, dass in beiden Beispielen der Kegel K abgeschlossen und normal ist, während der im Beispiel 11 betrachtete Raum weder normvollständig noch intervallvollständig ist.
Wir fügen noch ein Beispiel an, welches zeigt, dass trotz Gültigkeit der Bedingung (A) der Kegel nicht regulär zu sein braucht.

Beispiel 12 (I. I. Tschutschaew [49]). Sei X der Vektorraum c_0 mit der klassischen Norm und dem Kegel

$$K = \{x = (\xi_k)_{k\in\mathbb{N}} \in X : \xi_1 \geq 0 \text{ und } -\xi_1 \leq \xi_k \leq k\xi_1 \text{ für alle } k \geq 2\} .$$

Zunächst zeigen wir, dass der Kegel K nicht regulär ist. Sei $x_n = (\xi_{nk})_{k\in\mathbb{N}}$ mit

$$\xi_{n1} = \frac{2n-1}{n}, \quad \xi_{nk} = 1 \quad \text{für} \quad 2 \leq k \leq n^2+n-1, \quad \xi_{nk} = 0 \quad \text{für} \quad k > n^2+n-1 .$$

Klar ist $x_n \in K$. Elementare Berechnungen ergeben $x_n \uparrow\leq y$ mit $y = (3,0,0,\ldots)$, während $\|x_{n+1} - x_n\| = 1$ für alle $n \in \mathbb{N}$ gilt.
Nun beweisen wir, dass die Norm in X monoton stetig ist.[19] Sei $x_\alpha \downarrow 0$, $x_\alpha = (\xi_{\alpha k})_{k\in\mathbb{N}}$. Dann ist $0 \leq \xi_{\alpha 1} \downarrow$, demzufolge existiert $\xi_1 = \lim_\alpha \xi_{\alpha 1}$, wobei $\xi_1 \geq 0$ gilt. Da $x_\beta \leq x_\alpha$ für $\beta \geq \alpha$ gilt, hat man

$$-(\xi_{\alpha 1} - \xi_{\beta 1}) \leq \xi_{\alpha k} - \xi_{\beta k} \leq k(\xi_{\alpha 1} - \xi_{\beta 1}) \quad \text{für alle } k \geq 2 .$$

Wegen der Konvergenz des Netzes $(\xi_{\alpha 1})_\alpha$ sieht man daraus, dass auch für jedes $k \geq 2$ das Netz der Koordinaten $(\xi_{\alpha k})_\alpha$ ein Cauchy-Netz ist und daher der Grenzwert $\xi_k = \lim_\alpha \xi_{\alpha k}$ existiert. Wegen $x_\alpha \downarrow 0$ erhält man aus dem ersten Teil der letzten Ungleichungen $\xi_{\beta k} + \xi_{\beta 1} \leq \xi_{\alpha k} + \xi_{\alpha 1}$ für alle $\beta \geq \alpha$, sodass $\xi_{\alpha k} + \xi_{\alpha 1} \downarrow \geq 0$ für jedes $k \geq 2$ gilt. Sei

$$b_k := \inf_\alpha \{\xi_{\alpha k} + \xi_{\alpha 1}\} .$$

Wir zeigen $b_k = 0$ für alle $k \geq 2$. Unter der Annahme des Gegenteils sei $b_{k_0} > 0$ für ein $k_0 \geq 2$. Sei $y = (\eta_k)_{k\in\mathbb{N}} \in X$ das Element mit

$$\eta_{k_0} = b_{k_0}, \quad \eta_k = 0 \quad \text{für } k \neq k_0 .$$

Nach der Definition der Ordnung in X ist dieses Element mit Null nicht vergleichbar.[20] Andererseits kann man sich unter Berücksichtigung von $\xi_{\alpha k_0} + \xi_{\alpha 1} \geq b_{k_0} = \eta_{k_0}$ leicht davon überzeugen, dass $y \leq x_\alpha$ für alle α und demzufolge $y \leq \inf_\alpha\{x_\alpha\} = 0$ gilt. Der erhaltene Widerspruch beweist, dass $b_k = 0$ für alle $k \geq 2$ ist. Letzteres bedeutet

$$b_k = \inf_\alpha \{\xi_{\alpha k} + \xi_{\alpha 1}\} = \lim_\alpha (\xi_{\alpha k} + \xi_{\alpha 1}) = \xi_k + \xi_1 = 0 \quad \text{bei jedem } k \geq 2 ,$$

d. h. $\xi_k = -\xi_1$.

---

[19] Das heißt also, dass die Bedingung (A) erfüllt ist (A. d. Ü.).
[20] Wäre $y \in K$, dann müsste für $k \geq 2$ stets $-\eta_1 \leq \eta_k \leq k\eta_1$, also $\eta_k = 0$ gelten. Es ist aber $k_0 \geq 2$ und $\eta_{k_0} = b_{k_0} > 0$. Das Element liegt aber auch nicht im Kegel $-K$, was sofort aus $-b_{k_0} \neq 0$ hervorgeht (A. d. Ü.).

Wir zeigen nun $\xi_1 = 0$. Unter der Annahme $\xi_1 > 0$ hat man $\xi_2 = -\xi_1 < 0$, folglich existiert ein α_0 derart, dass $\xi_{\alpha 2} < 0$ für $\alpha \geq \alpha_0$ gilt. Sei $z = (\zeta_k)_{k \in \mathbb{N}}$ der Vektor in X, für den $\zeta_2 = -\xi_1$ und $\zeta_k = 0$ bei $k \neq 2$ gilt. Man sieht leicht, dass $z \leq x_\alpha$ für alle α gilt[21] und man daher $z \leq 0$ hat. Das ist aber aufgrund der Unvergleichbarkeit[22] von z mit Null unmöglich. Somit ist $\xi_1 = 0$, und damit sind auch alle $\xi_k = 0$.

Zu vorgegebenem $\varepsilon > 0$ wählen wir ein solches β, für das $\xi_{\alpha 1} < \frac{\varepsilon}{2}$ bei $\alpha \geq \beta$ gilt. Weiterhin bezeichne P die Menge aller jener Indizes k, für die $|\xi_{\beta k}| \geq \frac{\varepsilon}{2}$ gilt. Diese Menge ist wegen $x_\beta \in c_0$ endlich. Da $\xi_{\alpha k} \xrightarrow{\alpha} 0$ für jedes k gilt, existiert ein solches γ mit $|\xi_{\alpha k}| < \varepsilon$ für $\alpha \geq \gamma$ und $k \in P$. Sei nun $k \notin P$, d. h. $|\xi_{\beta k}| < \frac{\varepsilon}{2}$. Wegen $x_\alpha \leq x_\beta$ bei $\alpha \geq \beta$ hat man unter Berücksichtigung von $\xi_{\alpha 1} \geq 0$ und $\xi_{\beta 1} < \frac{\varepsilon}{2}$

$$\xi_{\beta k} - \xi_{\alpha k} \geq -(\xi_{\beta 1} - \xi_{\alpha 1}) = -\xi_{\beta 1} + \xi_{\alpha 1} > -\frac{\varepsilon}{2} \,,$$

woraus $\xi_{\alpha k} < \varepsilon$ und wegen $x_\alpha \geq 0$ auch $\xi_{\alpha k} \geq -\xi_{\alpha 1} > -\frac{\varepsilon}{2}$ folgen. Somit gilt $|\xi_{\alpha k}| < \varepsilon$ für alle $\alpha \geq \beta$ und $k \notin P$. Dann ist $|\xi_{\alpha k}| < \varepsilon$ bei $\alpha \geq \beta$, γ auch für alle k erfüllt. Das bedeutet $\|x_\alpha\| < \varepsilon$ bei $\alpha \geq \beta$, γ, also $x_\alpha \xrightarrow[\alpha]{\|\cdot\|} 0$.

Lemma 1. *Ist in einem intervallvollständigen geordneten normierten Raum (X, K) der Kegel K abgeschlossen und regulär, dann ist die Norm in (X, K) monoton stetig.*

Beweis. Für ein Netz $x_\alpha \downarrow 0$ fixieren wir einen Index α_0 und betrachten das steigende Netz $(x_{\alpha_0} - x_\alpha)_\alpha$ $(\alpha \geq \alpha_0)$. Dieses ist (o)-beschränkt, und dank der Regularität des Kegels K sowie der Intervallvollständigkeit von X hat es einen Normgrenzwert. Dieser Grenzwert kann aber nur $\sup_\alpha\{x_{\alpha_0} - x_\alpha\} = x_{\alpha_0}$ sein, weswegen $x_\alpha \xrightarrow[\alpha]{\|\cdot\|} 0$ gilt. $\square$

Theorem VI.5.1. *Sei (X, K) ein intervallvollständiger geordneter normierter Raum mit abgeschlossenem Kegel K. Für die Regularität ist es notwendig und hinreichend, dass der Raum (X, K) σ-Dedekind-vollständig und die Norm in (X, K) monoton σ-stetig ist.*

Beweis. (a) Notwendigkeit. Die σ-Dedekind-Vollständigkeit (sogar die Dedekind-Vollständigkeit) ist in der Aussage 1 am Ende von Abschnitt VI.1 nachgewiesen worden, während die monotone Stetigkeit in Lemma 1 bewiesen wurde.

(b) Hinlänglichkeit. Sei $0 \leq x_n \uparrow \leq y$. Wegen der σ-Dedekind-Vollständigkeit von (X, K) existiert $x = \sup x_n$, weswegen $x - x_n \downarrow 0$ und, dank der monotonen σ-Stetigkeit der Norm, die Beziehung $x - x_n \xrightarrow[n \to \infty]{\|\cdot\|} 0$, d. h. $x_n \xrightarrow[n \to \infty]{\|\cdot\|} x$, gelten. $\square$

---

[21] Es genügt, diese Ungleichung für $\alpha \geq \alpha_0$ nachzuweisen: Für die erste Koordinate von $x_\alpha - z$ hat man $(x_\alpha - z)_1 = \xi_{\alpha 1} \geq 0$, für $k > 2$ die Ungleichungen $-\xi_{\alpha 1} \leq (x_\alpha - z)_k \leq k\xi_{\alpha 1}$ und für $k = 2$ (wegen $x_\alpha \in K$, $\xi_1 > 0$ für alle $\alpha \geq \alpha_0$) die Ungleichungen

$$-\xi_{\alpha 1} \leq \xi_{\alpha 2} < \xi_{\alpha 2} + \xi_1 < \xi_1 \leq \xi_{\alpha 1} \,.$$

Somit gilt $x_\alpha \geq z$ für $\alpha \geq \alpha_0$ (A. d. Ü.).

[22] Die Beziehung $z \notin K \cup (-K)$, also die Unvergleichbarkeit von z und Null, zeigt man wie vorher für das Element y (A. d. Ü.).

Bemerkung. Aus dem Beweis ist ersichtlich, dass die Hinlänglichkeit des Theorems in einem beliebigen geordneten normierten Raum Gültigkeit besitzt.

Folgerung 1. *In einem intervallvollständigen, σ-Dedekind-vollständigen geordneten normierten Raum (X, K) mit abgeschlossenem Kegel K zieht die monotone σ-Stetigkeit der Norm ihre monotone Stetigkeit und gleichfalls die Dedekind-Vollständigkeit des Raumes nach sich.*

Beweis. Wenn der Raum (X, K) den erwähnten Bedingungen genügt und insbesondere seine Norm die Bedingung (A_σ) erfüllt, dann ist nach dem bewiesenen Theorem der Kegel K regulär. Dann folgt die Bedingung (A) aus Lemma 1, während man die Dedekind-Vollständigkeit von (X, K) erneut aus der Aussage 1 (in Abschnitt VI.1) erhält. □

Folgerung 2. *Ist der duale Raum von (X, K) σ-Dedekind-vollständig und die Norm in ihm monoton σ-stetig, dann ist dieser Raum Dedekind-vollständig und seine Norm monoton stetig.*

Dieser Sachverhalt ergibt sich unmittelbar aus Folgerung 1.

Theorem VI.5.2. *Ist in einem geordneten normierten Raum $(X, \|\cdot\|, K)$ der Kegel K solid und regulär, dann ist die Norm $\|\cdot\|$ monoton stetig.*

Beweis. Aus den Theoremen VI.2.2 und VI.2.1 folgt, dass der Kegel K normal ist. Sei $x_\alpha \downarrow 0$ ein Netz. Dann ist bei fixiertem α_0 das Netz $(x_{\alpha_0} - x_\alpha)_{\alpha \geq \alpha_0}$ monoton wachsend und von oben durch x_{α_0} beschränkt. Infolge der Regularität des Kegels K ist es ein $\|\cdot\|$-Cauchy-Netz, und zusammen mit ihm ist auch $(x_\alpha)_\alpha$ ein solches. Sei $u \gg 0$ ein Element des Kegels K. Aufgrund der Ungleichung $x \leq C\|x\|u$, wobei C eine Konstante ist (siehe Abschnitt II.1), existiert für beliebiges $\varepsilon > 0$ ein solcher Index α_1, sodass $x_\alpha - x_\beta \leq \varepsilon u$ für alle $\alpha, \beta \geq \alpha_1$ gilt. Daraus erhält man wegen $x_\beta \downarrow 0$ die Bedingung $x_\alpha \leq \varepsilon u$. Ist M eine Halbmonotoniekonstante der Norm $\|\cdot\|$, dann gilt

$$\|x_\alpha\| \leq M\varepsilon \|u\| \quad \text{für } \alpha \geq \alpha_1 \,,$$

was $\|x_\alpha\| \longrightarrow 0$ bedeutet. □

Lemma 2. *Sei (X, K) ein geordneter normierter Raum mit abgeschlossenem Kegel K. Ist (x_α) ein wachsendes $\|\cdot\|$-Cauchy-Netz, für das $\sup_\alpha\{x_\alpha\} = y$ existiert, dann enthält dieses Netz eine monoton wachsende Teilfolge $(x_{\alpha_n})_{n\in\mathbb{N}}$, sodass*
(1) $y = \sup_n\{x_{\alpha_n}\}$
(2) $\sup_{\alpha \geq \alpha_n}\{\|x_\alpha - x_{\alpha_n}\|\} \xrightarrow[n\to\infty]{} 0$
gelten.

Beweis. Wir geben eine Zahlenfolge $\varepsilon_n \downarrow 0$ vor und wählen eine monoton wachsende Indexfolge α_n derart, dass $\|x_\alpha - x_{\alpha_n}\| < \varepsilon_n$ für $\alpha \geq \alpha_n$ gilt. Damit wird die Bedingung (2) garantiert. Wir zeigen nun noch $y = \sup_n\{x_{\alpha_n}\}$. Sei $z \geq x_{\alpha_n}$ für beliebige $n \in \mathbb{N}$ und sei x_α beliebig fixiert. Für jedes $n \in \mathbb{N}$ findet man dann einen Index α'_n mit $\alpha'_n \geq \alpha_n, \alpha$

und setzt $y_n := x_{\alpha'_n}$. Dann gelten $y_n \geq x_{\alpha_n}$, x_α und $\|y_n - x_{\alpha_n}\| < \varepsilon_n$. Man hat nun

$$x_\alpha = x_{\alpha_n} + (x_\alpha - x_{\alpha_n}) \leq z + (y_n - x_{\alpha_n}) \,,$$

sodass man nach dem Übergang zum Normgrenzwert bezüglich n aus dieser Ungleichung $x_\alpha \leq z$ und daher $y \leq z$ erhält. Damit ist $y = \sup_n\{x_{\alpha_n}\}$ bewiesen. □

Wir erwähnen noch einige Aussagen über den Zusammenhang zwischen den betrachteten Eigenschaften von Normen und Kegeln.

(1) Ist (X, K) ein geordneter normierter Raum mit abgeschlossenem und regulärem Kegel K, dann impliziert die monotone σ-Stetigkeit der Norm ihre monotone Stetigkeit.

Beweis. Seien die Norm in (X, K) monoton σ-stetig und $x_\alpha \downarrow 0$ ein monoton fallendes Netz. Dann gilt $x_{\alpha_0} - x_\alpha \uparrow x_{\alpha_0}$ bei $\alpha \geq \alpha_0$, und infolge der Regularität des Kegels K ist $(x_{\alpha_0} - x_\alpha)_{\alpha \geq \alpha_0}$ ein $\|\cdot\|$-Cauchy-Netz. Nach Lemma 2 kann man eine Teilfolge[23] entnehmen, die auch der zweiten Bedingung dieses Lemmas genügt. Dank der Bedingung (A_σ) gilt $\|x_{\alpha_n}\| \xrightarrow[n\to\infty]{} 0$. Dann gilt aber auch für das gesamte Netz wegen der für $\alpha \geq \alpha_0$ gültigen Abschätzung

$$\|x_\alpha\| \leq \|x_{\alpha_n}\| + \|x_\alpha - x_{\alpha_n}\| < \|x_{\alpha_n}\| + \varepsilon_n$$

mit $\varepsilon_n \xrightarrow[n\to\infty]{} 0$ die Konvergenz $x_\alpha \xrightarrow{\|\cdot\|} 0$. □

(2) Ist (X, K) ein verbandsgeordneter normierter Raum mit abgeschlossenem, normalem Kegel K und ist die Norm monoton stetig, dann ist der Kegel K regulär.

Beweis. Sei $(x_n)_{n\in\mathbb{N}}$ eine monoton wachsende (o)-beschränkte Folge mit $x_n \geq 0$ für alle $n \in \mathbb{N}$. Da der Raum verbandsgeordnet ist, erweist sich die Menge L aller oberen Schranken dieser Folge als eine fallend gerichtete Menge. Die Menge E aller Elemente der Form $y - x_n$ ($n \in \mathbb{N}$) mit $y \in L$ ist ebenfalls fallend gerichtet und von unten durch das Element 0 beschränkt. Wir zeigen $y - x_n \downarrow 0$ (d. h. inf $E = 0$). Sei $z \leq y - x_n$ für alle $y \in L$ und alle $n \in \mathbb{N}$. Dann gilt für jedes $n \in \mathbb{N}$ die Ungleichung $x_n \leq y - z$ und somit $y - z \in L$. Durch Induktion erhält man hieraus, dass, falls $y \in L$, auch $y - kz \in L$ für alle $k \in \mathbb{N}$ gilt.[24] Insbesondere heißt das $x_1 \leq y - nz$ bzw. $nz \leq y - x_1$. Aufgrund der Abgeschlossenheit des Kegels K ist in (X, K) das archimedische Prinzip erfüllt, weswegen sich $z \leq 0$ ergibt. Somit gilt

$$0 = \inf_{y\in L,\, n\in\mathbb{N}} \{y - x_n\} \,.$$

---

[23] Zunächst entnimmt man eine monotone wachsende Teilfolge $(x_{\alpha_0} - x_{\alpha_n})_{n\in\mathbb{N}}$, für die $x_{\alpha_0} = \sup_n\{(x_\alpha - x_{\alpha_n})\}$ und $\sup_{\alpha \geq \alpha_0}\{\|x_\alpha - x_{\alpha_n}\|\} \xrightarrow[n\to\infty]{} 0$ gelten. Für die Folge $(x_{\alpha_n})_{n\in\mathbb{N}}$ erhält man daraus $x_{\alpha_n} \downarrow 0$ (A. d. Ü.).

[24] Gilt $y - (k-1)z \in L$, so hat man $z \leq y - (k-1)z - x_n$, also $x_n \leq y - kz$, woraus $y - kz \in L$ folgt (A. d. Ü.).

Aus der Bedingung (A) folgt hieraus $\|y - x_n\| \xrightarrow[n\to\infty]{} 0$. Man kann daher zu vorgegebenem $\varepsilon > 0$ solche y und n finden, dass $\|y - x_n\| < \varepsilon$ gilt. Hat man nun $m > n$, dann gilt $x_n \leq x_m \leq y$ und somit

$$\|x_m - x_n\| \leq N \|y - x_n\| \;,$$

wobei N eine Halbmonotoniekonstante der Norm ist. □

(3) In einem intervallvollständigen verbandsgeordneten normierten Raum (X, K) mit abgeschlossenem und normalem Kegel K ist die Regularität von K der monotonen Stetigkeit der Norm äquivalent.

Das folgt unmittelbar aus Lemma 1 und der Aussage 2.

VI.6 Schwach reguläre und schwach vollreguläre Kegel

Das erste Mal wurden die Definitionen von schwach regulären und schwach vollregulären Kegeln von W. J. Stezenko eingeführt. Hier werden wir andere Definitionen verwenden, die denen von W. J. Stezenko nicht äquivalent sind, aber unseren Definitionen von regulären und vollregulären Kegeln besser entsprechen.

Definition. Der Kegel K in einem geordneten normierten Raum (X, K) heißt *schwach regulär*, wenn jede monoton wachsende (o)-beschränkte Folge seiner Elemente eine schwache Cauchy-Folge ist. Der Kegel heißt *schwach vollregulär*, wenn jede monoton wachsende normbeschränkte Folge seiner Elemente eine schwache Cauchy-Folge ist.[25]

Aus dem Lemma in Abschnitt VI.4 folgt, dass jeder normale[26] Kegel sowohl schwach regulär als auch schwach vollregulär ist.

Lemma. *Ist in einem geordneten normierten Raum (X, K) der Kegel K schwach regulär, dann ist jedes Intervall in (X, K) normbeschränkt.*

Beweis. Setzen wir voraus, dass der Kegel schwach regulär ist, in X aber ein nicht normbeschränktes Intervall existiert. Dann kann ohne Beschränkung der Allgemeinheit angenommen werden, dass das Intervall von der Gestalt $[0, y]$ ist. Für beliebiges $n \in \mathbb{N}$ findet man jetzt ein y_n derart, dass $0 < y_n \leq y$ und $\|y_n\| = 5^n$ gelten. Setzt man

$$x_n := \sum_{k=1}^{n} \frac{1}{2^k} y_k \,,$$

---

25 Demzufolge ist jeder reguläre Kegel schwach regulär und jeder vollreguläre Kegel schwach vollregulär (A. d. Ü.).

26 Wir erinnern daran, dass die Normalität des Kegels in einem geordneten normierten Raum die $\|\cdot\|$-Beschränktheit jedes Intervalls garantiert; siehe Folgerung 2 aus Theorem IV.2.1 (A. d. Ü.).

dann gilt $0 < x_n \leq y$. Die Folge $(x_n)_{n \in \mathbb{N}}$ ist monoton wachsend und folglich eine schwache Cauchy-Folge. Es gilt jedoch

$$\|x_n\| \geq \frac{1}{2^n}\|y_n\| - \sum_{k=1}^{n-1}\frac{1}{2^k}\|y_k\| = \left(\frac{5}{2}\right)^n - \sum_{k=1}^{n-1}\left(\frac{5}{2}\right)^k$$

$$= \left(\frac{5}{2}\right)^n - \frac{\left(\frac{5}{2}\right)^n - \frac{5}{2}}{\frac{3}{2}} > \frac{1}{3}\left(\frac{5}{2}\right)^n \xrightarrow[n\to\infty]{} +\infty.$$

Der erhaltene Widerspruch komplettiert den Beweis des Lemmas. $\quad\square$

Theorem VI.6.1. *In einem geordneten Banachraum (X, K) mit abgeschlossenem Kegel K sind die Normalität und seine schwache Regularität äquivalent.*

Beweis. Weiter oben, unmittelbar nach der Definition wurde bereits hervorgehoben, dass aus der Normalität eines Kegels stets seine schwache Regularität folgt. Die umgekehrte Implikation erhält man mithilfe des Lemmas und des Theorems IV.2.2. $\quad\square$

Die Beispiele 7 und 8 aus Abschnitt IV.2 belegen, dass in diesem Satz weder die Normvollständigkeit von X noch die Abgeschlossenheit von K weggelassen werden können (vgl. Abschnitt VI.1).

Aus dem bewiesenen Satz und Theorem VI.4.1 (vgl. ebenfalls Abbildung 8) erhält man die nächste Aussage.

Folgerung. *Sind der geordnete Banachraum (X, K) sequenziell schwach vollständig und der Kegel abgeschlossen, dann sind folgende Eigenschaften des Kegels K äquivalent: Normalität, Regularität, Vollregularität und schwache Regularität.*

Theorem VI.6.2. *Ist (X, K) ein reflexiver geordneter Banachraum mit abgeschlossenem Kegel K, dann ist K schwach vollregulär.*

Beweis. Sei $(x_n)_{n \in \mathbb{N}}$ mit $x_n \in K$ eine monoton wachsende normbeschränkte Folge. Nach dem bekannten Satz[27] von Eberlein[28]-Schmuljan enthält diese Folge eine zu einem gewissem Grenzwert schwach konvergente Teilfolge $x_{n_k} \xrightarrow[k\to\infty]{\sigma(X, X')} x$. Wir zeigen, dass x der einzige schwache Häufungspunkt der Folge $(x_n)_{n \in \mathbb{N}}$ ist. Hat man für eine andere Teilfolge $x_{n'_l} \xrightarrow[l\to\infty]{\sigma(X, X')} y$, dann gilt $y \geq x$, da für beliebiges k ein l mit $n'_l \geq n_k$ existiert[29] und der Kegel K abgeschlossen (und demzufolge schwach abgeschlossen) ist. Analog ist auch $x \geq y$, d. h. $y = x$. Die Existenz eines einzigen schwachen Häufungspunktes x bedeutet $x_n \xrightarrow[n\to\infty]{\sigma(X, X')} x$. $\quad\square$

---

27 Siehe [56, Chapter V.4].
28 W. F. Eberlein (1917–1986) (A. d. Ü.).
29 Somit gilt $x_{n'_l} \geq x_{n_k}$ (A. d. Ü.).

Jetzt sieht man leicht, dass – im Unterschied zur Vollregularität – aus der schwachen Vollregularität weder die Normalität noch die schwache Regularität des Kegels folgen. Wir demonstrieren diesen Sachverhalt an folgendem Beispiel.

Beispiel. Wir ordnen den reflexiven Raum ℓ^2 mithilfe des Kegels

$$K = \left\{ x = (\xi_k) \in \ell^2 : \xi_1 \geq 0, \ |\xi_k| \leq \xi_1, \ k \geq 2 \right\} .$$

Dieser Kegel ist abgeschlossen und daher nach dem bewiesenen Theorem schwach vollregulär. Andererseits ist er nicht normal. Für die Folgen

$$x = \Big(\underbrace{\tfrac{1}{\sqrt{n}}, \tfrac{1}{\sqrt{n}}, \ldots, \tfrac{1}{\sqrt{n}}}_{n\text{-mal}}, 0, 0, \ldots \Big) \quad \text{und} \quad y = \Big(\underbrace{\tfrac{1}{\sqrt{n}}, \tfrac{-1}{\sqrt{n}}, \tfrac{-1}{\sqrt{n}}, \ldots, \tfrac{-1}{\sqrt{n}}}_{n\text{-mal}}, 0, 0, \ldots \Big)$$

(hier haben x und y genau n von Null verschiedene Koordinaten) hat man $x, y \in K$, $\|x\| = \|y\| = 1$, aber $\|x + y\| = \tfrac{2}{\sqrt{n}}$. Nach Theorem VI.6.1 ist K dann nicht schwach regulär.

Wir führen gleichfalls ein von I. I. Tschutschaew konstruiertes Beispiel eines schwach regulären (sogar regulären) Kegels an, der nicht schwach vollregulär ist. Somit sind die Eigenschaften der schwachen Regularität und der schwachen Vollregularität unabhängig voneinander.

Beispiel 13. Sei X der Teilraum aller finiten Folgen aus ℓ^1 mit der aus ℓ^1 induzierten Norm. Der Kegel, mit dessen Hilfe X partiell geordnet wird, bestehe aus allen Vektoren $x = (\xi_k)_{k \in \mathbb{N}} \in X$, für die bei allen $p \in \mathbb{N}$

$$\sum_{k=1}^{p} \frac{1}{2^k} \xi_k \geq 0$$

gilt und die letzte von null verschiedene Koordinate streng positiv ist. Wir zeigen, dass der Kegel K regulär ist. Seien $0 \leq x_n \uparrow \leq y$, $x_n = (\xi_{nk})_{k \in \mathbb{N}}$, $y = (\eta_k)_{k \in \mathbb{N}}$. Da alle Summen

$$S_{np} = \sum_{k=1}^{p} \frac{1}{2^k} \xi_{nk} \leq \sum_{k=1}^{p} \frac{1}{2^k} \eta_k$$

bezüglich n eine monoton wachsende Folge bilden, besitzt jede Summe (bei fixiertem p) einen endlichen Grenzwert, weswegen auch $\xi_{nk} \xrightarrow[n \to \infty]{} \xi_k$ für eine gewisse Zahl ξ_k gilt. Dabei existiert ein solches k_0, dass $\xi_{nk} = 0$ für alle $n \in \mathbb{N}$ und $k > k_0$ gilt. Aber dann gilt auch $x_n \xrightarrow[n \to \infty]{\|\cdot\|} x$ mit $x = (\xi_k)$.

Wir zeigen nun, dass der Kegel K nicht schwach vollregulär ist. Betrachten wir die Folge von Elementen $x_n = (\xi_{nk})_{k \in \mathbb{N}}$ mit $\xi_{n1} = 3 - \tfrac{1}{2^{n-2}}$, $\xi_{nn} = 1$ und $\xi_{nk} = 0$ bei allen übrigen k, dann gilt

$$x_n \in K, \quad \|x_n\| < 4, \quad x_{n+1} - x_n = \Big(\tfrac{1}{2^{n-1}}, 0, \ldots, 0, \underset{(n)}{-1}, 1, 0, 0, \ldots \Big) \in K .$$

Somit ist die Folge $(x_n)_{n\in\mathbb{N}}$ monoton wachsend und normbeschränkt. Für das durch die Formel

$$f(x) = \sum_{k=1}^{\infty} (-1)^k \xi_k$$

definierte Funktional $f \in X'$ hat man jedoch

$$f(x_{n+1}) - f(x_n) = -\frac{1}{2^{n-1}} + 2 \cdot (-1)^{n+1} \not\to 0.$$

Somit ist die Folge $(x_n)_{n\in\mathbb{N}}$ keine schwache Cauchy-Folge.

VII Bepflasterbare Kegel

VII.1 Definition und grundlegende Eigenschaften eines bepflasterbaren Kegels

Der Begriff eines bepflasterbaren Kegels ist von M. A. Krasnoselskij [30] eingeführt worden. Überall in diesem Kapitel bezeichnet B (bzw. B') die abgeschlossene Einheitskugel im normierten Raum X (bzw. X'). Der Kegel K wird als von Null verschieden vorausgesetzt.

Definition. Sei (X, K) ein geordneter normierter Raum. Wenn ein solcher Kegel $K_1 \subset X$ und eine Zahl $\gamma > 0$ existieren, dass für beliebiges $x \in K \setminus \{0\}$ die Kugel $x + \gamma \|x\| B$ in K_1 liegt, dann heißt der Kegel K (mithilfe des Kegels K_1) *bepflasterbar*.

Um einige wesentliche Charakteristiken eines bepflasterbaren Kegels auflisten zu können, führen wir noch einige weitere Begriffe ein.

Definition. Ein Funktional $f \in X'$ heißt *gleichmäßig positiv*, wenn eine solche Zahl $\delta > 0$ existiert, sodass $f(x) \geq \delta \|x\|$ für beliebiges $x \in K$ gilt.

Beispiel. Als Beispiel eines gleichmäßig positiven Funktionals im Raum $L^1[0, 1]$ mit der natürlichen Halbordnung (übrigens kann das Intervall $[0, 1]$ hier durch einen beliebigen Raum mit einem „hinreichend guten" Maß ersetzt werden) betrachtet man

$$f(x) = \int_0^1 x \, d\mu \,. \tag{1}$$

Im Raum $L^p[0, 1]$ für $1 < p < +\infty$ mit der natürlichen Halbordnung gibt es hingegen keine gleichmäßig positiven Funktionale. Um sich davon zu überzeugen, betrachtet man für $i \in \{1, 2, \ldots, n\}$ die Funktionen

$$x_i(t) = \begin{cases} n^{\frac{1}{p}+1}, & \text{für } t \in \left(\frac{i-1}{n}, \frac{i}{n}\right), \\ 0, & \text{für alle übrigen } t \in [0, 1] \,. \end{cases}$$

Würde es ein gleichmäßig positives Funktional f geben, dann hätte man

$$f(x_i) \geq \delta \|x_i\| = \delta n \,,$$

und folglich für die Funktion $x \equiv 1$

$$f(x) = n^{-\frac{1}{p}-1} \sum_{i=1}^n f(x_i) \geq \delta n^{1-\frac{1}{p}} \xrightarrow[n\to\infty]{} +\infty \,,$$

was der Endlichkeit des Wertes $f(x)$ widerspricht.

Noch einfacher weist man nach, dass auch im Raum $L^\infty[0, 1]$ keine gleichmäßig positiven Funktionale existieren. Nebenbei sei bemerkt, dass in allen Räumen $L^p[0, 1]$ ($1 \leq$

DOI 10.1515/9783110478884-007

$p \leq \infty$) *streng positive* stetige lineare Funktionale, beispielsweise das Funktional (1), existieren.

Definition. Eine konvexe Menge $D \subset K$ heißt *Basis des Kegels K*, wenn jedes $x \in K \setminus \{0\}$ eine eindeutige Darstellung $x = \alpha y$ mit $\alpha > 0$ und $y \in D$ besitzt.[1]

Aus der Definition einer Basis folgt aufgrund ihrer Konvexität sofort: Ist D eine Basis des Kegels K, dann $0 \notin D$.

Theorem VII.1.1. *In einem beliebigen geordneten normierten Raum* $(X, \|\cdot\|, K)$ *sind folgende Behauptungen äquivalent:*
(1) *Der Kegel K ist bepflasterbar.*
(2) *Auf X existiert ein gleichmäßig positives Funktional.*
(3) *In X existiert eine zur vorgegebenen Norm* $\|\cdot\|$ *äquivalente Norm, die auf dem Kegel K additiv ist.*
(4) *Der Kegel K besitzt eine normbeschränkte Basis[2] D mit* $0 \notin \overline{D}$.
(5) *Der Kegel K ist über einer normbeschränkten konvexen Menge F mit* $0 \notin \overline{F}$ *aufgespannt.*

---

1 Die in der Definition einer Basis D eines Kegels für jedes $x \in K \setminus \{0\}$ eindeutig bestimmte Zahl $\alpha > 0$ kann man als ein additives positiv homogenes Funktional f auf K auffassen ($f(x) = \alpha$, $x \in K \setminus \{0\}$) und zunächst auf $K - K$ und dann auf ganz X zu einem linearen Funktional erweitern. Demzufolge ist D eine Basis von K genau dann, wenn ein streng positives lineares (nicht notwendigerweise stetiges) Funktional f auf X existiert, sodass $D = \{x \in X : f(x) = 1\}$ gilt. Man sagt dann auch, dass die *Basis durch das Funktional f definiert* ist. Für qualifizierte Basen hat das Funktional f erwartungsgemäß einige weitere Eigenschaften. Eine Basis D ist normbeschränkt mit $0 \notin \overline{D}$ genau dann, wenn das entsprechende Funktional f gleichmäßig positiv ist, wie im nachfolgenden Theorem VII.1.1 bewiesen wird. Im Allgemeinen gibt es in einigen normierten Räumen nur solche Kegel, für die jede ihrer Basen beschränkt ist, oder nur solche, für die jede Basis unbeschränkt ist. Legt man ein duales Paar $\langle X, Y \rangle$ zugrunde, dann kann man diesen Sachverhalt wie folgt formulieren:

Dichotomie-Satz (I. A. Polyrakis [P08]). *Sei* $\langle X, Y \rangle$ *ein duales Paar, wobei X ein normierter Raum mit* $Y \subset X'$ *ist. Sei K ein* $\sigma(X, Y)$*-abgeschlossener Kegel in X, sodass der positive Teil* $B \cap K$ *der abgeschlossenen Einheitskugel B aus X* $\sigma(X, Y)$*-kompakt ist. Dann gilt:*
– *entweder jede durch einen Vektor* $f \in Y$ *definierte Basis von K ist beschränkt,*
– *oder jede solche Basis ist unbeschränkt.*

Die wichtigsten Folgerungen daraus sind:

Folgerung 1. *Seien* (X, K) *ein geordneter normierter Raum und* $\mathcal{K} \subset X'$ *ein schwach*-abgeschlossener Kegel. Dann ist entweder jede durch ein Element* $x \in X$ *definierte Basis von* $\mathcal{K}$ *beschränkt oder jede solche Basis ist unbeschränkt.*

Folgerung 2. *Für jeden abgeschlossenen Kegel K in einem reflexiven Banachraum ist entweder jede durch ein Element* $f \in X'$ *definierte Basis beschränkt oder jede derartige Basis ist unbeschränkt (A. d. Ü.).*

2 In [23] heißen solche (und damit auch die bepflasterbaren) Kegel *well-based* (A. d. Ü.).

In diesem Theorem sind Charakteristiken bepflasterbarer Kegel zusammengestellt, die von verschiedenen Autoren erhalten worden sind: Bedingung (2) wurde von M. A. Krasnoselskij [29], Bedingung (5) von A. M. Rubinow [46] bewiesen, die Bedingungen (3) und (4) kann man in den Arbeiten von A. Ellis [20] und D. Edwards [18] sowie von I. F. Danilenko [15] finden.

Beweis. (1) $\Rightarrow$ (2) Sei K mithilfe des Kegels K_1 bepflasterbar. Dann ist K_1 solid, und es existiert ein von Null verschiedenes Funktional $f \in X'$, das auf K_1 nicht negative Werte annimmt (II.2). Sind $x \in K$, $x \neq 0$, γ die Zahl aus Definition VII.1, $y \in X$ und $\|y\| \leq \gamma\|x\|$, dann ist $f(x-y) \geq 0$ und daher $f(x) \geq f(y)$. Nach Übergang zum Supremum auf der rechten Seite (für alle $y \in \gamma\|x\|B$) erhält man

$$f(x) \geq \gamma\|x\| \, \|f\| \, ,$$

d. h., das Funktional f ist gleichmäßig positiv mit der Konstanten $\delta = \gamma\|f\|$.

(2) $\Rightarrow$ (3) Wenn f ein gleichmäßig positives Funktional ist mit $f(x) \geq \delta\|x\|$ für $x \in K$ und man

$$\|x\|' := \max\{|f(x)|, \delta\|x\|\}$$

setzt, dann ist $\|\cdot\|'$ eine Norm in X. Für $x \in K$ erhält man sofort die Beziehung $\|x\|' = f(x)$ und damit ihre Additivität auf K. Außerdem gilt für jedes $x \in X$

$$\delta\|x\| \leq \|x\|' \leq (\|f\| + \delta)\|x\| \, ,$$

sodass die beiden Normen äquivalent sind.

(3) $\Rightarrow$ (4) Existiert auf K eine additive und zur ursprünglichen Norm $\|\cdot\|$ äquivalente Norm $\|\cdot\|'$, dann ist die Menge

$$D = \left\{x \in K: \|x\|' = 1\right\}$$

normbeschränkt und wegen der Additivität der Norm konvex. D ist also eine Basis des Kegels K, wobei $0 \notin \overline{D}$ gilt.

(4) $\Rightarrow$ (5) Diese Implikation ist trivial: Als F kann man die Basis D nehmen.

(5) $\Rightarrow$ (1) Sei $K = K(F)$, wobei F eine normbeschränkte konvexe Menge mit $0 \notin \overline{F}$ ist. Setzt man zunächst

$$d := \inf_{x \in F}\{\|x\|\} \quad \text{(es gilt somit } d > 0)$$

und danach

$$F_1 := \bigcup_{x \in F} B\left(x; \tfrac{1}{2}d\right) ,$$

dann gilt $0 \notin \overline{F_1}$, und wie man leicht sieht, ist F_1 konvex.

Wir definieren nun $K_1 := K(F_1)$ und zeigen, dass K_1 den Kegel K bepflastert. Sei $\|x\| \leq M$ für alle $x \in F$ und setze $\gamma := \frac{d}{2M}$. Ist $x \in K$, dann gilt $x = \alpha x'$ mit $x' \in F$ und folglich $\alpha \geq \frac{\|x\|}{M}$. Wegen $B(x'; \tfrac{1}{2}d) \subset F_1$ hat man $B(x; \tfrac{1}{2}\alpha d) \subset K_1$; und umso mehr gilt $B(x; \frac{d\|x\|}{2M}) \subset K_1$, d. h. $x + \gamma\|x\|B \subset K_1$. $\qquad\square$

Folgerung 1. *Ist K ein bepflasterbarer Kegel, dann kann der bepflasternde Kegel K_1 stets abgeschlossen gewählt werden.*
Ist nämlich $K = K(F)$, dann kann für K_1 der Kegel $K(\overline{F_1})$ genommen werden, wobei F_1 die im Beweis der Implikation (5) $\Rightarrow$ (1) konstruierte Menge ist.

Folgerung 2. *Wenn der Kegel K bepflasterbar ist, dann ist es auch $\overline{K}$.*
Ist $K = K(F)$, dann ist $\overline{K} = K(\overline{F})$ und $\overline{F}$ eine abgeschlossene, normbeschränkte, konvexe Menge, die Null nicht enthält (siehe Theorem II.3.4).

Folgerung 3. *Der Begriff der Bepflasterbarkeit eines Kegels ist bezüglich des Übergangs zu einer äquivalenten Norm invariant.*

Folgerung 4. *Ist ein Kegel K bepflasterbar, dann ist er vollregulär (und folglich auch normal).*

Beweis. Seien $0 \leq x_n \uparrow$, $\|x_n\| \leq C$ und $f \in X'$ ein gleichmäßig positives Funktional. Dann ist $(f(x_n))_{n \in \mathbb{N}}$ eine monoton wachsende und wegen $f(x_n) \leq C \cdot \|f\|$ beschränkte Zahlenfolge, damit also insbesondere eine Cauchy-Folge. Jedoch gilt $x_n \geq x_m$ für $n \geq m$, sodass wegen

$$f(x_n - x_m) \geq \delta \|x_n - x_m\|$$

folglich auch $(x_n)_{n \in \mathbb{N}}$ eine $\|\cdot\|$-Cauchy-Folge ist. $\qquad \square$

Aus den am Anfang dieses Punktes behandelten Beispielen ist ersichtlich, dass die klassischen Kegel in den Räumen L^p für $p > 1$ (analog auch in ℓ^p für $p > 1$) nicht bepflasterbar sind, während die klassischen Kegel in L^1 und ℓ^1 bepflasterbar sind.

VII.2 Konvergenzcharakteristik der Bepflasterbarkeit eines Kegels

Wir leiten hier ein Kriterium der Bepflasterbarkeit her, das sich auf die schwache Konvergenz stützt.

Lemma. *Seien (X, K) ein geordneter normierter Raum mit normalem Kegel K, $A = \{x \in K : \|x\| = 1\}$ und F die konvexe Hülle[3] der Menge A. Wenn $0 \in \overline{F}$, dann auch $0 \in \overline{A}^{\sigma(X, X')}$ (Letzteres bezeichnet die schwache Abschließung der Menge A in X).*

---

3 Ist *F* die konvexe Hülle der Menge *A*, also

$$F = \left\{ \lambda_1 y_1 + \ldots + \lambda_p y_p : y_i \in A, \lambda_i \geq 0, i \in \{1, \ldots, p\}, \sum_{i=1}^{p} \lambda_i = 1, p \in \mathbb{N} \right\},$$

so werden wir diesen Sachverhalt im Weiteren auch durch $F = \mathrm{co}(A)$ ausdrücken (A. d. Ü.).

Beweis. Liegt Null in $\overline{F}$, dann existiert eine Folge konvexer Kombinationen von Elementen aus A mit

$$x_n = \sum_{k=1}^{p_n} \lambda_k^{(n)} y_k^{(n)} \xrightarrow[n \to \infty]{\|\cdot\|} 0, \quad y_k^{(n)} \in A, \ \lambda_k^{(n)} \geq 0, \ \sum_{k=1}^{p_n} \lambda_k^{(n)} = 1 .$$

Für beliebiges $f \in K'$ gilt $\min_k \{f(y_k^{(n)})\} \leq f(x_n)$. Bezeichne jetzt z_n^f irgendeines jener Elemente $y_k^{(n)}$, auf denen das Minimum angenommen wird. Wegen $f(x_n) \longrightarrow 0$ gilt auch $f(z_n^f) \longrightarrow 0$, weswegen $f(z_n^f) < 1$ bei einem gewissen n ist. Das entsprechende Element z_n^f bezeichnen wir mit z^f und bemerken, dass $z^f \in A$ gilt.

Die Menge aller Funktionale $f \in K'$ ist steigend gerichtet, sodass $(z^f)_f$ ein Netz in X ist. Wir zeigen nun $z^f \xrightarrow[f]{\sigma(X, X')} 0$. Dafür setzen wir $f_1 := \frac{1}{\varepsilon} f_0$ für beliebige $\varepsilon > 0$ und $f_0 \in K' \setminus (0)$. Ist $f \geq f_1$, dann gilt

$$f_0 \left(z^f \right) = \varepsilon f_1 \left(z^f \right) \leq \varepsilon f \left(z^f \right) < \varepsilon$$

und folglich $f_0(z^f) \longrightarrow 0$. Wegen der Normalität des Kegels K ist ein beliebiges $f_0 \in X'$ als Differenz von zwei Funktionalen aus K' darstellbar, weswegen sich $f_0(z^f) \longrightarrow 0$ auch für beliebiges $f_0 \in X'$ ergibt. $\square$

Theorem VII.2.1 (I. I. Tschutschaew[4] [49]). *Für die Bepflasterbarkeit des Kegels K in einem geordneten normierten Raum (X, K) sind die Bedingungen,*

(1) *der Kegel K ist normal,*

(2) *sind $x_\alpha \in K$ und konvergiert das Netz (x_α) schwach gegen 0, dann gilt $x_\alpha \xrightarrow{\|\cdot\|} 0$,*

notwendig und hinreichend.

Beweis. Die Notwendigkeit der Bedingung (1) ist bereits in Folgerung 4 aus Theorem VII.1.1 nachgewiesen worden; die Notwendigkeit der Bedingung (2) ergibt sich unmittelbar aus der Existenz eines gleichmäßig positiven Funktionals f, denn es gilt $\|x_\alpha\| \leq \frac{1}{\delta} f(x_\alpha) \longrightarrow 0$.

Umgekehrt, seien die Bedingungen (1) und (2) erfüllt und A und F die gleichen Mengen wie im Lemma. Dabei ist $K = K(F)$. Läge Null in $\overline{F}$, dann wäre nach dem Lemma $0 \in \overline{A}^{\sigma(X, X')}$. Laut Bedingung (2) hätte man dann $0 \in \overline{A}$, was aber unmöglich ist. Somit gilt $0 \notin \overline{F}$. Außerdem liegt F in B und ist daher normbeschränkt. Nach Bedingung (5) des Theorems VII.1.1 ist dann der Kegel K bepflasterbar. $\square$

Folgerung. *In einem endlich dimensionalen geordneten Vektorraum ist jeder normale Kegel und insbesondere jeder abgeschlossene Kegel bepflasterbar.*

Diese Folgerung erhält man sofort aus dem Fakt, dass in endlich dimensionalen Räumen die Normkonvergenz und die schwache Konvergenz zusammenfallen. Im Übrigen

---

4 Das vorhergehende Lemma wurde ebenfalls von I. I. Tschutschaew bewiesen.

kann man dieses Resultat auch unmittelbar aus der Definition des normalen Kegels herleiten, wenn man berücksichtigt, dass in einem n-dimensionalen Raum X nach dem klassischen Satz von Caratheodory die Menge $F = \mathrm{co}(A)$ (aus dem Lemma) aus den konvexen Kombinationen von nur $n + 1$ Elementen der Menge A erhalten werden kann.[5]

Von I. I. Tschutschaew wurde ein Beispiel konstruiert, aus dem hervorgeht, dass im allgemeinen Fall die Bedingung (2) des vorhergehenden Satzes nicht durch die analoge „sequenzielle" Bedingung ersetzt werden kann.[6] Im Original des Buches ist dieses Beispiel nur erwähnt, aber nicht ausgeführt. I. I. Tschutschaew stellte dem Herausgeber der deutschen Ausgabe dieses interessante Beispiel zur Verfügung, das mit seiner freundlichen Genehmigung hier das erste Mal publiziert wird. Dieses Beispiel zeigt außerdem, dass die Schur-Eigenschaft in normierten Räumen für Netze strenger als diejenige für Folgen ist.

Beispiel. Sei $\mathbb{R}^k_\infty$ der k-dimensionale Vektorraum aller k-Tupel reeller Zahlen $x = (\alpha_1, \ldots, \alpha_k)$ mit der koordinatenweisen Halbordnung und der durch die Formel

$$\|x\|_k := \max\{|\alpha_i| : i \in \{1, \ldots, k\}$$

definierten Norm. Wir setzen

$$X := \{x = (x^{(k)}) : x^{(k)} \in \mathbb{R}^k_\infty, \sum_{k=1}^\infty \|x^{(k)}\|_k < \infty\} \quad \text{mit} \quad \|x\| = \sum_{k=1}^\infty \|x^{(k)}\|_k \quad \text{und}$$

$$K := \{x = (x^{(k)}) \in X : \text{für alle } k \in \mathbb{N} \text{ gilt } x^{(k)} \geq 0\}.$$

Es ist klar, dass $(X, \|\cdot\|)$ ein Banachraum und K ein abgeschlossener Kegel in X sind. Außerdem hat man $\|x\| \leq \|y\|$, falls $0 \leq x \leq y$ gilt. Der Kegel K ist also normal. Wir bemerken, dass jedes Element[7] $x = (x^{(k)})_{k\in\mathbb{N}}$ aus X als Doppelfolge

$$(\alpha_{i,k}) \quad \text{mit} \quad i \in \{1, \ldots, k\}, \ k \in \mathbb{N}, \text{ also } x^{(k)} = (\alpha_{i,k})$$

dargestellt werden kann, und beweisen einige Eigenschaften des Kegels K.

(a) Wir zeigen, dass der Kegel K nicht bepflasterbar ist. In der Tat, unter Annahme des Gegenteils existiert nach Theorem VII.1.1 in X eine zu $\|\cdot\|$ äquivalente Norm $\|\cdot\|^\diamond$ (d. h., es existieren Konstanten $M > m > 0$, sodass $m\|x\|^\diamond \leq \|x\| \leq M\|x\|^\diamond$ für alle $x \in X$ gilt), die auf dem Kegel K additiv ist. Betrachten wir für jede beliebige natürliche Zahl l das

---

5 Diesen einfachen Beweis des Satzes von Caratheodory kann man z. B. in dem Buch von H. Nikaido [43] finden.

6 Ein normierter Raum X besitzt die *Schur-Eigenschaft*, wenn jede $\sigma(X, X')$-konvergente Folge in X normkonvergent ist. Im Theorem VII.2.2 wird diese Eigenschaft nur für Folgen, im Theorem VII.2.1 für Netze positiver Elemente gefordert.

7 An der k-ten Stelle des Elements $x \in X$ steht der k-dimensionale Vektor $x^{(k)} = (\alpha_{i,k}) \in \mathbb{R}^k_\infty$ mit $i \in \{1, \ldots, k\}$ (A. d. Ü.).

Element[8] $u_j^{(l)} = (\delta_{i,k}^{(l)}) \in X$ mit $i \in \{1, \ldots, k\}$, $j \in \{1 \ldots, l\}$, $k \in \mathbb{N}$, und

$$(\delta_{i,k}^{(l)}) := \begin{cases} 1, & i = j, \ k = l, \\ 0, & \text{sonst}. \end{cases}$$

Offenbar gelten $\|u_j^{(l)}\| = 1$ und $\|\sum_{j=1}^{l} u_j^{(l)}\| = 1$. Dann hat man

$$1 = \left\|\sum_{j=1}^{l} u_j^{(l)}\right\| \geq m \left\|\sum_{j=1}^{l} u_j^{(l)}\right\|^{\diamond} = m \sum_{j=1}^{l} \left\|u_j^{(l)}\right\|^{\diamond} \geq \frac{m}{M} \sum_{j=1}^{l} \left\|u_j^{(l)}\right\| = \frac{m}{M} l,$$

woraus man $ml \leq M$ schlussfolgert. Das aber ist für beliebige l unmöglich. Demzufolge ist der Kegel K nicht bepflasterbar.

(b) Wir weisen nun die „sequenzielle" Schur-Eigenschaft nach, d. h. die Gültigkeit der Implikation

$$x_n \in X \text{ und } x_n \xrightarrow[n \to \infty]{\sigma(X, X')} 0 \implies \|x_n\| \xrightarrow[n \to \infty]{} 0.$$

(c) Zuerst zeigen wir, dass jede schwach zu null konvergente Folge aus X koordinatenweise zu null konvergiert. Sei also $(x_n)_{n \in \mathbb{N}}$ eine Folge aus X mit $x_n \xrightarrow[n \to \infty]{\sigma(X, X')} 0$. Für fixiertes k_0 und beliebiges $x = (x^{(k)}) = (\alpha_{i,k}) \in X$ setzen wir

$$f_{k_0}(x) := \sum_{i=1}^{k_0} \alpha_{i,k_0}.$$

Wegen

$$|f_{k_0}(x)| = \left|\sum_{i=1}^{k_0} \alpha_{i,k_0}\right| \leq \sum_{i=1}^{k_0} |\alpha_{i,k_0}| \leq k_0 \left\|x^{(k_0)}\right\|_{k_0} \leq k_0 \|x\|$$

hat man $f_{k_0} \in X'$. Offenbar gilt $f_{k_0}(x) \geq \|x^{(k_0)}\|_{k_0}$ für $x \in K$. Daher ergibt sich für $x_n = (x_n^{(k)}) \in K$ und $x_n \xrightarrow[n \to \infty]{\sigma(X, X')} 0$, dass $\|x_n^{(k)}\|_k \to 0$ für alle k gilt.

(d) Überzeugen wir uns nun davon, dass jede schwach konvergente Folge aus K auch normkonvergent ist. Unter Annahme des Gegenteils gibt es eine Folge von Elementen $x_n \in K$ mit $x_n \xrightarrow[n \to \infty]{\sigma(X, X')} 0$ und $\|x_n\| \geq \frac{3}{2}$. Wir betrachten das erste Glied der Folge, also $x_1 = (x_1^{(k)})_{k \in \mathbb{N}}$. Aus der Beschreibung des Raumes X folgt, dass es eine natürliche Zahl k_1 mit $\sum_{k=k_1+1}^{\infty} \|x_1^{(k)}\|_k \leq \frac{1}{4}$ gibt. Wir setzen $z_1 := (z_1^{(k)})_{k \in \mathbb{N}}$ mit

$$z_1^{(k)} := \begin{cases} x_1^{(k)}, & k \leq k_1, \\ 0, & k > k_1. \end{cases}$$

---

8 Mit anderen Worten, bei festem l ist $u_j^{(l)}$ dasjenige Element aus X, für welches an der l-ten Stelle der j-te Koordinatenvektor $e_j^{(l)}$ aus $\mathbb{R}_\infty^l$ und an allen anderen Stellen k der Nullvektor aus dem entsprechenden Raum $\mathbb{R}_\infty^k$ steht (A. d. Ü.).

Aus der Definition von z_1 hat man $0 \le z_1 \le x_1$ und $\|z_1\| \ge 1$. Um die Indizierung zu vereinheitlichen, setzen wir $n_1 = 1$. Nach dem bereits bewiesenen Teil konvergiert die Folge $(x_n)_{n \in \mathbb{N}}$ koordinatenweise zu Null, weswegen man eine Zahl $n_2 > n_1$ findet, sodass das Element $x_{n_2} = (x_{n_2}^{(k)})$ der Ungleichung

$$\sum_{k=1}^{k_1} \left\| x_{n_2}^{(k)} \right\|_k < \frac{1}{4}$$

genügt. Wir wählen jetzt ein $k_2 > k_1$ mit

$$\sum_{k=k_2+1}^{\infty} \left\| x_{n_2}^{(k)} \right\|_k < \frac{1}{4}$$

und setzen $z_2 := (z_2^{(k)})_{k \in \mathbb{N}}$ mit

$$z_2^{(k)} = \begin{cases} x_{n_2}^{(k)}, & k_1 < k \le k_2, \\ 0, & k \le k_1 \text{ oder } k > k_2. \end{cases}$$

Aus der Definition von z_2 hat man $0 \le z_2 \le x_{n_2}$ und $\|z_2\| \ge 1$. Indem man diesen Prozess fortsetzt,[9] entstehen eine Folge $(z_m)_{m \in \mathbb{N}}$ und zwei streng wachsende Folgen natürlicher Zahlen $(n_m)_{m \in \mathbb{N}}$, $n_1 = 1$ und $(k_m)_{m \in \mathbb{N}}$ mit den Eigenschaften

(i) $\|z_m\| \ge 1$, $0 \le z_m \le x_{n_m}$;

(ii) ist $z_m = (z_m^{(k)})$, dann gilt

$$z_m^{(k)} = \begin{cases} x_{n_m}^{(k)}, & k_{m-1} < k \le k_m, \\ 0, & k \le k_{m-1} \text{ oder } k > k_m. \end{cases}$$

Sei $z_m = (\gamma_{i,k}^{(m)})$ mit $i \in \{1, \ldots, k\}$, $k \in \mathbb{N}$. Es ist klar, dass $\gamma_{i,k}^{(m)} \ge 0$ gilt. Für jedes k, das den Ungleichungen $k_{m-1} < k \le k_m$ genügt, wählen wir einen Index i_k derart aus, dass

$$\gamma_{i_k,k}^{(m)} = \max \{\gamma_{i,k}^{(m)} : i \in \{1, \ldots, k\}\} = \left\| z_m^{(k)} \right\|_k$$

gilt.

---

[9] Ein genauerer Blick auf das Element x_{n_m} verdeutlicht die Vorgehensweise bei der Konstruktion des Elements z_m. Wir haben

$$x_{n_m} = \Big(x_{n_m}^{(1)}, \ldots, x_{n_m}^{(k_1)}, \ldots \ldots, x_{n_m}^{(k_{m-1})}, \underbrace{x_{n_m}^{(k_{m-1}+1)}, \ldots, x_{n_m}^{(k_m)}}_{=z_m^{(k)} \text{ für } k \in \{k_{m-1}+1, \ldots, k_m\}}, x_{n_m}^{(k_m+1)}, \ldots \ldots \Big),$$

wobei k_m so gewählt wurde, dass einerseits $\sum_{k=k_m+1}^{\infty} \|x_{n_m}^{(k)}\|_k < \frac{1}{4}$ erfüllt ist, andererseits aber auch bereits so groß ist, dass (wegen der koordinatenweisen Konvergenz zu null jeder Komponente von x_{n_m}) auch $\sum_{k=1}^{k_{m-1}} \|x_{n_m}^{(k)}\|_k < \frac{1}{4}$ gilt. Deswegen erkennt man unmittelbar aus

$$\tfrac{3}{2} \le \|x_{n_m}\| = \sum_{k=1}^{k_{m-1}} \left\| x_{n_m}^{(k)} \right\|_k + \sum_{k=k_{m-1}+1}^{k_m} \left\| x_{n_m}^{(k)} \right\|_k + \sum_{k=k_m+1}^{\infty} \left\| x_{n_m}^{(k)} \right\|_k,$$

dass $\|z_m\|$ den entscheidenden Anteil an der Größe der Norm von x_{n_m} trägt, nämlich $\|z_m\| \ge 1$. (A. d. Ü.).

Wir konstruieren eine neue Folge $v_m = (v_m^{(k)})_{k\in\mathbb{N}} = (\lambda_{i,k}^{(m)})_{k\in\mathbb{N}, i\in\{1,\dots,k\}}$ durch die Festlegung

$$\lambda_{i,k}^{(m)} = \begin{cases} \gamma_{i_k,k}^{(m)}, & k_{m-1} < k \le k_m \text{ und } i = i_k, \\ 0, & \text{in allen anderen Fällen .} \end{cases}$$

Hier und im Weiteren ist i_k der am Ende von Schritt (d) festgelegte Index. Dann gelten $v_m \in X$, $0 < v_m \le z_m$ und $v_m^{(k)} = (\lambda_{i,k}^{(m)})$. Außerdem hat man

$$\left\| v_m^{(k)} \right\|_k = \max\{\lambda_{i,k}^{(m)}; i \in \{1, \dots, k\}\} = \gamma_{i_k,k}^{(m)} = \left\| z_m^{(k)} \right\|_k .$$

Daraus ergibt sich $\|v_m\| = \|z_m\|$, und folglich $\|v_m\| \ge 1$ für alle m.

(e) Die Folge $(v_m)_{m\in\mathbb{N}}$ konvergiert schwach gegen Null. In der Tat, $0 < v_m \le x_{n_m}$ impliziert $0 \le g(v_m) \le g(x_{n_m})$ für ein beliebiges positives lineares Funktional $g \in X'$ (also für alle $g \in K'$) und infolgedessen $g(v_m) \xrightarrow[m\to\infty]{} 0$. Da der duale Kegel K' erzeugend ist (vgl. Satz von Krein, Theorem IV.5.1), gilt $v_m \xrightarrow[m\to\infty]{\sigma(X, X')} 0$.

(f) Wir zeigen jetzt, dass das aber nicht sein kann. Sei $h = (\tau_{i,k})$ für $i \in \{1, \dots, k\}$ und $k \in \mathbb{N}$ mit

$$\tau_{i,k} = \begin{cases} 1, & i = i_k, \\ 0, & \text{in allen anderen Fällen .} \end{cases}$$

Ist $x = (x^{(k)}) = (\alpha_{i,k}) \in X$, dann setzen wir

$$h(x) := \sum_{k=1}^{\infty} \sum_{i=1}^{k} \alpha_{i,k} \cdot \tau_{i,k} .$$

Somit ist h ein lineares Funktional auf X. Wegen

$$|h(x)| = \left| \sum_{k=1}^{\infty} \sum_{i=1}^{k} \alpha_{i,k} \cdot \tau_{i,k} \right| = \left| \sum_{k=1}^{\infty} \alpha_{i_k,k} \right| \le \sum_{k=1}^{\infty} |\alpha_{i_k,k}| \le \sum_{k=1}^{\infty} \left\| x^{(k)} \right\|_k = \|x\|$$

erweist sich h sogar als ein stetiges lineares Funktional auf X. Wir berechnen den Wert $h(v_m)$. Es gilt

$$h(v_m) = \sum_{k=1}^{\infty} \sum_{i=1}^{k} \lambda_{i,k}^{(m)} \cdot \tau_{i,k} = \sum_{k=1}^{\infty} \lambda_{i_k,k}^{(m)} = \sum_{k=1}^{\infty} \left\| v_m^{(k)} \right\|_k = \|v_m\| .$$

Die Folge $(v_m)_{m\in\mathbb{N}}$ kann somit nicht schwach gegen Null konvergieren, da $\|v_m\| \ge 1$ für alle m gilt. Das widerspricht dem vorher unter (e) Gezeigten. Somit ist endgültig gezeigt: Aus $x_n \in X$ und $x_n \xrightarrow[n\to\infty]{\sigma(X, X')} 0$ folgt $\|x_n\| \xrightarrow[n\to\infty]{} 0$.

I. I. Tschutschaew wies jedoch auf einige Sonderfälle hin, in denen man nur mit der sequenziellen Bedingung auskommt. Die beiden folgenden Sätze stammen von ihm.

Theorem VII.2.2. *Für die Bepflasterbarkeit des Kegels K in einem reflexiven geordneten Banachraum (X, K) sind die Bedingungen,*

(1) *der Kegel K ist normal,*

(2) *sind $x_n \in K$ ($n \in \mathbb{N}$) und konvergiert die Folge (x_n) schwach gegen Null, dann gilt $x_n \xrightarrow{\|\cdot\|} 0$,*

notwendig und hinreichend.

Beweis. Es muss lediglich die Hinlänglichkeit der Bedingungen (1) und (2) gezeigt werden. Dazu ist es – wie auch im Beweis des vorhergehenden Theorems – ausreichend, $0 \notin \overline{F}$ mit $F = \mathrm{co}(A)$ und $A = \{x \in K : \|x\| = 1\}$ zu überprüfen. Unter der Annahme von $0 \in \overline{F}$ gilt nach dem Lemma $0 \in \overline{A}^{\sigma(X,X')}$. Da der Raum X reflexiv ist, erweist sich die Menge A als relativ schwach kompakt. Nach einem Satz aus der allgemeinen Theorie der normierten Räume[10] existiert nun eine solche Folge $x_n \in A$ mit $x_n \xrightarrow{\sigma(X,X')} 0$. Nach Bedingung (2) gilt dann jedoch $x_n \xrightarrow{\|\cdot\|} 0$, d. h. $0 \in \overline{A}^{\sigma(X,X')}$. Damit ist ein Widerspruch erzeugt. □

Theorem VII.2.3. *Sei (X, K) ein geordneter normierter Raum, dessen dualer Raum X' separabel ist. Für die Bepflasterbarkeit des Kegels K sind die Bedingungen (1) und (2) aus dem Theorem VII.2.2 notwendig und hinreichend.*

Beweis. Erneut muss $0 \notin \overline{F}$ gezeigt werden. Nimmt man das Gegenteil an, dann ist wiederum $0 \in \overline{A}^{\sigma(X,X')}$. Sei $\{f_i\}_{i \in \mathbb{N}}$ eine abzählbare dichte Menge in X'. Für jedes $n \in \mathbb{N}$ sei $x_n \in A$ ein solches Element, für das $|f_i(x_n)| \leq \frac{1}{n}$, $i \in \{i, \ldots, n\}$ gilt.[11] Dann hat man $f_i(x_n) \xrightarrow[n \to \infty]{} 0$ für beliebiges $i \in \mathbb{N}$, und nach dem bekannten Kriterium für schwache Konvergenz gilt $x_n \xrightarrow[n \to \infty]{\sigma(X, X')} 0$. Ebenso wie im Beweis des vorhergehenden Satzes kommt man zu einem Widerspruch. □

VII.3 Bedingungen für Bepflasterbarkeit und Solidität des dualen Kegels

Die Eigenschaften der Solidität und Bepflasterbarkeit eines Kegels befinden sich, wenn auch nicht vollkommen, in Dualität, wie aus den folgenden beiden Sätzen hervorgeht.

Theorem VII.3.1 (A. M. Rubinow [46]). *Für die Bepflasterbarkeit des Kegels K in einem geordneten normierten Raum (X, K) ist notwendig und hinreichend, dass der duale Keil K' solid ist. Dabei sind die gleichmäßig positiven Funktionale auf X genau die inneren Punkte des Keils K'.*

---

10 Ist eine Menge A eines normierten Raumes X relativ schwach kompakt und ist $x_0 \in \overline{A}^{\sigma(X,X')}$, dann existiert eine Folge $x_n \in A$ mit $x_n \xrightarrow{\sigma(X,X')} x_0$ (siehe [19, Theorem 8.12.4]).

11 Da es ein Netz $(x_\alpha)_\alpha$ mit $x_\alpha \in A$ und $x_\alpha \xrightarrow[\alpha]{\sigma(X, X')} 0$ gibt, existiert für jedes $n \in \mathbb{N}$ ein α_i mit $|f_i(x_\alpha)| \leq \frac{1}{n}$ für alle $\alpha \geq \alpha_i$. Setzt man nun $\alpha^{(n)} := \max\{\alpha_i : i \in \{1, \ldots, n\}\}$ und $x_n = x_{\alpha^{(n)}}$, dann gilt $|f_i(x_n)| \leq \frac{1}{n}$ für alle $i \in \{1, \ldots, n\}$ (A. d. Ü.).

Beweis. Da für beliebiges $x \in X$

$$\|x\| = \max_{g \in B'} \{(x)\}$$

gilt,[12] ist die Ungleichung $f(x) \geq \delta\|x\|$ der Behauptung $f(x) - \delta g(x) \geq 0$ für beliebiges $g \in B'$ äquivalent. Somit bedeutet die gleichmäßige Positivität eines Funktionals f gerade die Inklusion $f - \delta B' \subset K'$, d. h., f ist ein innerer Punkt K'. $\qquad \square$

Theorem VII.3.2. *Sei der Kegel K in einem geordneten normierten Raum (X, K) abgeschlossen. Für die Solidität des Kegels K ist notwendig und hinreichend, dass der duale Kegel K' bepflasterbar ist und eine normbeschränkte schwach*-abgeschlossene (d. h. schwach*-kompakte) Basis[13] besitzt.*

Wir heben hervor, dass in diesem Theorem X auch ein Raum mit einem Keil K sein kann und außerdem, dass der Beweis im Teil seiner Notwendigkeit auch ohne die Forderung der Abgeschlossenheit von K seine Gültigkeit behält.[14]

Beweis. Notwendigkeit. Sei $u \gg 0$ und sei

$$D' = \left\{ f \in K' : f(u) = 1 \right\} \, .$$

Dann ist klar, dass D' eine Basis für K' bildet, da D' konvex ist und $f(u) > 0$ für beliebiges $f \in K' \setminus \{0\}$ gilt[15] (siehe Theorem II.2.1). Aus Formel (2) in Abschnitt II.2 sieht man die Normbeschränktheit von D', während die schwache*-Abgeschlossenheit von D' offensichtlich ist.

Hinlänglichkeit. Sei K' bepflasterbar und D' eine normbeschränkte, schwach*-abgeschlossene Basis von K'. Wegen $0 \notin D'$ existiert eine D' und Null trennende Hyperebene $f(u) = 1$, wobei $f(u) \geq 1$ für $f \in D'$ gilt. Sei $\|f\| \leq M$ für alle $f \in D'$. Ist $x \in u + \frac{1}{M}B$, d. h. $\|x - u\| \leq \frac{1}{M}$, dann gilt $|f(x - u)| \leq 1$ für alle $f \in D'$, und außerdem hat man $f(x) = f(u) + f(x - u) \geq 0$. Dann ist auch $f(x) \geq 0$ für alle $f \in K'$, und aus dem Lemma aus Abschnitt II.4 folgt $x \in K$. Somit ist u (wegen $B(u; \frac{1}{M}) \subset K$) ein innerer Punkt von K. $\qquad \square$

---

12 Siehe z. B. [W07, Korollar III.1.7] (A. d. Ü.).

13 Im Beweis der Implikation (3)⟹(4) aus Theorem VII.1.1 ist gezeigt worden, wie zu einem vorgegebenem bepflasterbarem Kegel eine Basis zu konstruieren ist. Aus dieser Konstruktion ist erkennbar, dass im Fall eines abgeschlossenen Kegels dieser eine abgeschlossene normbeschränkte Basis besitzt. Ein dualer Kegel ist immer abgeschlossen, sodass er, falls er bepflasterbar ist, eine abgeschlossene normbeschränkte Basis besitzt. In den Bedingungen des Theorems VII.3.2 wird jedoch von der Basis des Kegels K' nicht nur die Abgeschlossenheit sondern auch die schwache* Abgeschlossenheit gefordert. Im folgenden Kapitel (siehe VIII.6.2) wird gezeigt, welche Eigenschaft des Kegels K der Bepflasterbarkeit von K' ohne irgendwelche zusätzliche Beschränkungen äquivalent ist.

14 Im Kontext dieses Theorems ist K' automatisch ein Kegel (A. d. Ü.).

15 Man stellt jedes $f \in K' \setminus \{0\}$ in der Form $f = \alpha g$ mit $g = \frac{1}{f(u)}f$ und $\alpha = f(u)$ dar (A. d. Ü.).

VII.4 Der Satz von Bishop-Phelps über Stützpunkte

Wir kommen jetzt zu einer Anwendung der Eigenschaften bepflasterbarer Kegel. Der unten angeführte Beweis von Theorem VII.4.1 ist [23] entlehnt.

Definition. Sei A eine Teilmenge eines normierten Raumes X. Der Punkt $x_0 \in A$ heißt ihr *Stützpunkt*, wenn ein von Null verschiedenes Funktional[16] $f \in X'$ derart existiert, dass $f(x_0) \geq f(x)$ für beliebiges $x \in A$ gilt.

Lemma. *Ist in einem geordneten normierten Raum (X, K) der Kegel K abgeschlossen und vollregulär und ist $A \subset X$ eine beliebige (nicht leere) normbeschränkte, normvollständige[17] Teilmenge, dann existiert für jedes $x \in A$ ein in A maximales Element[18] $z \geq x$.*

Beweis. Jede Kette von Elementen aus A normkonvergiert infolge der Vollregularität des Kegels K und der Normbeschränktheit von A zu einem gewissen (in A enthaltenen) Grenzwert und besitzt folglich eine obere Schranke. Die Behauptung des Lemmas folgt dann unmittelbar aus dem Zorn'schen Lemma. □

Theorem VII.4.1 (E. Bishop (1928–1983), R. Phelps (1926–2013) [13]). *Ist A eine normvollständige konvexe Menge in einem normierten Raum X, dann ist die Menge ihrer Stützpunkte in der Menge aller ihrer Randpunkte dicht.*

Beweis. Sei v ein beliebiger Randpunkt der Menge A. Zu vorgegebenem $\varepsilon > 0$ findet man ein solches $y \notin A$, für das $\|y - v\| < \frac{\varepsilon}{2}$ gilt. Da A abgeschlossen ist, existiert eine das Element y und die Menge A streng trennende abgeschlossene Hyperebene, d. h., es existiert ein $f \in X'$, sodass $f(y) > \sup_{z \in A}\{f(z)\}$ gilt (siehe Folgerung aus Theorem II.2.3). Ohne Beschränkung der Allgemeinheit kann $\|f\| = 1$ angenommen werden. Wir führen im Raum X mithilfe des Kegels

$$K = \left\{ x \in X : f(x) \geq \frac{1}{2} \|x\| \right\}$$

eine (partielle) Ordnung ein. Offenbar ist der Kegel K abgeschlossen und das Funktional f gleichmäßig positiv, daher der Kegel K bepflasterbar und folglich vollregulär (Folgerung 4 aus Theorem VII.1.1). Darüber hinaus ist der Kegel K solid. Auf der Oberfläche der Einheitskugel existiert nämlich ein Punkt x mit $f(x) > \frac{1}{2}$ und folglich $f(x) \geq \frac{1}{2}\|x\|$. Wegen der Stetigkeit sowohl von f als auch der Norm gilt diese Ungleichung ebenfalls in einer gewissen Umgebung des Punktes x (d. h., K ist solid).

---

16 Ein derartiges Funktional nennt man auch *Stützfunktional an A* (A. d. Ü.).

17 Eine Teilmenge A eines normierten Raumes heißt *normvollständig*, wenn jede Cauchy-Folge von Elementen aus A zu einem Punkt der Menge A bezüglich der Norm konvergiert. Jede normvollständige Menge ist $\|\cdot\|$-abgeschlossen (A. d. Ü.).

18 Ein Element $z \in A$ heißt *maximal* in A, wenn in A keine Elemente y mit $y > z$ existieren (es können aber wohl Elemente existieren, die mit z nicht vergleichbar sind).

Sei $C = A \cap (v + K)$. Die Menge C ist abgeschlossen und daher – wie auch A – normvollständig. Wir zeigen, dass C normbeschränkt ist. Ist $z \in C$, d. h. $z \in A$ und $z \geq v$, dann hat man $z - v \in K$ und daher $f(z - v) \geq \frac{1}{2}\|z - v\|$. Andererseits gilt offenbar $f(v) \leq f(z) < f(y)$ und wegen $\|f\| = 1$ folglich

$$f(z - v) < f(y - v) \leq \|y - v\| < \frac{\varepsilon}{2}.$$

Somit ist $\|z - v\| \leq 2f(z - v) < \varepsilon$ und $C \subset B(v; \varepsilon)$.

Nach dem Lemma existiert in C ein maximales Element z_0, wobei $\|z_0 - v\| < \varepsilon$ und $z_0 \in v + K$, d. h., $z_0 \geq v$ gelten. Liegt ein gewisses $x \geq z_0$ in A, dann ist $x \geq v$ und daher $x \in C$, d. h. $x = z_0$. Somit ist z_0 maximales Element auch in A.

Wir müssen lediglich noch zeigen, dass z_0 ein Stützpunkt der Menge A ist. Da z_0 maximales Element in A ist, gilt $(z_0 + K) \cap A = \{z_0\}$. Die konvexen Mengen A und $z_0 + K_1$, wobei K_1 die Menge der streng positiven Elemente bezeichnet, sind mithilfe eines gewissen Funktionals $g \in X'$ trennbar. Dann gilt $g(x) < g(z_0 + u)$ für alle $x \in A$ und $u \in K_1$. Indem man u mit beliebig kleiner Norm nimmt, erhält man daraus $g(x) \leq g(z_0)$, was z_0 als Stützpunkt der Menge A ausweist. $\qquad\square$

VIII Zahlencharakteristiken einiger Kegeleigenschaften

In diesem Kapitel erfolgt im Wesentlichen die Darlegung von Resultaten von E. A. Lifschiz [35, 36] und L. Asimov [4], die von G. J. Lozanowskij ergänzt worden sind.

VIII.1 Die Normalitätskonstanten

Wir werden voraussetzen, dass der Kegel K in einem geordneten normierten Raum (X, K) von null verschieden ist. Für jede natürliche Zahl n setzen wir

$$N(K, n) := \sup_{x_1, \ldots, x_n \in K \setminus \{0\}} \left\{ \frac{\sum_{i=1}^n \|x_i\|}{\left\| \sum_{i=1}^n x_i \right\|} \right\} . \tag{1}$$

Offenbar gilt $1 \leq N(K, n) \leq +\infty$, und die $N(K, n)$ bilden eine monoton wachsende Zahlenfolge.[1] Wir werden diese Zahlen *Normalitätskonstanten* des Kegels K nennen und bemerken noch, dass $N(K, 1) = 1$ gilt.

Theorem VIII.1.1. *Für einen beliebigen geordneten normierten Raum (X, K) sind die folgenden Behauptungen äquivalent:*
(1) *Der Kegel K ist normal.*
(2) *Für alle Normalitätskonstanten gilt $N(K, n) < +\infty$.*
(3) *$N(K, 2) < +\infty$.*

Beweis. (1) $\Rightarrow$ (2). Ist K normal, dann ist die Norm semimonoton auf K, weswegen $\|x_i\| \leq M \|\sum_{i=1}^n x_i\|$ für beliebige $x_1, \ldots, x_n \in K$ gilt, wobei M eine Halbmonotoniekonstante des Kegels K bezeichnet. Folglich ist $N(K, n) \leq Mn$.
(2) $\Rightarrow$ (3) ist trivial.
(3) $\Rightarrow$ (1). Sei $\beta = N(K, 2) < +\infty$. Für beliebige $x_1, x_2 \in K$ mit $\|x_1\| = \|x_2\| = 1$ hat man dann $\|x_1 + x_2\| \geq \frac{2}{\beta}$, also die Normalität des Kegels K. $\qquad \square$

Aus dem Beweis der Implikation (1) $\Rightarrow$ (2) geht hervor, dass im Fall eines normalen Kegels K die Beziehung $\sup_n \{\frac{N(K,n)}{n}\} < +\infty$ gilt. Ist die Norm auf dem Kegel K monoton, dann ist $M = 1$ und daher $N(K, n) \leq n$.

Lemma. *Gilt $\varliminf_{n \to \infty} \frac{N(K,n)}{n} = 0$, dann ist der Kegel K vollregulär.*

---

[1] Jede Familie von n Elementen $x_1, \ldots, x_n > 0$ kann man in eine Familie von $n + 1$ Elementen ohne Änderung des Wertes des Quotienten auf der rechten Seite von (1) verwandeln, indem man beispielsweise x_n durch zwei Elemente $x'_n = x'_{n+1} = \frac{1}{2} x_n$ ersetzt. Daraus folgt $N(K, n) \leq N(K, n + 1)$.

DOI 10.1515/9783110478884-008

Beweis. Seien $0 \leq x_n \uparrow$ und $\|x_n\| \leq C$, die Folge (x_n) aber keine Cauchy-Folge. Dann existieren $\varepsilon > 0$ und eine wachsende Indexfolge n_k derart, dass

$$\left\|x_{n_{k+1}} - x_{n_k}\right\| \geq \varepsilon, \quad x_{n_1} > 0$$

gilt. Setzt man $y_1 := x_{n_1}$ und $y_k := x_{n_k} - x_{n_{k-1}}$ für $k \geq 2$, dann gilt für beliebiges p zunächst

$$\frac{\sum_{k=1}^{p} \|y_k\|}{\left\|\sum_{k=1}^{p} y_k\right\|} \geq \frac{(p-1)\,\varepsilon}{C},$$

folglich auch $N(K, p) \geq \frac{(p-1)\varepsilon}{C}$ bzw. $\frac{N(K,p)}{p} \geq \frac{\varepsilon}{2C}$ (wegen $\frac{p-1}{p} \geq \frac{1}{2}$ bei $p \geq 2$), was der Bedingung des Lemmas widerspricht. $\qquad\Box$

Wir zeigen jetzt die Gültigkeit der Ungleichung

$$N(K, mn) \leq N(K, m) \cdot N(K, n) \qquad (2)$$

für beliebige $m, n \in \mathbb{N}$.

In der Tat, seien $m \cdot n$ Elemente $x_1, \ldots, x_{m \cdot n} \in K \setminus \{0\}$ gegeben. Wir setzen

$$y_k := \sum_{i=(k-1)n+1}^{kn} x_i \quad \text{für } k \in \{1, 2, \ldots, m\}\,.$$

Aus der Definition der Konstanten $N(K, n)$ folgt

$$\sum_{i=(k-1)n+1}^{kn} \|x_i\| \leq N(K, n)\,\|y_k\|\,,$$

woraus man

$$\frac{\sum_{i=1}^{mn} \|x_i\|}{\left\|\sum_{i=1}^{mn} x_i\right\|} = \frac{\sum_{k=1}^{m} \sum_{i=(k-1)n+1}^{kn} \|x_i\|}{\left\|\sum_{k=1}^{m} y_k\right\|} \leq N(K, n)\frac{\sum_{k=1}^{m} \|y_k\|}{\left\|\sum_{k=1}^{m} y_k\right\|} \leq N(K, n) \cdot N(K, m)$$

gewinnt. Durch Übergang zum Supremum auf der linken Seite für alle möglichen Familien aus $m \cdot n$ streng positiven Elementen erhält man die Ungleichung (2).

Theorem VIII.1.2. *Wenn für wenigstens ein $m \in \mathbb{N}$ die Ungleichung $\frac{N(K,m)}{m} < 1$ gilt, dann ist der Kegel K vollregulär.*

Beweis. Sei $q = \frac{N(K,m)}{m} < 1$. Da $N(K, 1) = 1$ ist, muss $m \geq 2$ gelten. Nach Ungleichung (2) hat man für beliebiges $p \in \mathbb{N}$

$$\frac{N(K, m^p)}{m^p} \leq q \frac{N(K, m^{p-1})}{m^{p-1}} \leq \ldots \leq q^p \xrightarrow[p \to \infty]{} 0$$

und demzufolge $\underline{\lim}_{n \to \infty} \frac{N(K,n)}{n} = 0$, sodass die Bedingung des vorhergehenden Lemmas erfüllt ist. $\qquad\Box$

Theorem VIII.1.3. *Für die Bepflasterbarkeit des Kegels K ist notwendig und hinreichend, dass seine Normalitätskonstanten in ihrer Gesamtheit beschränkt sind:*

$$\beta = \sup_{n} \{N(K, n)\} < +\infty \,.$$

Beweis. (a) Notwendigkeit. Ist der Kegel K bepflasterbar, dann existiert in X eine äquivalente auf dem Kegel K additive Norm $\|\cdot\|'$ (Bedingung 3 des Theorems VII.1.1). Die mithilfe der Norm $\|\cdot\|'$ berechneten Normalitätskonstanten $N'(K, n)$ sind offensichtlich sämtlich gleich eins. Andererseits impliziert

$$m \|x\|' \le \|x\| \le M \|x\|' \quad (M, m > 0)$$

bei beliebigem n die Ungleichung

$$N(K, n) \le \frac{M}{m} N'(K, n) = \frac{M}{m} \,.$$

(b) Hinlänglichkeit. Wir setzen

$$A := \{x \in K \colon \|x\| = 1\} \quad \text{und} \quad F := \text{co}(A) \,.$$

Die Normbeschränktheit von F ist klar. Wir zeigen $0 \notin \overline{F}$. Tatsächlich, ist $x \in F$, dann gilt $x = \sum_{i=1}^{n} \lambda_i x_i$ mit $x_i \in A$, $\lambda_i > 0$, $\sum_{i=1}^{n} \lambda_i = 1$, und man erhält nach Substitution von x_i durch $\lambda_i x_i$ in der Formel (1) sofort $\frac{1}{\|x\|} \le \beta$ bzw. $\|x\| \ge \frac{1}{\beta}$. Somit ist, wie man leicht zeigen kann, der Kegel K über die konvexe normbeschränkte Menge F aufgespannt, wobei $0 \notin \overline{F}$ gilt, d. h., die Bedingung 5 aus Theorem VII.1.1 ist erfüllt. Somit ist der Kegel K bepflasterbar. $\qquad\square$

Beispiel. Wir betrachten die Räume ℓ^p $(1 \le p \le +\infty)$ mit ihrer natürlichen Ordnung. Bei $p = 1$ ist die Norm in ℓ^p auf dem Kegel der positiven Elemente additiv, daher sind alle $N(K, n) = 1$. Bei $p = +\infty$ ist leicht zu sehen,[2] dass $N(K, n) = n$ gilt. Ist $1 < p < \infty$, dann ergibt eine unmittelbare Berechnung $N(K, n) = n^{1-\frac{1}{p}}$, woraus man

$$\frac{N(K, n)}{n} = n^{-\frac{1}{p}} \xrightarrow[n \longrightarrow \infty]{} 0$$

erhält, sodass mithilfe des Theorems VIII.1.2 erneut die Vollregularität des Kegels im Raum ℓ^p für $1 \le p < +\infty$ geschlussfolgert werden kann.

Bemerkung. Aus den drei bewiesenen Sätzen erhielten wir im ersten und dritten eine vollständige Charakterisierung der Normalität und der Bepflasterbarkeit eines Kegels mithilfe der Normalitätskonstanten. Im zweiten Satz bewiesen wir lediglich eine

---

2 Man betrachtet dazu (analog zu Beispiel 14 unten) die Elemente $x_i = (0, \ldots, 0, 1, 0, \ldots) \in \ell^{\infty}$ mit 1 an der i-ten Stelle, für die $\|x_i\| = \|\sum_{i=1}^{n} x_i\| = 1$ gilt. Dann erhält man aus $\frac{\sum_{i=1}^{n} \|x_i\|}{\|\sum_{i=1}^{n} x_i\|} = n$ die Ungleichung $N(K, n) \ge n$ und aufgrund der Monotonie der Norm in ℓ^{∞} offenbar $\|x_i\| \le \|\sum_{i=1}^{n} x_i\|$ und somit $N(K, n) \le n$ (A. d. Ü.).

hinreichende Bedingung für die Vollregularität eines Kegels. Es erweist sich, dass es prinzipiell nicht möglich ist, eine notwendige Bedingung für die Vollregularität eines Kegels unter Verwendung der Normalitätskonstanten zu erhalten. Man kann nämlich zwei Räume mit gleichen Normalitätskonstanten angeben, wo in dem einen der Kegel vollregulär ist, im anderen hingegen der Kegel nicht einmal regulär ist. Wir kommen nun zu dem entsprechenden Beispiel.

Beispiel 14. Sei $\mathbb{R}^n_\infty$ der n-dimensionale Raum mit der koordinatenweisen (partiellen) Ordnung, in dem die Norm folgendermaßen definiert ist:

$$\|(\xi_1, \ldots, \xi_n)\|_n = \max_{i \in \{1, \ldots, n\}} \{|\xi_i|\} \ .$$

Sei X die aus allen Folgen $x = (x^{(k)})_{k \in \mathbb{N}}$ mit $x^{(k)} \in \mathbb{R}^n_\infty$ und $\sum_{k=1}^\infty \|x^{(k)}\| < \infty$ bestehende Menge. Wir setzen

$$\|x\| := \sum_{k=1}^\infty \left\|x^{(k)}\right\|_k$$

und führen in X ebenfalls die koordinatenweise Ordnung ein, indem wir $x \geq 0$ deklarieren, wenn $x^{(n)} \geq 0$ für alle $n \in \mathbb{N}$. Auf diese Weise erhalten wir einen verbandsgeordneten Banachraum[3] (sogar einen normvollständigen K-Raum). Dabei ist die Vollregularität des Kegels der positiven Elemente gleichermaßen offensichtlich wie auch in den Räumen L^1 und ℓ^1.

Für beliebiges $i \in \mathbb{N}$ bezeichne e_i den Koordinatenvektor

$$e_i = (0, \ldots, 0, 1, 0, \ldots, 0) \in \mathbb{R}^n_\infty \ ,$$

wobei 1 an der i-ten Stelle steht. Nunmehr bilden wir in X die Vektoren

$$y_i = (0, \ldots, 0, e_i, 0, \ldots), \quad i \in \{1, 2, \ldots, n\} \ ,$$

wobei an der n-ten Stelle der Koordinatenvektor e_i steht. Dann ist

$$\sum_{i=1}^n y_i = (0, \ldots, 0, e_1 + \ldots + e_n, 0, \ldots) \ ,$$

und für die Normen von y_i und $\sum_{i=1}^n y_i$ errechnet man

$$\|y_i\| = \left\|\sum_{i=1}^n y_i\right\| = 1, \quad i \in \{1, \ldots, n\} \ .$$

Infolgedessen ergibt sich

$$\frac{\sum_{i=1}^n \|y_i\|}{\left\|\sum_{i=1}^n y_i\right\|} = n$$

---

[3] Das ist derselbe bereits im Beispiel auf Seite 117 konstruierte normierte Raum (A. d. Ü.).

und daher $N(K, n) \geq n$. Da aber die Norm in X monoton ist, gilt $N(K, n) \leq n$ (siehe Bemerkung nach Theorem VIII.1.1) und folglich $N(K, n) = n$.
Die gleiche Folge von Normalitätskonstanten besitzt der klassische Kegel im Raum ℓ^∞. Dieser Kegel ist nicht nur nicht vollregulär, sondern nicht einmal regulär.

Mithilfe von Theorem VIII.1.3 leiten wir am Ende dieses Abschnitts ein weiteres Kriterium für die Bepflasterbarkeit eines Kegels her.

Theorem VIII.1.4. *Für die Bepflasterbarkeit des Kegels K in einem geordneten normierten Raum (X, K) ist notwendig und hinreichend, dass jede in sich normkonvergente Reihe von Elementen des Kegels K absolut konvergiert.*[4]

Beweis. (a) Notwendigkeit. Ist der Kegel K bepflasterbar, dann kann man wegen Theorem VII.1.1 annehmen, dass die Norm in X auf K additiv ist. In diesem Fall ist aber klar, dass, falls $x_n \in K$ und die Reihe $\sum_{n=1}^\infty x_n$ in sich normkonvergiert, dann diese Reihe absolut konvergiert.
(b) Hinlänglichkeit. Es ist leicht zu sehen, dass unter den Bedingungen des Theorems der Kegel K normal ist. In der Tat, wäre K nicht normal, dann existierten für beliebiges $n \in \mathbb{N}$ Elemente $x_n, y_n \in K$, sodass $\|x_n\| = \|y_n\| = \frac{1}{n}$, aber auch $\|x_n + y_n\| < \frac{1}{n^2}$ gilt. Offenbar ist die Reihe $x_1 + y_1 + x_2 + y_2 + \ldots + x_n + y_n + \ldots$ in sich normkonvergent, aber nicht absolut konvergent.
Jetzt nehmen wir an, der Kegel K sei nicht bepflasterbar. Dann existiert nach Theorem VIII.1.3 für jedes $n \in \mathbb{N}$ eine solche endliche Menge von Elementen $x_1^{(n)}, \ldots, x_{k_n}^{(n)} \in K \setminus \{0\}$, dass

$$\sum_{i=1}^{k_n} \left\| x_i^{(n)} \right\| > n^2 \left\| \sum_{i=1}^{k_n} x_i^{(n)} \right\| \tag{3}$$

gilt. Setzt man $y_n := \sum_{i=1}^{k_n} x_i^{(n)}$, so kann man annehmen[5], dass $\|y_n\| = \frac{1}{n^2}$ gilt und daher die Reihe $\sum_{n=1}^\infty y_n$ absolut konvergiert.
Wir betrachten die Normvervollständigung Y des Raumes X, die mithilfe des Kegels $\overline{K}^Y$, d. h. der Abschließung des Kegels K im Raum Y, partiell geordnet ist. Wie K, so ist auch der Kegel $\overline{K}^Y$ normal.[6] Seien y die Summe der Reihe $\sum_{n=1}^\infty y_n$ im Raum Y und s_n ihre Partialsummen ($s_n \in X$). Wir bilden die Reihe

$$x_1^{(1)} + \ldots + x_{k_1}^{(1)} + \ldots + x_1^{(n)} + \ldots + x_{k_n}^{(n)} + \ldots \tag{4}$$

---

4 Normkonvergenz einer Reihe in sich bedeutet, dass die Folge ihrer Partialsummen eine $\|\cdot\|$-Cauchy-Folge ist. Absolute Konvergenz einer Reihe $\sum_{n=1}^\infty x_n$ bedeutet $\sum_{n=1}^\infty \|x_n\| < +\infty$.
5 Gegebenenfalls geht man, ohne die Ungleichung (3) zu beeinträchtigen, zu den Elementen

$$\tilde{x}_k^{(n)} := \frac{1}{n^2 C_n} x_k^{(n)}$$

mit $C_n = \|y_n\|$ über (A. d. Ü.).
6 Siehe Abschnitt IV.1 (A. d. Ü.).

und zeigen, dass sie im Raum Y normkonvergiert und folglich im Raum X eine $\|\cdot\|$-Cauchy-Folge ist. Ihre Partialsummen seien mit σ_p bezeichnet. Für beliebiges natürliches $p \geq k_1$ findet man ein solches $n = n(p)$, dass

$$k_1 + \ldots + k_n \leq p < k_1 + \ldots + k_n + k_{n+1}$$

gilt, woraus

$$s_n \leq \sigma_p \leq s_{n+1}$$

folgt.

Wenn $p \longrightarrow \infty$, so auch $n(p) \longrightarrow \infty$. Wegen $s_n, s_{n+1} \xrightarrow[n\to\infty]{\|\cdot\|} y$ erhält man nach dem Satz von den zwei Polizisten (Folgerung 1 aus Theorem IV.2.1) auch $\sigma_p \xrightarrow[p\to\infty]{\|\cdot\|} y$. Andererseits folgt aus der Ungleichung (3), dass die Reihe (4) nicht absolut konvergent ist, womit wir einen Widerspruch zur Bedingung des Theorems erhalten. $\qquad\qquad\square$

VIII.2 Einige weitere Eigenschaften der Normalitätskonstanten

Wir erwähnen hier noch einige interessante Eigenschaften der Normalitätskonstanten eines normalen Kegels, die im Weiteren aber keine Verwendung finden werden.[7] Wir erinnern daran, dass, falls der Kegel K in einem geordneten normierten Raum (X, K) normal ist, in X eine äquivalente auf dem Kegel K monotone Norm existiert (Theorem IV.2.4).

(1) Ist die Norm in einem geordneten normierten Raum (X, K) monoton auf K, dann gilt

$$\frac{N(K, n+1)}{n+1} \leq \frac{N(K, n)}{n} \leq 1 \quad \text{für beliebiges } n \in \mathbb{N}.$$

Beweis. Die rechte Ungleichung haben wir bereits im vorhergehenden Abschnitt erhalten (Theorem VIII.1.1). Wir beweisen die linke Ungleichung.

Für eine beliebige Wahl von $n + 1$ Elementen $x_1, \ldots, x_{n+1} > 0$ gelten wegen

$$n \sum_{i=1}^{n+1} \|x_i\| = \sum_{j=1}^{n+1} \sum_{i=1,\ i\neq j}^{n+1} \|x_i\| \quad \text{und} \quad \left\| \sum_{i=1,\ i\neq j}^{n+1} x_i \right\| \leq \left\| \sum_{i=1}^{n+1} x_i \right\|$$

---

[7] Für den Spezialfall von normierten Verbänden sind die in diesem Abschnitt dargelegten Resultate im Wesentlichen in [1] enthalten.

die Abschätzungen

$$\frac{1}{n+1}\frac{\sum_{i=1}^{n+1}\|x_i\|}{\left\|\sum_{i=1}^{n+1}x_i\right\|} = \frac{1}{n(n+1)}\frac{\sum_{j=1}^{n+1}\sum_{i=1,\,i\neq j}^{n+1}\|x_i\|}{\left\|\sum_{i=1}^{n+1}x_i\right\|}$$

$$\leq \frac{1}{n(n+1)}\sum_{j=1}^{n+1}\frac{N(K,n)\left\|\sum_{i=1,\,i\neq j}^{n+1}x_i\right\|}{\left\|\sum_{i=1}^{n+1}x_i\right\|} \leq \frac{N(K,n)}{n}.$$

Nach dem Übergang zum Supremum auf der linken Seite ergibt sich die geforderte Ungleichung. □

(2) Ist die Norm in einem geordneten normierten Raum (X, K) auf dem Kegel K monoton, dann ist eine der folgenden beiden Behauptungen erfüllt:
(a) $\frac{N(K,n)}{n} = 1$ für alle $n \in \mathbb{N}$,
(b) $\lim_{n\to\infty}\frac{N(K,n)}{n} = 0$.

Beweis. Sei $\gamma := \lim_{n\to\infty}\frac{N(K,n)}{n}$. Die Existenz dieses Grenzwertes folgt aus der vorhergehenden Behauptung, wobei $0 \leq \gamma \leq 1$ gilt. Mithilfe der Ungleichung (2) hat man

$$\frac{N(K,n^2)}{n^2} \leq \left(\frac{N(K,n)}{n}\right)^2,$$

woraus sich $\gamma \leq \gamma^2$ ergibt. Letzteres ist aber nur bei $\gamma = 1$ (Fall (a)) oder $\gamma = 0$ (Fall (b)) möglich. □

(3) In einem beliebigen geordneten normierten Raum $(X, \|\cdot\|, K)$ mit normalem Kegel K gilt eine der folgenden beiden Behauptungen.
(a) $\frac{N(K,n)}{n} \geq 1$ für alle $n \in \mathbb{N}$,
(b) $\lim_{n\to\infty}\frac{N(K,n)}{n} = 0$.

Beweis. Wir nehmen an, (a) gälte nicht, und zeigen, dass dann (b) erfüllt ist. Aus dem Beweis von Theorem VIII.1.2 geht hervor, dass $\underline{\lim}_{n\to\infty}\frac{N(K,n)}{n} = 0$ gilt, falls (a) nicht zutrifft. Führt man nun in X eine äquivalente, auf dem Kegel K monotone Norm $\|\cdot\|'$ ein, dann ist $m\|x\|' \leq \|x\| \leq M\|x\|'$ für alle $x \in X$ mit gewissen Konstanten $M \geq m > 0$. Bezeichne $N'(K, n)$ die mithilfe der Norm $\|\cdot\|'$ berechneten Normalitätskonstanten des Kegels K. Offenbar gilt

$$\frac{m}{M}N'(K,n) \leq N(K,n) \leq \frac{M}{m}N'(K,n)$$

und daher $\underline{\lim}_{n \to \infty} \frac{N'(K,n)}{n} = 0$. Nach der vorhergehenden Behauptung[8] bedeutet das die Existenz des Grenzwertes $\lim_{n \to \infty} \frac{N'(K,n)}{n} = 0$, und daher ist auch $\lim_{n \to \infty} \frac{N(K,n)}{n} = 0$. $\qquad\qquad\qquad\square$

VIII.3 Die Reproduzierbarkeitskonstanten

Definition. In einem beliebigen geordneten normierten Raum (X, K) mit erzeugendem Kegel K setzen wir für beliebiges natürliches n

$$V(K, n) = \sup_{x_1, \ldots, x_n \in B} \{\inf \{\|u\| : u \geq x_1, \ldots, x_n\}\}$$

(B ist die abgeschlossene Einheitskugel aus X). In dieser Formel wird innen das Infimum der Normen aller möglichen Elemente u genommen, die vorgegebene n Elemente $x_1, \ldots, x_n$ majorisieren, während außen das Supremum für alle möglichen n-Tupel solcher Elemente aus B berechnet wird. Die Zahlen $V(K, n)$ werden wir *Reproduzierbarkeitskonstanten* des Raumes (X, K) nennen.

Wir bemerken, dass aufgrund der Reproduzierbarkeit des Kegels K für jede endliche Menge von Elementen des Raumes X ein majorisierendes Element u existiert und daher $V(K, n)$ für jedes $n \in \mathbb{N}$ Sinn hat. Dabei bilden die Zahlen $V(K, n)$ eine wachsende Folge. Die Konstante $V(K, 1)$ hat auch ohne die Forderung der Reproduzierbarkeit des Kegels K Sinn, wobei $V(K, 1) \leq 1$ gilt (als majorisierendes Element u für x_1 kann man $u = x_1$ nehmen). Wenn aber $V(K, 1) < 1$ ist, dann gilt unbedingt $V(K, 1) = 0$ (Gleiches gilt auch bei beliebigem n). Tatsächlich, ist $V(K, 1) < 1$, dann existiert eine solche positive Konstante $q < 1$, dass für beliebiges $x \in B$ ein Element $u \geq x$ mit Norm $\|u\| \leq q$ gefunden werden kann. Für u selbst existiert ein majorisierendes Element[9] v mit der Norm $\|v\| \leq q^2$ und ebenfalls $v \geq x$. Durch weiteres induktives Vorgehen sieht man, dass x ein majorisierendes Element mit beliebig kleiner Norm besitzt. Folglich ist $V(K, 1) = 0$.

Wir bemerken weiterhin, dass $V(K, 1) = 0$ genau $\overline{K} = X$ bedeutet.[10] Daraus folgen die Fakten:
(1) Wegen Theorem II.6.1 ist die Gleichheit $V(K, 1) = 1$ notwendig und hinreichend dafür, dass der duale Keil K' von Null verschieden ist.

---

8 Die Folge $(\frac{N'(K,n)}{n})_{n \in \mathbb{N}}$ ist monoton fallend (A. d. Ü.).

9 Das Element $\frac{1}{q}u$ liegt in B und besitzt daher ein majorisierendes Element v' mit $\|v'\| \leq q$. Aus $v' \geq \frac{1}{q}u$ erhält man $qv' \geq u \geq x$. Somit ist $v := qv'$ ein majorisierendes Element für x mit $\|v\| = q\|v'\| \leq q^2$ (A. d. Ü.).

10 Tatsächlich, wenn $u \geq -x$ und $\|u\| < \varepsilon$, dann gelten $u + x \in K$ und $\|(u + x) - x\| < \varepsilon$. Umgekehrt, wenn $z \in K$ und $\|z + x\| < \varepsilon$, dann kann man $u := z + x$ setzen.

(2) Wenn der Kegel K abgeschlossen ist, dann gilt $V(K, 1) = 1$. In einem Raum mit nicht abgeschlossenem Kegel K ist $V(K, n) = 0$ bei allen n möglich. Ist beispielsweise X der Raum aller finiten Vektoren aus ℓ^1 und K der im Beispiel 2 (II.5) betrachtete Kegel, dann wird eine beliebige endliche Menge von Elementen aus X von einem Element mit beliebig kleiner Norm majorisiert. Andererseits ist aber auch der Fakt nicht ausgeschlossen, dass von $n = 2$ an alle $V(K, n) = +\infty$ sind.

Theorem VIII.3.1. *Für einen beliebigen geordneten normierten Raum (X, K) mit erzeugendem Kegel K sind folgende Behauptungen äquivalent:*
(1) *Der Kegel K ist nichtabgeflacht.*
(2) $V(K, 2) < +\infty.$
(3) *Für alle Reproduzierbarkeitskonstanten gilt $V(K, n) < +\infty$.*

Beweis. (1) $\Rightarrow$ (2). Sei der Kegel K nichtabgeflacht mit der Konstanten M. Zu beliebigen $x_1, x_2 \in B$ findet man $u_1, u_2 \in K$ mit

$$u_1 \geq x_1, \quad u_2 \geq x_2, \quad \|u_i\| \leq M \|x_i\| \leq M, \quad i \in \{1, 2\} \,.$$

Setzt man $u := u_1 + u_2$, dann gelten $u \geq x_1, x_2$, $\|u\| \leq 2M$, und es folgt $V(K, 2) \leq 2M$.
(2) $\Rightarrow$ (3). Seien $V(K, 2) = \beta < \infty$ und $\varepsilon > 0$ vorgegeben. Wir fixieren beliebige Elemente $x_1, \ldots, x_n \in B$ und bestimmen zu den jeweils aus zwei Elementen bestehenden n Mengen $\{x_i, 0\}$ majorisierende Elemente[11] $u_i \in K$, $i \in \{1, 2, \ldots, n\}$, mit $\|u_i\| < \beta + \varepsilon$. Danach setzt man $u := u_1 + u_2 + \ldots + u_n$, wobei $u \geq x_i$ für alle i und $\|u\| < n(\beta + \varepsilon)$ gilt. Hieraus folgt bereits unmittelbar $V(K, n) \leq n\beta = nV(K, 2)$.[12]
(3) $\Rightarrow$ (1). Ist $V(K, 2) = \beta < \infty$, dann existiert für beliebige $x \in B$ und $\varepsilon > 0$ ein solches $u \in K$, dass $u \geq x$ und $\|u\| < \beta + \varepsilon$ gelten. Folglich ist $x = u - v$ mit $v = u - x \in K$ und

$$\|v\| \leq \|u\| + \|x\| < \beta + \varepsilon + 1 \,.$$

Das bedeutet die Nichtabgeflachtheit des Kegels K mit der Konstanten $\beta + \varepsilon + 1$. □

Es erweist sich für einige Formulierungen im Weiteren als günstig, $V(K, n) = +\infty$ für $n \geq 2$ zu vereinbaren, wenn ein Kegel K nicht erzeugend ist.

VIII.4 Infrasolide Kegel

Ist ein Kegel K solid, dann ist nach Theorem II.1.4 die abgeschlossene Einheitskugel B (o)-beschränkt. Sei u eine ihrer oberen Schranken. Dann gilt $V(K, n) \leq \|u\|$ bei beliebigem n. Die Reproduzierbarkeitskonstanten sind folglich in ihrer Gesamtheit beschränkt. Die umgekehrte Aussage gilt jedoch nicht. So ist beispielsweise der Kegel K

---

11 Das zeigt man folgendermaßen: Für die Menge $\{0, x_i\}$ (bei fixiertem $i \in \{1, \ldots, n\}$) hat man $\inf_{u \geq 0, x_i} \{\|u\|\} < \beta + \varepsilon$, sodass es ein u_i mit $u_i \geq 0$, x_i und $\|u_i\| \leq \beta + \varepsilon$ gibt (A. d. Ü.).
12 Aus dieser Überlegung folgt insbesondere $V(K, n) = 0$ bei beliebigem $n \in N$, wenn nur $V(K, 2) = 0$ gilt.

der Vektoren mit nicht negativen Koordinaten im Raum c_0 nicht solid. Für eine beliebige endliche Anzahl von Vektoren $x_i = (\xi_{ik})_{k\in\mathbb{N}}$, $i \in \{1, 2, \ldots, n\}$ aus c_0 liegt jedoch der Vektor

$$u = \left(\sup_i \{\xi_{ik}\} \right)_{k\in\mathbb{N}}$$

in c_0, und es gilt $u \geq x_i$. Gilt dabei $\|x_i\| \leq 1$ dann ist auch $\|u\| \leq 1$. Somit sind alle $V(K, n) = 1$.

Definition. Der Kegel K in einem geordneten Raum (X, K) heißt *infrasolid*[13], wenn die Reproduzierbarkeitskonstanten $V(K, n)$ in ihrer Gesamtheit beschränkt sind.

Mit anderen Worten, es existiert eine solche Konstante $\beta > 0$, dass für beliebige endlich viele Elemente $x_1, \ldots, x_n \in B$ ein majorisierendes Element $u \in \beta B$ existiert.[14] Jede Zahl β, die dieser Bedingung genügt, werden wir *Infrasolidkonstante* des Kegels K nennen.

Wie wir gerade gesehen haben, ist jeder solide Kegel infrasolid, während der klassische Kegel in c_0 ein Beispiel eines infrasoliden, aber nicht soliden Kegels liefert. Aus Theorem VIII.3.1 folgt, dass ein infrasolider Kegel nichtabgeflacht ist. Aus Theorem II.1.2 ist sofort ersichtlich, dass in endlich dimensionalen Räumen die Klassen der soliden und infrasoliden Kegel zusammenfallen.[15]

Theorem VIII.4.1. *Im dualen Raum* (X', K') *ist der Kegel* K' *genau dann solid, wenn er infrasolid ist.*

Beweis. Sei der Kegel K' infrasolid mit der Infrasolidkonstanten β. Für beliebiges $f \in B'$ (B' ist die abgeschlossene Einheitskugel aus X') bilden wir die Menge

$$A_f := (f + K') \cap \beta B' .$$

Diese Menge ist konvex und schwach*-abgeschlossen. Für beliebige endlich viele Funktionale $f_1, \ldots, f_n \in B'$ existiert jeweils ein majorisierendes Funktional $g \in \beta B'$. Folglich ist $g \in f_i + K'$ für alle $i \in \{1, 2, \ldots, n\}$, daher $\bigcap_{i=1}^{n} A_{f_i} \neq \emptyset$, d. h., die Mengen A_f bilden ein zentriertes System[16]. Da es sich aber hierbei um schwach*-abgeschlossene

---

13 Dieser Begriff ist von E. A. Lifshitz eingeführt worden.

14 Sei etwa $V(K, n) \leq \alpha$ für alle $n \in \mathbb{N}$. Dann gilt für beliebige n Elemente $x_1, \ldots, x_n \in B$ die Ungleichung $\inf_{u \geq x_1, \ldots, x_n} \{\|u\|\} < 2\alpha$. Es existiert dann ein Element u mit $\|u\| < 2\alpha$. Anderenfalls, d. h., wenn $\|u\| \geq 2\alpha$ für alle diese u zuträfe, wäre $\inf_{u \geq x_1, \ldots, x_n} \{\|u\|\} \geq 2\alpha$ und so auch $V(K, n) \geq 2\alpha$. Man setzt nun $\beta := 2\alpha$ und hat $u \in \beta B$ sowie $u \geq x_1, \ldots, x_n$ (A. d. Ü.).

15 Aus der Implikation (3) → (1) von Theorem VIII.3.1 geht hervor, dass ein infrasolider Kegel nichtabgeflacht und demzufolge erzeugend ist. Daher ist er nach Theorem II.1.2 in einem endlich dimensionalen Raum solid (A. d. Ü.).

16 Eine Mengenfamilie irgendeines Raumes heißt *zentriert*, wenn der Durchschnitt einer beliebigen endlichen Anzahl von Mengen der gegebenen Familie nicht leer ist. Bekanntlich gilt folgender Satz: Ein topologischer Raum ist genau dann kompakt, wenn jedes zentrierte System von abgeschlossenen Teilmengen daraus einen nicht leeren Durchschnitt besitzt (siehe z. B. [26]).

Mengen im schwach*-kompakten Raum $\beta B'$ handelt, folgt $\bigcap_{f\in B'} A_f \neq \emptyset$. Sei $\varphi \in \bigcap_{f\in B'} A_f$. Damit gilt $\varphi \in f + K'$ für beliebiges $f \in B'$, weswegen $\varphi \geq f$ für jedes $f \in B'$ gilt. Somit ist die Einheitskugel B' von oben beschränkt. Das Funktional $-\varphi$ ist offenbar eine ihrer unteren Schranken, was bedeutet, dass die Kugel B' (o)-beschränkt ist. Aus Theorem II.1.4 folgt nun, dass der Kegel K' solid ist. $\qquad\square$

Der Begriff eines infrasoliden Kegels hat auch Sinn, falls K nur ein uneigentlicher Kegel (also ein Keil) in einem normierten Raum X ist.

Theorem VIII.4.2. *Seien (X, K) ein geordneter normierter Raum, Y seine Vervollständigung in der Norm und $\overline{K}^Y$ die Abschließung des Kegels K im Raum Y. Ist der Kegel K infrasolid in X, dann ist der Keil $\overline{K}^Y$ infrasolid in Y.*

Beweis. Sei β die Infrasolidkonstante des Kegels K. Aus der abgeschlossenen Einheitskugel des Raumes Y entnehmen wir n Elemente $y_1, \ldots, y_n$ und stellen jedes y_i als Summe einer Reihe

$$y_i = \sum_{k=0}^{\infty} x_{ik}, \quad i \in \{1, 2, \ldots, n\}$$

mit $x_{ik} \in X$ und $\|x_{ik}\| \leq \frac{1}{2^k}$ dar. Da der Kegel K infrasolid ist, existiert für beliebiges $k \in \{0, 1, 2, \ldots\}$ ein solches Element $u_k \in X$, das die Elemente $x_{1k}, \ldots, x_{nk}$ majorisiert und für welches $\|u_k\| \leq \frac{\beta}{2^k}$ gilt. Setzt man $u := \sum_{k=0}^{\infty} u_k$, dann hat man $u \in Y$, und es ist außerdem klar, dass $\|u\| \leq 2\beta$ und $u \geq y_i$ für beliebiges $i \in \{1, 2, \ldots, n\}$ bezüglich des Keils $\overline{K}^Y$ gelten. $\qquad\square$

Bemerkung. Aus dem angeführten Beweis geht hervor, dass 2β eine Infrasolidkonstante des Keils $\overline{K}^Y$ ist. Eine genauere Berechnung zeigt jedoch, dass eine beliebige Zahl $\gamma > \beta$ ebenfalls eine Infrasolidkonstante des Keils $\overline{K}^Y$ ist.

VIII.5 σ-konvexe Mengen

Definition. Eine nicht leere Menge E in einem normierten Raum X heißt *σ-konvex*, wenn für jede normbeschränkte Folge $(x_n)_{n\in\mathbb{N}}$ in E und jede Zahlenfolge $(\lambda_n)_{n\in\mathbb{N}}$ mit $\lambda_n \geq 0$ und $\sum_{n=1}^{\infty} \lambda_n = 1$, mit der Eigenschaft

$$\sum_{n=1}^{\infty} \lambda_n x_n = x \quad \text{existiert in } X,$$

das Element x zu E gehört.[17]

---

[17] Die Existenz der Summe der Reihe $\sum_{n=1}^{\infty} \lambda_n x_n$ ist gewährleistet, falls X ein Banachraum ist. E. A. Lifschiz führte in Banachräumen die σ-konvexen Mengen unter der Bezeichnung *idealkonvexe* Mengen

Offensichtlich ist jede σ-konvexe Menge konvex, jedoch nicht umgekehrt. Beispielsweise ist die Menge aller finiten Vektoren aus ℓ^1 nicht σ-konvex.[18]

Lemma. *Ist eine Menge E abgeschlossen und konvex, dann ist sie auch σ-konvex.*

Beweis. Seien x_n Elemente aus E und $\lambda_n \geq 0$ Zahlen, die den in der Definition erwähnten Bedingungen genügen, und sei

$$x = \sum_{n=1}^{\infty} \lambda_n x_n \in X.$$

Wir setzen $\mu_n := \lambda_1 + \ldots + \lambda_n$ und $y_n := \frac{1}{\mu_n} \sum_{i=1}^n \lambda_i x_i$. Die Elemente y_n haben auf jeden Fall von einem gewissen n an Sinn, da $\mu_n \xrightarrow[n\to\infty]{} 1$ gilt. Aufgrund der Konvexität von E hat man $y_n \in E$, und es gilt $y_n \xrightarrow{\|\cdot\|} x$. Dank der Abgeschlossenheit von E ist $x \in E$. $\square$

Die umgekehrte Schlussfolgerung gilt nicht: Aus der σ-Konvexität einer Menge folgt selbst in einem Banachraum nicht ihre Abgeschlossenheit. Zum Beispiel ist in einem beliebigen normierten Raum die offene Einheitskugel eine σ-konvexe Menge.

Theorem VIII.5.1. *Sei E eine σ-konvexe Menge. Dann sind das Innere der Menge E und das Innere ihrer Abschließung $\overline{E}$ identisch.*[19]

Beweis. Seien G und H jeweils das Innere der Mengen E und $\overline{E}$. Es muss lediglich $H \subset G$ gezeigt werden, wozu es ausreicht, $0 \in G$ nachzuweisen, falls $0 \in H$ gilt (der analoge Schluss für einen beliebigen Punkt x_0 folgt dann hieraus durch Verschiebung um den Vektor $-x_0$).
Sei $B_\varepsilon = B(0; \varepsilon) \subset H$ (und folglich $B_\varepsilon \subset \overline{E}$). Wenn $x \in B_\varepsilon$, dann existiert ein solches $y \in B_\varepsilon \cap E$ mit $\|x - y\| < \frac{\varepsilon}{2}$, d. h. $x = y + z$, wobei $y \in B_\varepsilon \cap E$ und $\|z\| < \frac{\varepsilon}{2}$ gelten. Dann hat man aber: Wenn $x \in \alpha B_\varepsilon$ ($\alpha > 0$), dann $x = y+z$, wobei $y \in \alpha(B_\varepsilon \cap E)$ und $\|z\| < \frac{\alpha\varepsilon}{2}$. Ist x ein beliebiges Element aus $\frac{1}{2}B_\varepsilon$, dann gelten $x = y_1 + z_1$ mit $y_1 \in \frac{1}{2}(B_\varepsilon \cap E)$ und $\|z_1\| < \frac{\varepsilon}{4}$. Für z_1 seinerseits hat man $z_1 = y_2 + z_2$ mit $y_2 \in \frac{1}{4}(B_\varepsilon \cap E)$ und $\|z_2\| < \frac{\varepsilon}{8}$. Indem man diesen Prozess induktiv weiterführt, werden Folgen von Elementen y_n und z_n erzeugt, die den Bedingungen

$$z_n = y_{n+1} + z_{n+1}, \quad y_n \in \frac{1}{2^n}(B_\varepsilon \cap E), \quad \|z_n\| < \frac{\varepsilon}{2^{n+1}}$$

genügen. Dann gilt aber $x = y_1 + \ldots + y_n + z_n = \|\cdot\|\text{-lim}(y_1 + \ldots y_n) = \sum_{n=1}^{\infty} y_n$.
Da hierbei $y_n = \frac{1}{2^n} x_n$ mit $x_n \in B_\varepsilon \cap E$ gilt und E eine σ-konvexe Menge ist, liegt x in E.
Damit ist $B(0; \frac{\varepsilon}{2}) \subset E$ und $0 \in G$. $\qquad\qquad\qquad\qquad\qquad\qquad\qquad\qquad\qquad$ □

VIII.6 Eine Bedingung für die Bepflasterbarkeit des dualen Kegels

Zu Beginn leiten wir einige Relationen zwischen der Reproduzierbarkeitskonstanten im Ausgangsraum und den Normalitätskonstanten des dualen Kegels ab. Wir bedienen uns dabei der folgenden Konstruktion. Sei X ein normierter Raum. Wir betrachten das kartesische Produkt X^n von n Exemplaren ($n \in \mathbb{N}$) des Raumes X mit der Norm[20]

$$\|(x_1, \ldots, x_n)\| = \max_{i \in \{1, \ldots, n\}} \{\|x_i\|\} \, . \tag{5}$$

Die abgeschlossene Einheitskugel in X^n ist offensichtlich das Produkt B^n, wobei B die abgeschlossene Einheitskugel in X bezeichnet. Es ist leicht zu sehen, dass dieser Raum in einigen Aspekten dem Raum $\mathbb{R}_\infty^n$, d. h. dem n-dimensionalen Koordinatenraum mit der durch eine analoge Formel eingeführten Norm, ähnlich ist. Insbesondere ergibt sich die allgemeine Formel der stetigen linearen Funktionale auf X^n mithilfe der Formel

$$f(x_1, \ldots, x_n) = \sum_{i=1}^{n} f_i(x_i) \, ,$$

wobei $f_i \in X'$, $i \in \{i, 2, \ldots, n\}$. Somit ist der duale Raum

$$(X^n)' = (X')^n = X' \times \ldots \times X' \, ,$$

d. h., er ist ebenfalls das kartesische Produkt von n Exemplaren des dualen Raumes X'. Dabei gilt

$$\|(f_1, \ldots, f_n)\| = \sum_{i=1}^{n} \|f_i\| \, . \tag{6}$$

Ist X ein Banachraum, dann ist auch X^n ein solcher.

Theorem VIII.6.1. *Sei (X, K) ein beliebiger geordneter normierter Raum mit von Null verschiedenem dualem Kegel K'. Dann gilt $N(K', n) \leq V(K, n)$ für jedes $n \in \mathbb{N}$. Ist (X, K) ein geordneter Banachraum mit abgeschlossenem Kegel K, dann gilt[21] $N(K', n) = V(K, n)$ für alle n.*

---

20 Die Bezeichnung der Normen in X und X^n und ihren dualen Räumen ist die gleiche. Aus den Formeln geht eindeutig hervor, um Elemente welchen Raumes es sich handelt und folglich welche Norm gemeint ist (A. d. Ü.).
21 In diesem Falle gilt auch die Gleichheit $V(K', n) = N(K, n)$ für alle n, siehe [41, Theorem 3] (A. d. Ü.).

Beweis. Sei zunächst (X, K) ein beliebiger geordneter normierter Raum. Da der Kegel K' von Null verschieden ist, sind alle $V(K, n) > 0$. Der Beweis muss dabei lediglich für den Fall $V(K, n) < +\infty$ geführt werden.

Wir geben ein beliebiges $\varepsilon > 0$ vor und nehmen beliebige n von Null verschiedene Funktionale $f_1, \ldots, f_n \in K'$. Für jedes f_i existiert ein $x_i \in B$ derart, dass $\|f_i\| \leq (1 + \varepsilon)f_i(x_i)$ gilt. Weiterhin existiert, der Definition der Konstanten $V(K, n)$ entsprechend, ein $u \in X$ mit $u \geq x_1, \ldots, x_n$ und $\|u\| \leq (1 + \varepsilon)V(K, n)$. Man hat nun

$$\sum_{i=1}^n \|f_i\| \leq (1 + \varepsilon) \sum_{i=1}^n f_i(x_i) \leq (1 + \varepsilon) \sum_{i=1}^n f_i(u) \leq (1 + \varepsilon) \|u\| \left\| \sum_{i=1}^n f_i \right\|$$

$$\leq (1 + \varepsilon)^2 V(K, n) \left\| \sum_{i=1}^n f_i \right\|,$$

woraus man

$$\frac{\sum_{i=1}^n \|f_i\|}{\left\| \sum_{i=1}^n f_i \right\|} \leq (1 + \varepsilon)^2 V(K, n)$$

gewinnt. Durch Übergang zum Supremum auf der linken Seite erhält man $N(K', n) \leq (1 + \varepsilon)^2 V(K, n)$ und dank ε, welches beliebig klein gewählt werden kann, $N(K', n) \leq V(K, n)$.

Jetzt setzen wir (X, K) als geordneten Banachraum mit abgeschlossenem Kegel K voraus und werden die Ungleichung

$$V(K, n) \leq N\left(K', n\right) \tag{7}$$

beweisen, wobei erneut lediglich der Fall $N(K', n) < +\infty$ von Interesse ist.[22]

Wir bemerken, dass $K' \neq \{0\}$ für den Kegel K' nach Theorem II.4.1 gilt. Der Kürze halber bezeichnen wir $N(K', n)$ mit a $(a > 0)$. Wir betrachten nun als Hilfskonstruktion den Raum X^n mit der durch die Formel (5) definierten Norm und zeichnen darin die Menge

$$\Omega := \bigcup_{x \in aB} \left(\underbrace{x - K, \ldots, x - K}_{n\text{-mal}} \right)$$

aus, wobei $(x - K, \ldots, x - K)$ die Menge aller Elemente $(x_1, \ldots, x_n) \in X^n$ bezeichnet, für die $x_i \in x - K$, d.h. $x_i \leq x$, $i \in \{1, 2, \ldots, n\}$, gilt. Als Nächstes zeigen wir die σ-Konvexität der Menge Ω. Seien dafür $y_k \in \Omega$, $\|y_k\| \leq C$, $\lambda_k \geq 0$, $\sum_{k=1}^\infty \lambda_k = 1$. Jedes y_k hat die Gestalt[23]

$$y_k = (x_k - z_{k1}, \ldots, x_k - z_{kn}) \text{ mit } x_k \in aB, \quad z_{ki} \in K, \quad \|z_{ki}\| \leq C + a.$$

Setzt man

$$y := \sum_{k=1}^\infty \lambda_k y_k = \left(\sum_{k=1}^\infty \lambda_k x_k - \sum_{k=1}^\infty \lambda_k z_{k1}, \ldots, \sum_{k=1}^\infty \lambda_k x_k - \sum_{k=1}^\infty \lambda_k z_{kn} \right),$$

---

22 Bei $n = 1$ ist die Ungleichung (7) und sogar die Gleichheit offensichtlich, da der Kegel K' von null verschieden ist. Es gilt dann nämlich $V(K, n) = N(K', n) = 1$.
23 $\|z_{ki}\| = \|z_{ki} - x_k + x_k\| \leq \|z_{ki} - x_k\| + \|x_k\| \leq C + a$ (A. d. Ü.).

dann konvergieren infolge der Normvollständigkeit von X alle Reihen auf der rechten Seite dieses Ausdrucks. Es gilt

$$\left\| \sum_{k=1}^{\infty} \lambda_k x_k \right\| \leq a$$

und, da der Kegel K abgeschlossen ist, auch $\sum_{k=1}^{\infty} \lambda_k z_{ki} \in K$ für beliebiges $i \in \{1, 2, \ldots, n\}$. Somit liegt y in Ω.

Bezeichne Ω° die Polare der Menge Ω (für Bezeichnungen und Erläuterungen siehe Abschnitt IV.6 und dortige Fußnote 15). Wir zeigen, dass Ω° in der abgeschlossenen Einheitskugel des Raumes $(X')^n$ enthalten ist, wobei im Fall von $g = (f_1, \ldots, f_n) \in \Omega^\circ$ alle f_i aus K' sind. In der Tat, ist $g \in \Omega^\circ$, dann gilt insbesondere

$$g\Big(0, \ldots, 0, \underset{(i)}{-z}, 0, \ldots, 0\Big) = -f_i(z) \leq 1$$

für beliebiges $z \in K$. Das ist aber nur möglich, wenn $f_i(z) \geq 0$ für beliebiges $z \in K$ gilt (für die Polare von $-K$ gilt $(-K)^\circ = K'$). Somit ist $f_i \in K'$. Ist andererseits g ein von Null verschiedenes Funktional aus Ω°, dann hat man für jedes $x \in aB$

$$g(x, \ldots, x) = \sum_{i=1}^{n} f_i(x) \leq 1$$

und daraus $\| \sum_{i=1}^{n} f_i \| \leq \frac{1}{a}$. Aus der Definition der Normalitätskonstanten $N(K', n)$ und ihrer Monotonie erhält man sofort

$$\sum_{i=1}^{n} \|f_i\| \leq a \left\| \sum_{i=1}^{n} f_i \right\| \leq 1 \,,$$

d. h., wegen Formel (6), $\|g\| \leq 1$ und somit $\Omega^\circ \subset (B')^n = (B^n)'$.

Nach dem Bipolarensatz[24] ist $\Omega^{\circ\circ} = \overline{\Omega}$. Da aber $\Omega^{\circ\circ} \supset B^n$ gilt, ist $B^n \subset \overline{\Omega}$. Wir vereinbaren, dass das Zeichen $\sim$ über einer Menge den Übergang zu ihrem Inneren bedeutet. Offenbar gilt $\gamma B \subset \tilde{B}$, wenn $0 < \gamma < 1$. Mithilfe des Theorems VIII.5.1 haben wir für beliebiges $\varepsilon > 0$

$$\frac{1}{1+\varepsilon} B^n \subset \widetilde{B^n} \subset \widetilde{\overline{\Omega}} = \widetilde{\Omega} \subset \Omega$$

was man auch als $B^n \subset (1+\varepsilon)\Omega$ schreiben kann. Infolgedessen existieren zu beliebigen $x_1, \ldots, x_n \in B$ ein solches $u \in aB$ und solche $z_1, \ldots, z_n \in K$, dass $x_i = (1 + \varepsilon)(u - z_i)$ für $i \in \{1, 2, \ldots, n\}$ gilt.[25] Somit majorisiert $(1 + \varepsilon)u$ die Elemente $x_1, \ldots, x_n$, und es gilt $\|u\| \leq a$. Dann gilt aber $V(K, n) \leq (1+\varepsilon)a$, und aufgrund der beliebig kleinen Wahl von ε ist $V(K, n) \leq a$, d. h., (7) ist bewiesen. $\qquad\square$

---

24 Siehe [W07, Satz VIII.3.9] (A. d. Ü.).
25 Das n-Tupel $(x_1, \ldots, x_n)$ liegt in B^n, damit in Ω und hat folglich die angegebene Darstellung (A. d. Ü.).

Bemerkung. Wendet man die zweite Hälfte des bewiesenen Satzes auf den Fall $n = 2$ an, erhält man erneut den Satz von Ando (IV.6.2). Das eine Charakterisierung der Normalität von K' für einen beliebigen geordneten normierten Raum (X, K) beinhaltende Theorem IV.6.1 folgt nicht ebenso unmittelbar aus dem soeben bewiesenen Satz, da wir für einen beliebigen geordneten normierten Raum lediglich über die Ungleichung[26] verfügen, aus der folgt, dass der Kegel K' normal ist, falls der Kegel K nicht-abgeflacht ist.

Theorem VIII.6.2. *Sei (X, K) ein geordneter Banachraum mit abgeschlossenem Kegel K. Der duale Kegel K' ist genau dann bepflasterbar, wenn der Kegel K infrasolid ist.*

Beweis. Nach Theorem VIII.1.3 ist die Bepflasterbarkeit des Kegels K' der Beschränktheit der Folge seiner Normalitätskonstanten $N(K', n)$ äquivalent. Andererseits ist der Kegel K dann und nur dann infrasolid, wenn die Folge der Konstanten $V(K, n)$ beschränkt ist. Dank des vorangegangenen Satzes sind diese Bedingungen untereinander äquivalent. $\qquad\square$

Verzichtet man auf die Abgeschlossenheit des Kegels K, dann gilt die Aussage der Notwendigkeit des Satzes nicht mehr. Nimmt man beispielsweise für K den Kegel aller finiten Vektoren mit nicht negativen Koordinaten im Raum $\mathbf{c_0}$, dann ist der für den Raum $(\mathbf{c_0}, K)$ duale Kegel K' der gleiche wie auch bei der klassischen Halbordnung in $\mathbf{c_0}$, d. h., es ist der klassische Kegel im Raum ℓ^1. Jener ist aber bepflasterbar, während K jedoch nicht einmal erzeugend ist.

Die Hinlänglichkeit des Theorems VIII.6.2 gilt hingegen in einem beliebigen geordneten normierten Raum (X, K), was sofort aus der ersten Hälfte des vorhergehenden Satzes folgt. Zieht man die im Theorem VIII.4.2 beschriebene Vervollständigung Y des Raumes X in Betracht, die weder auf den dualen Raum X' noch auf den dualen Kegel K' Einfluss besitzt, dann erhält man als notwendige und hinreichende Bedingung für die Bepflasterbarkeit von K', dass der Kegel (oder Keil) $\overline{K}^Y$ im Raum $(Y, \overline{K}^Y)$ infrasolid sein muss.

---

26 Aus der Formulierung im ersten Teil des Theorems VIII.6.1 (A. d. Ü.).

IX *O*-Räume und *Oσ*-Räume

In diesem Kapitel werden geordnete normierte Räume untersucht, in denen die Norm-konvergenz mit der (o)-Konvergenz identisch ist. Derartige Räume wurden erstmalig von dem amerikanischen Mathematiker R. E. De Marr [16] betrachtet.

IX.1 Charakteristik von *O*-Räumen

Definition. Ein geordneter normierter Raum (X, K) heißt *O-Raum*, wenn für jedes Netz (x_α) die Beziehung $x_\alpha \xrightarrow{\|\cdot\|} x$ genau dann gilt, wenn $x_\alpha \xrightarrow{(o)} x$.

Theorem IX.1.1 (B. Z. Wulich, O. S. Korsakowa [55]). *Dafür, dass der geordnete normierte Raum (X, K) ein O-Raum ist, ist notwendig und hinreichend, dass*
(1) *der Kegel K abgeschlossen, normal und solid ist,*
(2) *die Norm in X monoton stetig ist.*

Beweis. (a) Notwendigkeit. Sei (X, K) ein *O*-Raum. Ist $(x_n)_{n\in\mathbb{N}}$ eine Folge in K mit $x_n \xrightarrow{\|\cdot\|} x$, dann gilt $x_n \xrightarrow{(o)} x$. Daraus folgt, dass ein fallendes Netz $y_\beta \downarrow x$ existiert, das die Folge (x_n) in dem Sinne majorisiert, dass für beliebiges β ein N existiert, sodass $x_n \le y_\beta$ bei $n \ge N$ gilt.[1] Dann ist aber auch $y_\beta \ge 0$ für alle β und daher $x \ge 0$ klar, d. h. $x \in K$.

Unter der Annahme, dass der Kegel K nicht normal ist, existieren solche Folgen $(x_n)_{n\in\mathbb{N}}$, $(y_n)_{n\in\mathbb{N}}$ für die

$$0 < y_n < x_n, \quad \|x_n\| = \frac{1}{n}, \quad \|y_n\| > 1$$

gilt. Wegen $x_n \xrightarrow{\|\cdot\|} 0$ gilt $x_n \xrightarrow{(o)} 0$ und infolgedessen auch $y_n \xrightarrow{(o)} 0$. Gleichzeitig hat man aber $\|y_n\| \not\to 0$, was der Definition eines *O*-Raumes widerspricht. Somit ist der Kegel K normal.

Die monotone Stetigkeit der Norm folgt trivialerweise aus der Identität von Norm- und (o)-Konvergenz.

Es verbleibt lediglich noch der Nachweis, dass der Kegel K solid ist. Nach Theorem II.1.4 ist es ausreichend, die (o)-Beschränktheit der offenen Einheitskugel $B \subset X$ nachzuweisen. Betrachten wir dazu die Menge aller von Null verschiedenen Elemente

---

1 Da die Folge (x_n) hier als Spezialfall eines Netzes aufgefasst wird, bedeutet $x_n \xrightarrow{(o)} x$, dass für die Folge (x_n) ein sie „zu x drückendes" Netz existiert.
Es ist leicht nachzuweisen, dass für die (o)-Konvergenz die Sätze über den Grenzübergang in der Ungleichung und über die „eingeschlossene" Folge ihre Gültigkeit behalten. Daher müssen in einem *O*-Raum diese Sätze ebenfalls für die Normkonvergenz gelten. Dann folgen aber die Abgeschlossenheit und Normalität des Kegels bereits aus dem Lemma aus Abschnitt II.3 und aus der Folgerung 1 zu Theorem IV.2.1.

DOI 10.1515/9783110478884-009

der Kugel B und formieren aus diesen ein gerichtetes Netz,[2] indem wir annehmen, dass x *nach* y *folgt* $(x, y \in B)$, wenn $\|x\| \leq \|y\|$ gilt. Auf diese Weise erhält man ein zu Null normkonvergentes Netz, was aber dann zu Null ebenfalls (o)-konvergiert. Folglich existiert ein $y \in B$ derart, dass die Menge aller Elemente x mit $\|x\| < \|y\|$ (o)-beschränkt ist, d. h., es existieren Elemente $u, v \in X$ mit $u \leq x \leq v$. Dann gilt

$$\frac{1}{\|y\|} u \leq x \leq \frac{1}{\|y\|} v \quad \text{für alle } x \in B .$$

(b) Hinlänglichkeit. Sei $u \gg 0$. Da der Kegel K normal und solid ist, ist die u-Norm $\|\cdot\|_u$ der ursprünglichen Norm in X (nach der Folgerung aus Theorem IV.4.1) äquivalent. Geht man von $x_\alpha \overset{(u)}{\longrightarrow} 0$ aus, dann dienen wegen $\pm x_\alpha \leq \|x_\alpha\|_u u$ die nach kleiner werdenden λ geordneten Netze (λu) und $(-\lambda u)$ $(\lambda > 0)$ als „einschließende" Netze für (x_α). Folglich ist $x_\alpha \overset{(o)}{\longrightarrow} 0$.

Umgekehrt, sei $x_\alpha \overset{(o)}{\longrightarrow} 0$ und seien (y_β) und (z_γ) „einschließende" Netze $y_\beta \downarrow 0$ und $z_\gamma \uparrow 0$. Infolge der monotonen Stetigkeit der Norm gilt $y_\beta \overset{\|\cdot\|}{\longrightarrow} 0$ und $z_\gamma \overset{\|\cdot\|}{\longrightarrow} 0$. Ist α derart, dass $z_\gamma \leq x_\alpha \leq y_\beta$, dann ist $\|x_\alpha\| \leq C \max(\|y_\beta\|, \|z_\gamma\|)$ (siehe Folgerung 2 aus Theorem IV.2.1), wobei C eine gewisse Konstante ist. Daraus folgt $x_\alpha \overset{\|\cdot\|}{\longrightarrow} 0$. $\qquad\square$

Folgerung. *Ist in einem geordneten normierten Raum (X, K) der Kegel abgeschlossen, solid und regulär, dann ist (X, K) ein O-Raum.*

Beweis. Nach den Theoremen VI.2.1 und VI.2.2 ist der Kegel K normal und nach Theorem VI.5.2 die Norm in X monoton stetig. Demzufolge sind alle Bedingungen des vorangegangenen Satzes erfüllt. $\qquad\square$

Aus der soeben bewiesenen Folgerung ergibt sich eine höchst einfache Methode für die Umwandlung eines beliebigen normierten Raumes X in einen O-Raum.[3] Dazu genügt es, ein beliebiges Element $u \neq 0$ zu nehmen, um dieses eine abgeschlossene Kugel $\overline{B(u; r)}$ mit Radius $r < \|u\|$ zu beschreiben und über die Kugel den Kegel $K = K(\overline{B(u; r)})$ aufzuspannen. Nach Theorem VII.1.1 ist dieser Kegel bepflasterbar und umso mehr regulär. Außerdem ist er nach Theorem II.3.4 abgeschlossen und solid nach Konstruktion.

Zu dem gleichen Resultat gelangt man auch in der etwas allgemeineren Situation, wenn für K ein beliebiger über eine abgeschlossene, konvexe, normbeschränkte und das Nullelement nicht enthaltende Menge aufgespannter Kegel genommen wird. Es existieren jedoch O-Räume, die nicht auf diese Weise erhalten werden können; darüber hinaus existieren O-Räume mit nicht regulärem Kegel. So ist im Raum aus Beispiel 12 (VI.5) der Kegel K abgeschlossen, nicht regulär, die Norm aber monoton stetig.

---

2 Die Rolle der Indizes spielen hier die Elemente selbst. Entsprechend dem in B eingeführten Begriff der Halbordnung bilden diese Elemente eine steigend gerichtete Menge.

3 Daraus ergibt sich die prinzipielle Möglichkeit der Untersuchung von normierten Räumen mit Methoden der Theorie geordneter normierter Räume (A. d. Ü.).

Wir zeigen, dass dieser Kegel normal und solid ist. Man sieht leicht, dass der Vektor $u = (2, 0, 0, \ldots)$ ein innerer Punkt von K ist. Tatsächlich, gilt $\|x - u\| \leq 1$ für $x = (\xi_k)_{k \in \mathbb{N}}$, dann ist $\xi_1 \geq 1$ und $|\xi_k| \leq 1$ bei allen übrigen k; folglich erhält man $x \in K$. Gilt weiterhin $x \in [-u, u]$, dann ist $|\xi_1| \leq 2$ und $|\xi_k| \leq 2 + |\xi_1| \leq 4$ bei $k \geq 2$, d. h., das Intervall $[-u, u]$ ist normbeschränkt und nach Theorem IV.2.3 der Kegel K normal. Der betrachtete Raum ist folglich ein O-Raum.

Theorem IX.1.2. *Ist in einem O-Raum (X, K) der Kegel K minihedral, dann ist X endlich dimensional.*

Beweis. Entsprechend Aussage 2 aus VI.5 folgt aus der Minihedralität des Kegels K in einem O-Raum seine Regularität, sodass man sich nunmehr auf das Theorem VI.2.4 beziehen kann. $\qquad\square$

IX.2 Charakteristik von $O\sigma$-Räumen

Wenn man sich in der Definition eines O-Raumes auf die Identität der Normkonvergenz und der (o)-Konvergenz lediglich für Folgen beschränkt, erhält man eine gewisse Abänderung des Begriffs des O-Raumes.

Definition. Ein geordneter normierter Raum (X, K) heißt $O\sigma$-Raum, wenn für jede Folge $(x_n)_{n \in \mathbb{N}}$ die Beziehung $x_n \xrightarrow[n]{\|\cdot\|} x$ genau dann gilt, wenn $x_n \xrightarrow[n]{(o)} x$.

In diesem Abschnitt wird im Unterschied zum vorangegangenen die (o)-Konvergenz einer Folge in dem Sinne verstanden, wie es in Abschnitt I.4 formuliert worden ist, d. h. $x_n \xrightarrow{(o)} x$, wenn „einschließende" Folgen $y_n \downarrow x$ und $z_n \uparrow x$ mit $z_n \leq x_n \leq y_n$ für alle $n \in \mathbb{N}$ existieren.[4] Dennoch gilt die folgende Aussage:

Jeder O-Raum ist ein $O\sigma$-Raum.

Beweis. In der Tat, sei X ein O-Raum und konvergiere eine Folge $(x_n)_{n \in \mathbb{N}}$ zu Null in der Norm, d. h. $x_n \xrightarrow{\|\cdot\|} 0$. Wie im Verlauf des Beweises von Theorem IX.1.1 (Punkt (b)) gezeigt worden ist, wird die Folge von den monotonen Netzen (λu) und $(-\lambda u)$ $(u \gg 0)$ „eingeschlossen". Die Folgen $(\|x_n\|_u u)$ und $(-\|x_n\|_u u)$ sind aber ebenfalls „einschließend" für (x_n). Folglich gilt $x_n \xrightarrow{(o)} 0$ in dem Sinne, wie es in der Definition des $O\sigma$-Raumes angegeben wurde. Der umgekehrte Schluss (aus $x_n \xrightarrow{(o)} 0$ folgt $x_n \xrightarrow{\|\cdot\|} 0$) bedarf keines Beweises. $\qquad\square$

Theorem IX.2.1 (B. Z. Wulich, O. S. Korsakowa [55]). *Dafür, dass der geordnete normierte Raum (X, K) ein $O\sigma$-Raum ist, ist notwendig und im Falle der Normvollständigkeit von X auch hinreichend, dass*

---

4 Jede (o)-konvergente Folge ist (o)-beschränkt, mit den vorhergehenden Bezeichnungen, etwa durch die Elemente z_1 und y_1, wie man aus $z_1 \leq z_n \leq x_n \leq y_n \leq y_1$ sieht (A. d. Ü.).

(1) *der Kegel K abgeschlossen, normal und infrasolid und*
(2) *die Norm in X monoton σ-stetig ist.*

Beweis. (a) Notwendigkeit. Die Abgeschlossenheit und Normalität des Kegels K beweist man genauso wie im Falle eines O-Raumes. Die monotone σ-Stetigkeit der Norm ist (in einem $O\sigma$-Raum) offensichtlich, sodass man nur zu zeigen braucht, dass K infrasolid ist. Wäre K nicht infrasolid, dann existierte für beliebiges $n \in \mathbb{N}$ eine solche endliche Menge von Elementen $x_1^{(n)}, \ldots, x_{k_n}^{(n)}$ aus der abgeschlossenen Einheitskugel $B \subset X$, dass $\|y\| > n^2$ gilt, falls man $y \geq x_i^{(n)}$ für alle $i \in \{1, 2, \ldots, k_n\}$ hat. Da

$$x_1^{(1)}, \ldots, x_{k_1}^{(1)}, \ldots \ldots, \frac{1}{n}x_1^{(n)}, \ldots, \frac{1}{n}x_{k_n}^{(n)}, \ldots \xrightarrow[n\to\infty]{\|\cdot\|} 0\,,$$

ist nach Voraussetzung diese Folge auch (o)-konvergent zu Null und daher (o)-beschränkt. Ist y eine ihrer oberen Schranken, dann gilt für beliebiges n

$$\frac{1}{n}x_1^{(n)}, \ldots, \frac{1}{n}x_{k_n}^{(n)} \leq y$$

und nach Konstruktion $\|y\| > n$ (für beliebige n), was unmöglich ist.
(b) Hinlänglichkeit. Aus der Normalität des Kegels K und der monotonen σ-Stetigkeit der Norm ergibt sich, wie auch im Falle eines O-Raumes, dass $x_n \xrightarrow{(o)} 0$ die Beziehung $x_n \xrightarrow{\|\cdot\|} 0$ nach sich zieht. Wir zeigen die umgekehrte Aussage.
Seien zunächst $x_n \in K$ und $x_n \xrightarrow{\|\cdot\|} 0$. Wir zeichnen eine Indexteilfolge $n_1 < n_2 < \ldots < n_k < \ldots$ solcherart aus, dass $\|x_n\| \leq \frac{1}{k^2}$ bei $n \geq n_k$ gilt. Mit β bezeichnen wir eine feste Infrasolidkonstante des Kegels K. Es existieren jetzt solche Elemente y_k mit Norm $\|y_k\| \leq \frac{\beta}{k^2}$ und

$$x_{n_k}, \ldots, x_{n_{k+1}-1} \leq y_k\,.$$

Setzt man

$$y := \sum_{k=1}^{\infty} y_k + x_1 + \ldots + x_{n_1-1}\,,$$

dann gilt $x_n \leq y$ für alle n. Somit ist jede zu Null normkonvergente Folge von positiven Elementen (o)-beschränkt. Wir wählen weiterhin positive Zahlen λ_n, $n \in \mathbb{N}$ so, dass $\lambda_n \uparrow +\infty$ und $\lambda_n x_n \xrightarrow{\|\cdot\|} 0$ gelten. Nach dem bereits Bewiesenen ist diese Folge ebenfalls (o)-beschränkt, weswegen $\lambda_n x_n \leq z$ für ein $z \in K$ und alle n gilt. Dann ist $x_n \leq \frac{1}{\lambda_n}z$, woraus dank des archimedischen Prinzips $x_n \xrightarrow{(o)} 0$ folgt.
Gehen wir nun zu einer beliebigen Folge $x_n \xrightarrow{\|\cdot\|} 0$ über. Da ein infrasolider Kegel, wie in Abschnitt VIII.4 bemerkt wurde, nichtabgeflacht ist, existieren solche $u_n, v_n \in K$, für die $x_n = u_n - v_n$ und $\|u_n\|, \|v_n\| \leq M\|x_n\|$ gilt, wobei M eine Nichtabgeflachtheitskonstante des Kegels K bezeichnet. Es gilt dann aber auch $u_n \xrightarrow{\|\cdot\|} 0$ und $v_n \xrightarrow{\|\cdot\|} 0$, woraus mithilfe des bewiesenen Teils $u_n \xrightarrow{(o)} 0$ und $v_n \xrightarrow{(o)} 0$ und damit auch $x_n \xrightarrow{(o)} 0$ geschlussfolgert werden kann. □

Aus dem soeben bewiesenen Theorem[5] folgt sofort, dass der klassische Raum c_0 mit seiner natürlichen Halbordnung ein Beispiel eines $O\sigma$-Raumes liefert, der kein O-Raum ist. In der Tat sind alle Bedingungen des vorangegangenen Theorems[6] in c_0 erfüllt (vgl. VIII.4), der Kegel in c_0 ist aber nicht solid. Neben der im Beweis von Theorem IX.1.1 betrachteten nach kleiner werdender Norm gerichteten Menge von Elementen der Einheitskugel führen wir hier ein weiteres einfaches Beispiel eines in der Norm zu Null konvergierenden Netzes in c_0 an, das nicht im Sinne der Halbordnung konvergiert: $(\frac{1}{n}e_k)_{(n,k)}$, wobei $n \in \mathbb{N}$ und e_k die Folgen in c_0 bezeichne, deren Folgenglieder alle gleich null sind bis auf das Folgenglied 1 an der k-ten Stelle. Die Indexpaare (n, k) sind nach wachsendem (erstem Index) n geordnet: $(n_1, k_1) > (n_2, k_2)$, wenn $n_1 > n_2$. Wir heben hervor, dass in dem bewiesenen Theorem die Bedingung der Normvollständigkeit für den Teil der Hinlänglichkeit wesentlich ist, was durch das folgende Beispiel bekräftigt wird. Betrachtet man den Teilraum aller finiten Folgen aus c_0 mit der gleichen koordinatenweisen Halbordnung, dann ist leicht zu sehen, dass alle Bedingungen des Theorems bis auf die Normvollständigkeit in diesem Raum erfüllt sind, er aber kein $O\sigma$-Raum ist: Für die Folge $(\frac{1}{n}e_n)_{n\in\mathbb{N}}$ gilt $\frac{1}{n}e_n \xrightarrow{\|\cdot\|} 0$, sie ist aber nicht (o)-beschränkt und kann daher nicht (o)-konvergieren.

Nebenbei vermerken wir noch, wie das Beispiel c_0 zeigt, dass es im Unterschied zu den O-Räumen durchaus unendlich dimensionale $O\sigma$-Räume mit minihedralem Kegel positiver Elemente gibt (c_0 ist sogar ein normvollständiger K-Raum).

Beispiel 10 (VI.5) zeigt, dass $O\sigma$-Räume mit solidem Kegel existieren, die keine O-Räume sind. In [48] wurde ein Beispiel eines $O\sigma$-Raumes mit bepflasterbarem Kegel positiver Elemente angegeben, der ebenfalls kein O-Raum ist.

Theorem IX.2.2. *Ist (X, K) ein $O\sigma$-Raum, dann ist jede präkompakte Menge[7] in X (o)-beschränkt.*

Beweis. Die Menge $E \subset X$ sei präkompakt. Aus der Theorie der normierten Räume ist bekannt, dass in X eine solche Folge $x_n \xrightarrow{\|\cdot\|} 0$ existiert, dass E in der abgeschlossenen symmetrischen konvexen Hülle der Menge $\{x_n \in X : n \in \mathbb{N}\}$ liegt (Anhang 4). Da X ein $O\sigma$-Raum ist, gilt $x_n \xrightarrow{(o)} 0$, sodass die Menge $\{x_n : n \in \mathbb{N}\}$ (o)-beschränkt ist, d. h., es existiert ein $y \in X$ mit $\pm x_n \le y$ für alle n. Das Intervall $[-y, y]$ ist eine symmetrische, konvexe und (dank der Abgeschlossenheit von K) abgeschlossene Menge. Deswegen liegt die symmetrische, konvexe und abgeschlossene Hülle der Menge $\{x_n : n \in \mathbb{N}\}$ in $[-y, y]$, umso mehr hat man $E \subset [-y, y]$, d. h., E ist (o)-beschränkt. □

---

5 Gemeinsam mit Theorem IX.1.1 (A. d. Ü.).

6 Der klassische geordnete normierte Raum c_0 ist ein Banachverband mit additiver monoton stetiger Norm (siehe [AB94, Chapter 13.3]); sein Kegel ist abgeschlossen und normal (A. d. Ü.).

7 Eine Menge $E \subset X$ heißt *präkompakt*, wenn ihre Abschließung in der Normvervollständigung des Raumes X kompakt ist, mit anderen Worten, wenn aus jeder Folge von Elementen aus E eine Cauchy-Teilfolge ausgewählt werden kann. Das ist gleichbedeutend mit der Existenz eines endlichen ε-Netzes in E für beliebiges $\varepsilon > 0$, d. h., $\forall \varepsilon > 0$ existieren $x_1, \ldots, x_n \in E$ mit $E \subset \bigcup_{k=1}^{n}\{x \in X : \|x - x_k\| < \varepsilon\}$.

Bemerkung. Ersetzt man in Theorem IX.2.1 die Bedingung der Infrasolidität des Kegels K durch die Forderung der (o)-Beschränktheit jeder beliebigen präkompakten Menge in X und behält die übrigen Bedingungen unverändert bei, dann gewinnt man notwendige und hinreichende Bedingungen, unter denen sich ein beliebiger geordneter normierter Raum (X, K) (ohne Voraussetzung seiner Normvollständigkeit) als $Oσ$-Raum erweist.[8] In der Tat wurde der Fakt, dass der Kegel K infrasolid ist, benutzt um zu zeigen, dass aus der Normkonvergenz die (o)-Konvergenz folgt. Setzt man voraus, dass jede beliebige präkompakte Menge (o)-beschränkt ist, dann folgt insbesondere, dass jede normkonvergente Folge (o)-beschränkt ist. Danach kann man folgendermaßen vorgehen:
Wenn $x_n \xrightarrow{\|\cdot\|} 0$, dann existiert eine solche Folge von Zahlen $0 < \lambda_n \uparrow +\infty$, für die $\lambda_n x_n \xrightarrow{\|\cdot\|} 0$ gilt. Nach Voraussetzung ist folglich $\pm\lambda_n x_n \leq y$, woraus man $\pm x_n \leq \frac{1}{\lambda_n}y$ und $x_n \xrightarrow{(o)} 0$ gewinnt.

IX.3 Über die Dedekind-Vollständigkeit von O- und $Oσ$-Räumen

Theorem IX.3.1. *Ist (X, K) ein σ-Dedekind-vollständiger $Oσ$-Raum, dann ist er normvollständig und Dedekind-vollständig.*

Beweis. Zuerst zeigen wir die Normvollständigkeit des Raumes X. Sei (x_n) eine monoton wachsende Cauchy-Folge von positiven Elementen. Da die Elemente einer Cauchy-Folge eine präkompakte Menge bilden, ist nach Theorem IX.2.2 diese Folge (o)-beschränkt, folglich existiert $\sup_n\{x_n\}$. Die Normvollständigkeit von X folgt dann aus dem Theorem IV.2.6, während sich die Dedekind-Vollständigkeit von (X, K) aus Folgerung 1 aus dem Theorem VI.5.1 ergibt.[9] □

Wie der folgende Satz zeigt, ist jedoch nicht jeder normvollständige $Oσ$-Raum oder sogar O-Raum Dedekind-vollständig.

Theorem IX.3.2. *Für die Dedekind-Vollständigkeit eines normvollständigen $Oσ$-Raumes (X, K) ist die Regularität des Kegels K notwendig und hinreichend.*

Beweis. Der Satz ergibt sich sofort aus den Theoremen VI.5.1 und IX.3.1. □

Aus diesem Theorem[10] folgt, dass der normvollständige O-Raum mit nicht regulärem Kegel aus Beispiel 12 aus Abschnitt VI.5 nicht σ-Dedekind-vollständig ist.

---

8 Auf eine Charakteristik der $Oσ$-Räume in dieser Form ist von I. I. Tschutschaew hingewiesen worden.

9 In [55] wurden die Theoreme IX.3.1 und IX.3.2 unter der zusätzlichen Voraussetzung, dass der Kegel K solid ist, bewiesen. I. I. Tschutschaew lenkte die Aufmerksamkeit des Autors auf die Möglichkeit, diese Beschränkung wegzulassen.

10 Dies gilt unter Berücksichtigung der Eigenschaften, die nach Theorem IX.2.1 der Kegel in einem $Oσ$-Raum hat (A. d. Ü.).

Folgerung. *Ist in einem Dedekind-vollständigen Oσ-Raum (X, K) der Kegel K solid, dann ist (X, K) ein normvollständiger O-Raum.*

Beweis. Nach den beiden vorhergehenden Sätzen sind X normvollständig und der Kegel K regulär. Nun genügt es, die Folgerung aus Theorem IX.1.1 heranzuziehen. □

IX.4 Konjugierte *O*-Räume

Sei (X, K) ein beliebiger geordneter normierter Raum mit räumlichem Kegel K.[11] Wir betrachten den dualen Raum (X', K').

Theorem IX.4.1. *Ist (X', K') ein Oσ-Raum, dann ist er auch ein O-Raum, wobei der Kegel K' regulär ist.*

Beweis. Ohne Beschränkung der Allgemeinheit werden wir den Raum X als normvollständig und den Kegel K als abgeschlossen[12] voraussetzen. Sei nun (X', K') ein Oσ-Raum, dann ist der Kegel K' normal und infrasolid. Nach Theorem VIII.4.1 ist der Kegel K' solid, und nach dem Satz von Ando (IV.6.2) ist der Kegel K erzeugend und folglich auch nichtabgeflacht. Nach Theorem III.4.1 ist dann der Raum (X', K') Dedekind-vollständig. Die Regularität des Kegels K' ergibt sich nunmehr aus dem Theorem IX.3.2. Nach der Folgerung aus dem letztgenannten Satz ist (X', K') ein O-Raum. □

Theorem IX.4.2. *Dafür, dass beide Räume (X, K) und (X', K') O-Räume sind, ist notwendig und hinreichend, dass der Kegel K abgeschlossen, solid und bepflasterbar ist.*

Beweis. (a) Notwendigkeit. Da der Kegel K' im O-Raum (X', K') solid[13] ist, ergibt sich mithilfe des Theorems VII.3.1 die Bepflasterbarkeit des Kegels K. Die übrigen Bedingungen folgen aus Theorem IX.1.1.
(b) Hinlänglichkeit. Aus der Bepflasterbarkeit des Kegels K folgt seine Regularität und nach der Folgerung aus Theorem IX.1.1 ist (X, K) ein O-Raum. Weiterhin ergeben sich aus der Bepflasterbarkeit und Solidität von K die gleichen Eigenschaften für K' (VII.3). Da außerdem ein dualer Kegel immer abgeschlossen ist, erweist sich (X', K') ebenfalls als O-Raum. □

Bemerkung. Aus dem dargelegten Beweis ist ersichtlich, dass – falls ein normierter Raum X mithilfe eines über eine normbeschränkte, konvexe, abgeschlossene, das Nullelement nicht enthaltende Menge mit inneren Punkten aufgespannten Kegels in

---

11 Man kann hier ebenfalls den allgemeineren Fall betrachten, dass K ein räumlicher Keil ist.

12 Andernfalls kann man anstelle von (X, K) seine Normvervollständigung $(Y, \overline{K}^Y)$ betrachten. Dabei verändern sich der duale Raum und der duale Kegel nicht.

13 Nach Theorem IX.1.1 (A. d. Ü.).

einen O-Raum umgewandelt worden ist – dann nicht nur X' ein O-Raum, sondern auch alle nachfolgenden konjugierten Räume X'' , X''' ,... ebenfalls O-Räume sind.

Lemma. *Ist in einem geordneten normierten Raum* (X, K) *der Kegel K normal und regulär sowie jede präkompakte Menge in X (o)-beschränkt, dann ist die Norm in X monoton σ-stetig.*

Beweis. Sei $x_n \downarrow 0$. Infolge der Regularität des Kegels K ist (x_n) eine $\|\cdot\|$ -Cauchy-Folge. Wir wählen eine wachsende Indexfolge (n_k) derart aus, dass zunächst

$$\|x_n - x_m\| \leq \tfrac{1}{k^2} \quad \text{bei } n, m \geq n_k$$

gewährleistet ist, setzen danach für $n, m \geq n_1$

$$\lambda_{n,m} := \max\{k: n_k \leq n, m\}$$

und bilden mit der nach wachsenden Größen beider Indizes gerichteten Menge $\{(n, m)\}$ das Netz $(\lambda_{n,m} y_{n,m})_{(n,m)}$, wobei $y_{n,m} := x_n - x_m$. Es ist leicht zu sehen, dass bei beliebigem $\varepsilon > 0$ für die Menge $\{\lambda_{n,m} y_{n,m}: m, n \in \mathbb{N}\}$ ein endliches ε -Netz[14] existiert, sodass diese Menge präkompakt ist. Sie ist dann nach Voraussetzung (o)-beschränkt, weswegen $\lambda_{n,m} y_{n,m} \leq z$ gilt. Für beliebiges k hat man nun

$$x_n - x_m \leq \tfrac{1}{k} z \quad \text{bei } n, m \geq n_k \, .$$

Nach Übergang zum (o)-Grenzwert für $m \longrightarrow +\infty$ erhält man daraus $0 \leq x_n \leq \tfrac{1}{k} z$ und wegen der Normalität des Kegels K somit auch $x_n \xrightarrow{\|\cdot\|} 0$. $\square$

Folgerung. *Ist in einem geordneten normierten Raum (X, K) der Kegel K abgeschlossen, normal und regulär sowie jede präkompakte Menge in X (o)-beschränkt, dann ist (X, K) ein $O\sigma$-Raum.*

Unter Berücksichtigung der Bemerkung zu Theorem IX.2.2 folgt dieser Sachverhalt aus dem Lemma.

Theorem IX.4.3. *Dafür, dass der geordnete normierte Raum (X, K) ein $O\sigma$-Raum und sein konjugierter (geordneter normierter) Raum (X', K') ein O-Raum sind, sind die folgenden beiden Bedingungen notwendig und hinreichend:*
(1) *Der Kegel K ist abgeschlossen und bepflasterbar.*
(2) *Jede präkompakte Menge in X ist (o)-beschränkt.*

Beweis. (a) Die Notwendigkeit der Bepflasterbarkeit des Kegels folgt aus der Tatsache, dass K' solid ist, während die Notwendigkeit der Bedingung (2) im Theorem IX.2.2 bewiesen worden ist.

---

14 Es existiert nämlich ein solches k , dass $\|\lambda_{n,m} y_{n,m}\| < \varepsilon$ für $n, m \geq n_k$ gilt. Außerdem sind alle Folgen $(\lambda_{n,m} y_{n,m})_{m\in\mathbb{N}}$ bei fixiertem n und $n_1 \leq n < n_k$ (also eine endliche Anzahl) Cauchy-Folgen, weswegen jede von ihnen ein endliches ε -Netz besitzt. Man hat nun lediglich noch die Rollen von m und n zu vertauschen.

(b) Hinlänglichkeit. Da die Bepflasterbarkeit des Kegels K sowohl seine Normalität als auch seine Regularität nach sich zieht, ist (X, K) nach der Folgerung aus dem Lemma ein $O\sigma$-Raum. Weiterhin ergibt sich aus der Bepflasterbarkeit des Kegels K, dass K' solid und somit nach Theorem IX.2.1 der Kegel K infrasolid ist. Dann ist nach dem Theorem VIII.6.2 (das, wie am Ende von Abschnitt VIII.6 bemerkt worden ist, für den Teil der Hinlänglichkeit auch ohne die Normvollständigkeit von X Gültigkeit besitzt) der Kegel K' bepflasterbar. Dank der Folgerung aus Theorem IX.1.1 ist (X', K') ein O-Raum. $\qquad\qquad\square$

Folgerung 1. *Sei (X, K) ein $O\sigma$-Raum. Sein dualer Raum (X', K') ist genau dann ein O-Raum, wenn der Kegel K bepflasterbar ist.*

Dieser Sachverhalt folgt sofort aus dem vorangegangenen Satz, weil die restlichen in ihm geforderten Bedingungen in einem beliebigen $O\sigma$-Raum erfüllt sind.

Folgerung 2. *Ist in einem $O\sigma$-Raum (X, K) der Kegel K minihedral und bepflasterbar, dann ist X endlich dimensional.*

Beweis. Da ein infrasolider Kegel nichtabgeflacht ist, erweist sich der duale Kegel K' nach Theorem V.3.1 als minihedral. Laut vorheriger Folgerung ist (X, K) ein O-Raum, sodass nach Theorem IX.1.2 der Raum X' und folglich auch X endlich dimensional sind. $\qquad\qquad\square$

Am Ende dieses Kapitels führen wir ein Beispiel eines geordneten normierten Raumes an, der zwar selbst kein $O\sigma$-Raum, dessen konjugierter aber ein O-Raum ist.

Beispiel 15. Sei $X = \ell^2$ mit der klassischen Norm versehen, und sei die Ordnung in X mithilfe des Kegels

$$K = \left\{ x \in X : \ \xi_k \geq 0 \ \text{für alle } k, \quad \sum_{k=2}^{\infty} \xi_k^2 \leq \xi_1^2 \right\}$$

eingeführt.[15] Da für beliebiges $x \in X$

$$\|x\| \leq |\xi_1| + \sqrt{\sum_{k=2}^{\infty} \xi_k^2}$$

gilt, ist $\|x\| \leq 2\xi_1$ für $x \in K$. Folglich ist $f(x) = \xi_1$ ein gleichmäßig positives Funktional, und der Kegel K erlaubt eine Bepflasterung. Setzt man für beliebiges $x \in X$

$$u := (2\|x\| + |\xi_1|, |\xi_2|, |\xi_3|, \dots),$$

dann ist $u \in K$ und $u \gg x$. Daraus folgt, dass der Kegel K erzeugend ist, während die Abgeschlossenheit von K offensichtlich ist. Nach dem Satz von Ando ist der duale Kegel K' normal. Da für den dualen Raum $X' = \ell^2$ gilt, dieser also reflexiv ist, ist K' nach

---

15 Dieses Beispiel wurde ebenfalls von I. I. Tschutschaew konstruiert.

dem Theorem VI.4.1 vollregulär. K' ist außerdem solid, da K bepflasterbar ist. Nach der Folgerung aus Theorem IX.1.1 ist nun (X', K') ein *O*-Raum.

Gleichzeitig ist sogar der klassische Kegel des Raumes ℓ^2 nicht solid, weswegen auch der Kegel K nicht solid ist. In einem reflexiven Raum sind aber Solidität und Infrasolidität äquivalent.[16] Somit ist K also nicht infrasolid und (X, K) daher kein *Oσ*-Raum.

---

16 Vergleiche mit Theorem VIII.4.1 (A. d. Ü.).

X Normierte Verbände

X.1 Räume, die zu normierten Verbänden äquivalent sind

Im vorliegenden Abschnitt wird die folgende Frage untersucht: Welche Eigenschaften muss ein verbandsgeordneter normierter Raum besitzen, damit in ihm eine äquivalente monotone Norm eingeführt und er somit in einen normierten Vektorverband[1] umgewandelt werden kann. Der Kürze halber werden wir sagen, dass ein verbandsgeordneter normierter Raum einem normierten Verband *äquivalent* ist, wenn in ihm eine äquivalente monotone Norm existiert. Die grundlegenden Resultate dieses Abschnitts stammen aus der Arbeit [54].

Theorem X.1.1. *Ein verbandsgeordneter normierter Raum $(X, \| \cdot \|, K)$ ist genau dann einem normierten Verband äquivalent, wenn der Kegel K normal und nichtabgeflacht ist.*

Beweis. (a) Notwendigkeit. Sei $\| \cdot \|'$ eine äquivalente monotone Norm in X. Im normierten Verband $(X, \| \cdot \|', K)$ ist der Kegel K normal, weil die Norm $\| \cdot \|'$ monoton ist. Ein beliebiges $x \in X$ ist in der Art $x = x_+ - x_-$ mit $0 \le x_+$, $x_- \le |x|$ darstellbar, woraus dank der Monotonie der Norm $\|x_+\|'$, $\|x_-\|' \le \||x|\|' = \|x\|'$ folgt. Der Kegel K ist demzufolge nichtabgeflacht. Es verbleibt nur noch zu vermerken, dass die Eigenschaften der Normalität und Nichtabgeflachtheit des Kegels K beim Übergang zu einer äquivalenten Norm erhalten bleiben.[2]

(b) Hinlänglichkeit. Sei K ein normaler, nichtabgeflachter Kegel. Nach Theorem IV.2.4 existiert in X eine äquivalente auf dem Kegel K monotone Norm, weswegen wir ohne Beschränkung der Allgemeinheit annehmen können, dass bereits $\| \cdot \|$ auf dem Kegel K monoton ist. Nun setzen wir

$$\|x\|' := \||x|\| . \tag{1}$$

Aus den Eigenschaften des Moduls in Vektorverbänden folgt sofort, dass $\| \cdot \|'$ eine Norm und offensichtlich monoton ist. Wir zeigen, dass sie der Norm $\| \cdot \|$ äquivalent ist.

Einerseits besitzt jedes $x \in X$ die Darstellung $x = u - v$ mit $u, v \in K$ und $\|u\|, \|v\| \le M\|x\|$ (M ist eine Nichtabgeflachtheitskonstante des Kegels K). Es gilt

$$x_+ = x \vee 0 \le u , \quad x_- = (-x) \vee 0 \le v$$

und daher $\|x_+\|, \|x_-\| \le M\|x\|$, sodass sich $\||x|\| \le 2M\|x\|$ und demzufolge

$$\|x\|' \le 2M \|x\|$$

---

1 Zu Terminologie und Erklärungen, siehe Definition im Abschnitt I.7 und Fußnote 17 (A. d. Ü.).
2 Siehe (a) aus Abschnitt III.1 und Lemma 1 aus Abschnitt IV.1 (A. d. Ü.).

DOI 10.1515/9783110478884-010

ergibt. Andererseits ist

$$\|x\| \le \|x_+\| + \|x_-\| \le 2\,\|\|x\|\| = 2\,\|x\|' \ .$$

Somit sind die Normen $\|\cdot\|$ und $\|\cdot\|'$ äquivalent. □

Folgerung 1. *Ist in einem verbandsgeordneten normierten Raum (X, K) der Kegel K normal und nichtabgeflacht, dann ist er abgeschlossen.*

Die Abgeschlossenheit des Kegels K in einem normierten Verband (X, K) ist ein gut bekannter Fakt,[3] infolgedessen ist K auch in einem verbandsgeordneten normierten Raum, der einem normierten Verband äquivalent ist, abgeschlossen.

Folgerung 2. *Ein verbandsgeordneter Banachraum (X, K) ist einem Banachverband genau dann äquivalent, wenn der Kegel abgeschlossen und normal ist.*

Die Notwendigkeit der Abgeschlossenheit des Kegels folgt aus der vorhergehenden Folgerung. Sind andererseits X ein Banachraum und der Kegel K abgeschlossen und erzeugend, dann ist K nach dem Satz von Krein-Schmuljan (Theorem III.2.1) nichtabgeflacht.

Folgerung 3. *Ein $(o\sigma)$-vollständiger verbandsgeordneter Banachraum ist genau dann einem normvollständigen K_σ-Raum äquivalent, wenn der Kegel K abgeschlossen ist.*

Diese Folgerung ergibt sich aus der vorhergehenden, da in einem $(o\sigma)$-vollständigen verbandsgeordneten Banachraum die Abgeschlossenheit des Kegels K seine Normalität nach sich zieht (siehe Folgerung aus Theorem IV.4.4). Wir heben hervor, dass in dem allgemeinen Theorem X.1.1 die Nichtabgeflachtheit des Kegels K nicht durch seine Abgeschlossenheit ersetzt werden kann. In dem zu Beginn von Abschnitt III.3 angeführten Beispiel wurde ein verbandsgeordneter normierter Raum betrachtet, der aus Funktionen beschränkter Variation bestand, dessen Kegel zwar abgeschlossen und normal, aber abgeflacht war.

Häufig erweist sich eine etwas andere Formulierung der Bedingungen als nützlich, unter denen ein verbandsgeordneter Raum einem normierten Vektorverband äquivalent ist.

Definition. Die Verbandsoperationen in einem verbandsgeordneten normierten Raum heißen *normstetig*, wenn aus $x_n \xrightarrow[n\to\infty]{\|\cdot\|} x$ und $y_n \xrightarrow[n\to\infty]{\|\cdot\|} y$

$$x_n \vee y_n \xrightarrow[n\to\infty]{\|\cdot\|} x \vee y$$

folgt.

Wegen

$$x_n \vee y_n = x_n + (y_n - x_n)_+$$

ist die vorherige Bedingung dem folgenden Fakt äquivalent: Aus $x_n \xrightarrow[n\to\infty]{\|\cdot\|} x$ folgt

---

3 Siehe z. B. [53, S. 193].

$(x_n)_+ \xrightarrow[n\to\infty]{\|\cdot\|} x_+$. Gilt $x_n \xrightarrow[n\to\infty]{\|\cdot\|} x$ und $(x_n)_+ \xrightarrow[n\to\infty]{\|\cdot\|} x_+$, dann hat man auch

$$(x_n)_- \xrightarrow[n\to\infty]{\|\cdot\|} x_- \quad \text{und} \quad |x_n| \xrightarrow[n\to\infty]{\|\cdot\|} |x| \ .$$

Umgekehrt folgt aus $x_n \xrightarrow[n\to\infty]{\|\cdot\|} x$ und $|x_n| \xrightarrow[n\to\infty]{\|\cdot\|} |x|$

$$(x_n)_+ = \frac{|x_n| + x_n}{2} \xrightarrow[n\to\infty]{\|\cdot\|} x_+ \quad \text{und} \quad (x_n)_- = \frac{|x_n| - x_n}{2} \xrightarrow[n\to\infty]{\|\cdot\|} x_- \ .$$

Auf diese Weise kann die Normstetigkeit der Verbandsoperationen nun auch folgendermaßen charakterisiert werden:

$$\text{Aus } x_n \xrightarrow[n\to\infty]{\|\cdot\|} x \text{ folgt } |x_n| \xrightarrow[n\to\infty]{\|\cdot\|} |x| \ .$$

Theorem X.1.2. *Ein verbandsgeordneter normierter Raum (X, K) ist genau dann einem normierten Verband äquivalent, wenn der Kegel K normal ist und die Verbandsoperationen in (X, K) normstetig sind.*

Beweis. (a) Die Notwendigkeit der Bedingungen folgt aus der Tatsache, dass in normierten Verbänden die Verbandsoperationen normstetig sind.[4]

(b) Zeigen wir deshalb ihre Hinlänglichkeit. Dazu weisen wir nach, dass aus den Bedingungen des Satzes die Nichtabgeflachtheit des Kegels K folgt.[5] Vor allem beweisen wir die Existenz einer solchen Konstanten M, sodass $\||x|\| \le M\|x\|$ für beliebiges $x \in X$ gilt. Tatsächlich, im gegenteiligen Fall existiert nämlich eine Folge von Elementen x_n, für die $\||x_n|\| > n\|x_n\|$ gilt, wobei man ohne Beschränkung der Allgemeinheit $\|x_n\| = \frac{1}{n}$ annehmen darf. Es gilt folglich sowohl $x_n \xrightarrow[n\to\infty]{\|\cdot\|} 0$ als auch $\||x_n|\| > 1$, womit wir zu einem Widerspruch kommen. Die Nichtabgeflachtheit des Kegels K folgt nunmehr sofort aus der Darstellung jedes Elements $x \in X$ in der Form $x = |x| - (|x| - x)$. $\square$

Unter Verwendung des Begriffs der $(*-r)$-Konvergenz (siehe Abschnitt IV.2) kann man eine weitere Charakterisierung von verbandsgeordneten normierten Räumen erhalten, die normierten Verbänden äquivalent sind.

Theorem X.1.3. *Dafür, dass ein archimedischer verbandsgeordneter normierter Raum (X, K) einem normierten Verband äquivalent ist, ist hinreichend und im Fall eines normvollständigen X auch notwendig, dass Normkonvergenz in (X, K) und $(*-r)$-Konvergenz identisch sind.*

Beweis. (a) Die Notwendigkeit der erwähnten Bedingung wurde in der Folgerung aus Theorem IV.2.5 gezeigt.[6] (b) Wir beweisen deshalb ihre Hinlänglichkeit. Entsprechend der Aussage 3 aus Abschnitt IV.2 impliziert die Identität von $(*-r)$- und Normkonvergenz die Normalität des Kegels K.

---

4 Siehe [53, Chapter VII.1].

5 Dann wendet man Theorem X.1.1 an (A. d. Ü.).

6 Im Übrigen ist dies ein gut bekannter Fakt aus der Theorie der Banachverbände, der zuerst von G. Birkhoff bewiesen wurde, siehe z. B. [53, S.196].

Wir zeigen nun noch die Normstetigkeit der Verbandsoperationen in X. Sei $x_n \xrightarrow[n \to \infty]{\|\cdot\|} x$. Nach Voraussetzung existiert eine Teilfolge[7] $x_{n_i} \xrightarrow[i \to \infty]{(r)} x$. Aus der Theorie der Vektorverbände ist bekannt, dass dann die Verbandsoperationen in einem archimedischen Vektorverband (r)-stetig sind.[8] Folglich gilt $|x_{n_i}| \xrightarrow[i \to \infty]{(r)} |x|$. Die (r)-Konvergenz zieht aber die ($*$-r)-Konvergenz und daher nach Voraussetzung auch die Normkonvergenz nach sich, weswegen $|x_{n_i}| \xrightarrow[i \to \infty]{\|\cdot\|} |x|$ gilt. Da diese Überlegung für jede beliebige Teilfolge aus (x_n) Gültigkeit besitzt, folgt hieraus auch $|x_n| \xrightarrow[n \to \infty]{\|\cdot\|} |x|$, sodass man sich nur noch auf den vorhergehenden Satz zu beziehen braucht. $\qquad\square$

Bemerkung. In einem beliebigen normierten Verband muss aus der Normkonvergenz nicht unbedingt die ($*$-r)-Konvergenz folgen. So verhält sich die Sache beispielsweise im Raum L^∞ mit der aus L^1 induzierten Integralnorm.

Der folgende Satz ist nahezu offensichtlich. Wir formulieren ihn hier lediglich der Vollständigkeit halber.

Theorem X.1.4. *Ein verbandsgeordneter normierter Raum (X, K) ist einem normierten Verband beschränkter Elemente genau dann äquivalent, wenn sein Kegel K normal und solid ist.*

Beweis. (a) Die Notwendigkeit der Bedingung ist offensichtlich, da in einem normierten Verband beschränkter Elemente der Kegel der positiven Elemente normal und solid ist.[9]
(b) Die Hinlänglichkeit ist in der Folgerung aus Theorem IV.4.1 bewiesen worden. Im Übrigen folgt die Hinlänglichkeit der Bedingung ebenfalls aus der Bemerkung zu Theorem IV.7.3. $\qquad\square$

X.2 KB-Räume

Wir betrachten nun die wichtige und interessante Klasse von Dedekind-vollständigen verbandsgeordneten Banachräumen,[10] die von L. W. Kantorowitsch eingeführt und detailliert untersucht worden ist. Später erhielten diese Räume die Bezeichnung KB-Räume (Kantorowitsch-Banach-Räume).

Definition. Ein Banachverband (X, K) mit vollregulärem Kegel K heißt *KB-Raum*.[11]

---

7 Ohne Beschränkung kann man $(x_n)_{n \in \mathbb{N}}$ bereits als Teilfolge ansehen, in der eine (r)-konvergente Teilfolge $(x_{n_i})_{i \in \mathbb{N}}$ existiert (A. d. Ü.).
8 Siehe [53, S. 83].
9 Siehe Theorem IV.4.1 (A. d. Ü.).
10 Als K-Raum wurde in Abschnitt I.5 ein Dedekind-vollständiger Vektorverband bezeichnet (A. d. Ü.).
11 Ursprünglich wurden die KB-Räume mithilfe der in Theorem X.2.1 angegebenen Charakterisierung definiert. In [54] wurden die KB-Räume als normierte Verbände mit vollregulärem Kegel charakteri-

Jeder KB-Raum ist Dedekind-vollständig und erweist sich daher als ein K-Raum, während die Norm in ihm monoton stetig ist. Dies folgt unverzüglich aus dem Theorem VI.5.1 und seiner Folgerung 1.

Das einfachste Beispiel für KB-Räume sind die Räume L^p und ℓ^p ($1 \le p < +\infty$) mit klassischer Norm und Ordnung (vgl. Abschnitt VI.2). Ein anderes Beispiel liefert ein Orlicz-Raum[12], falls die ihn definierende konvexe Funktion der aus der Theorie der Orlicz-Räume gut bekannten Δ_2-Bedingung genügt (siehe [29, S. 42]). Wir erwähnen noch die Räume mit gemischter Norm L^{p_1,p_2}($1 \le p_1, p_2 < +\infty$). Diese Räume bestehen aus

---

siert. Eine solche Definition ist der oben angegebenen in dem Fall äquivalent, wenn die Vollregularität im Sinn von M. A. Krasnoselskij verstanden wird, d. h., wenn gefordert wird, dass jede monoton wachsende normbeschränkte Folge von positiven Elementen einen Normgrenzwert besitzt (vgl. Bemerkung nach Theorem VI.2.3). Bei der von uns gegebenen Definition der Vollregularität ist die Normvollständigkeit des Raumes notwendigerweise in die Definition eines KB-Raumes einzuschließen. Wir erinnern ebenfalls daran, dass nach einem Satz von T. Ogasawara [44] KB-Räume als sequenziell schwach vollständige normierte Verbände charakterisiert werden können.

Darüber hinaus sind weitere Charakterisierungen von KB-Räumen von M. Nakamura, G. J. Lozanowskij und P. Meyer-Nieberg angegeben worden, in denen vielfältige interessante Zusammenhänge von Ordnung und Norm in einem KB-Raum aufgedeckt wurden. Es gilt das folgende Theorem: Für einen Banachverband (X, K) sind die folgenden Aussagen äquivalent:

(a) (X, K) ist ein KB-Raum, d. h., der Kegel ist vollregulär.
(b) X ist ein Band in X''.
(c) X ist mit dem ordnungsstetigen Dualraum von X' identisch.
(d) X ist schwach sequenziell vollständig.
(e) c_0 ist in X nicht einbettbar.
(f) c_0 ist in X nicht verbandseinbettbar.
Siehe [AB06, Theorem 14.12] (A. d. Ü.).

12 Sei (T, Σ, μ) ein Maßraum mit endlichem Maß μ und $S(T, \Sigma, \mu)$ die Menge aller messbaren, auf T definierten, fast überall endlichen Funktionen, wobei man äquivalente (d. h., sich nur auf einer Menge vom Maß null unterscheidende) Funktionen identifiziert. Sei M eine auf $\mathbb{R}$ definierte gerade, (außer in null) streng positive, konvexe und stetige Funktion, die den Bedingungen

$$\lim_{t \to 0} \frac{M(t)}{t} = 0 \quad \text{und} \quad \lim_{t \to \infty} \frac{M(t)}{t} = +\infty$$

genügt. Sei

$$L_M(T, \Sigma, \mu) := \left\{ x \in S(T, \Sigma, \mu) \colon \exists \lambda = \lambda(x) > 0 \text{ mit } \int_T M\left(\frac{|x(t)|}{\lambda}\right) d\mu < \infty \right\}.$$

Mit den üblichen algebraischen Operationen, der Ordnung aus $S(T, \Sigma, \mu)$ und der Norm

$$\|x\| := \inf\left\{ \lambda > 0 \colon \int_T M\left(\frac{|x(t)|}{\lambda}\right) d\mu \le 1 \right\}$$

ist $L_M(T, \Sigma, \mu)$ ein Banachverband und heißt *Orlicz-Raum*. $L_M(T, \sigma, \mu)$ ist genau dann ein KB-Raum, wenn die Funktion M der bekannten Δ_2-Bedingung genügt, d. h., es existieren solche Konstanten $k > 0$ und t_0, sodass $M(2t) \le kM(t)$ für alle $t \ge t_0$ gilt, siehe [KA77, Chapters IV.3.4, X.4.4] und [MeN91, Chapter 2.6] (A. d. Ü.).

Funktionen zweier Variablen $x(t_1, t_2)$, die auf dem Produkt von Maßräumen (T_1, μ_1) und (T_2, μ_2) messbar sind, wobei die Norm durch

$$\|x\| = \Big(\int\limits_{T_2} \Big(\int\limits_{T_1} |x(t_1, t_2)|^{p_1} \, d\mu_1 \Big)^{\frac{p_2}{p_1}} d\mu_2 \Big)^{\frac{1}{p_2}} < +\infty$$

eingeführt wird. Der Nachweis, dass derartige Räume mit ihrer natürlichen Ordnung KB-Räume sind, ist vollkommen elementar.

Theorem X.2.1. *Dafür, dass ein normierter K_σ-Raum (X, K) ein KB-Raum ist, sind die Bedingungen,*
(1) *die Norm in X ist monoton σ-stetig (Bedingung (A_σ)), und*
(2) *jede monoton wachsende normbeschränkte Folge von positiven Elementen ist (o)-beschränkt (Bedingung (B_σ))[13]*
notwendig und hinreichend.

Beweis. (a) Notwendigkeit. Die Notwendigkeit der monotonen Stetigkeit der Norm und umso mehr der Bedingung[14] (A_σ) ist oben (unmittelbar nach der Definition) bereits erwähnt worden. Die Bedingung (B_σ) ergibt sich aus der Vollregularität des Kegels K, da der KB-Raum X normvollständig und der Kegel K abgeschlossen ist.[15]
(b) Hinlänglichkeit. Bilden die Elemente $x_n \in K$ eine monoton wachsende normbeschränkte Folge, dann ist nach Bedingung diese Folge (o)-beschränkt, weswegen $x = \sup_n x_n$ existiert und $x_n \uparrow x$ gilt. Infolge der monotonen σ-Stetigkeit der Norm hat man $x_n \xrightarrow[n \to \infty]{\|\cdot\|} x$; der Kegel K ist demzufolge also vollregulär. Wie bereits in Abschnitt VI.2 vermerkt wurde, folgt hieraus unmittelbar, dass im Raum (X, K) die Bedingungen von Theorem III.3.1 erfüllt sind, aus denen die Normvollständigkeit von X folgt. Somit ist X ein KB-Raum. $\qquad\square$

KB-Räume sind in [53] ausführlich untersucht worden. Die vorteilhafte Verknüpfung von Norm und Halbordnung in den KB-Räumen (siehe Fußnote 11 dieses Abschnitts) erlaubt es, viele ihrer Ordnungseigenschaften mithilfe der Norm zu beschreiben. Wir beweisen hier lediglich eine Eigenschaft von KB-Räumen, die im Weiteren Verwendung finden wird.

---

13 Man sagt, dass die Norm in einem Vektorverband X eine *Levi-Norm* ist (oder äquivalent dazu *monoton vollständig* ist bzw. der Bedingung (B) genügt), wenn

$$\Big(0 \le x_\alpha \uparrow \ \text{und} \ \sup_\alpha \|\{x_\alpha\}\| < \infty \Big) \Rightarrow (\exists x \in X \text{ mit } x_\alpha \uparrow x) \qquad (B)$$

gilt. Ist diese Eigenschaft lediglich für Folgen erfüllt, dann nennt man sie Bedingung (B_σ) (A. d. Ü.).
14 Siehe Fußnote zur Defintion im Abschnitt VI.5 (A. d. Ü.).
15 Jede monoton wachsende normbeschränkte Folge von Elementen $x_n \ge 0$ ist eine $\|\cdot\|$-Cauchy-Folge. Da X ein Banachraum ist, konvergiert diese, und ihr Grenzwert liegt wegen der Abgeschlossenheit des Kegels in K. Dieser ist wegen der Monotonie der Folge eine obere Schranke der Menge $\{x_n : n \in \mathbb{N}\}$ (A. d. Ü.).

Theorem X.2.2. *Sei (X, K) ein KB-Raum. Eine Menge $E \subset X$ ist genau dann (o)-be-schränkt, wenn die Bedingung (α) gilt: Für jede beliebige Folge von Elementen $x_n \in E$ und für jede beliebige Zahlenfolge $\lambda_n \xrightarrow[n\to\infty]{} 0$ gilt $\lambda_n x_n \xrightarrow[n\to\infty]{(o)} 0$.*

Beweis. Die Notwendigkeit der Bedingung (α) für die (o)-Beschränktheit[16] der Menge E ist offensichtlich. Wir zeigen ihre Hinlänglichkeit. Genüge E der Bedingung (α). Da die aus den Moduln der Elemente von E bestehende Menge derselben Bedingung genügt, reicht es aus, den Beweis für den Fall $E \subset K$ durchzuführen. Zu E fügen wir die Suprema aller ihrer endlichen Teilmengen hinzu und bezeichnen die so erhalte-ne Menge mit E'. Dann genügt auch E' der Bedingung (α). In der Tat, seien $x_n \in E'$ und $\lambda_n \xrightarrow[n\to\infty]{} 0$ (ohne Beschränkung der Allgemeinheit kann man $\lambda_n > 0$ annehmen). Jedes x_n hat die Gestalt

$$x_n = y_1^{(n)} \vee \ldots \vee y_{k_n}^{(n)} \quad \text{mit} \quad y_i^{(n)} \in E, \ i \in \{1, \ldots, k_n\}.$$

Wir bilden die Folge

$$\lambda_1 y_1^{(1)}, \ldots, \lambda_1 y_{k_1}^{(1)}, \ldots, \lambda_n y_1^{(n)}, \ldots, \lambda_n y_{k_n}^{(n)}, \ldots, \tag{2}$$

die wegen der Bedingung (α) für E zu Null (o)-konvergiert. Es existiert folglich eine fallende, die Folge (2) majorisierende Folge

$$u_1^{(1)}, \ldots, u_{k_1}^{(1)}, \ldots, u_1^{(n)}, \ldots, u_{k_n}^{(n)}, \ldots \downarrow 0.$$

Letzteres bedeutet $\lambda_n y_i^{(n)} \leq u_i^{(n)}$ für alle n und i. Dann gilt aber auch $\lambda_n x_n \leq u_i^{(n)}$ und daher $\lambda_n x_n \xrightarrow[n\to\infty]{(o)} 0$.

Aus der Konstruktion geht hervor, dass die Menge E' steigend gerichtet ist. Wir be-weisen nun, dass sie normbeschränkt ist. Unter Annahme des Gegenteils kann man aus E' eine solche monoton wachsende Folge von Elementen x_n auswählen, dass $\|x_n\| \xrightarrow[n\to\infty]{} +\infty$ gilt. Weiterhin existiert eine solche Folge $\lambda_n \xrightarrow[n\to\infty]{} 0$, dass $\lambda_n\|x_n\| \xrightarrow[n\to\infty]{} +\infty$ gilt. Andererseits ist die Folge $(\lambda_n x_n)$ wegen $\lambda_n x_n \xrightarrow[n\to\infty]{(o)} 0$ (o)-beschränkt und infol-ge der Monotonie der Norm daher auch normbeschränkt. Der erhaltene Widerspruch beweist die Normbeschränktheit der Menge E'.

Wegen der Vollregularität von K muss die steigend gerichtete Menge E' ein $\|\cdot\|$-Cauchy-Netz sein und daher zu einem Grenzwert in der Norm konvergieren, welcher auch das Supremum der Menge E' ist. $\qquad\square$

Theorem X.2.3. *Ein Banachverband (X, K) ist einem KB-Raum mit einer auf dem Ke-gel K additiven Norm genau dann äquivalent, wenn der Kegel K bepflasterbar ist.*[17]

---

16 Die Bedingung (α) findet man bereits in [53, Kapitel VI.6] zur Charakterisierung der (o)-Beschränktheit von Mengen in einer speziellen Klasse von K-Räumen (A. d. Ü.).

17 KB-Räume mit einer Norm, die auf dem Kegel der positiven Elemente additiv ist, heißen oft auch *Räume vom Typ (L)*. Grund dafür ist ein Satz von S. Kakutani [24], nach dem solche Räume als Räume summierbarer Funktionen auf einem gewissen topologischen Maßraum realisiert werden können. Im Verlauf der Zeit hat sich der Begriff *(AL)-Raum* durchgesetzt (A. d. Ü.).

Beweis. Die Notwendigkeit der Bedingung ergibt sich sofort aus dem Theorem VII.1.1. Ist umgekehrt der Kegel K in einem Banachverband (X, K) bepflasterbar, dann existiert in X eine äquivalente, auf K additive Norm. Diese äquivalente Norm kann sich jedoch auf X als nicht monoton erweisen. Da der Kegel K abgeschlossen und normal ist, existiert nach Folgerung 2 aus Theorem X.1.1 eine weitere äquivalente Norm, die auf X monoton ist. Wie aus dem Beweis von Theorem X.1.1 ersichtlich ist (siehe Formel (1)), kann dabei diese neue monotone Norm so konstruiert werden, dass ihre Werte auf K unverändert bleiben. Auf diese Weise erhält man eine äquivalente, monotone und auf dem Kegel K additive Norm. □

Wir beweisen nun einen weiteren Satz über $O\sigma$-Räume, der an die Folgerung 2 aus Theorem IX.4.3 anknüpft.

Theorem X.2.4. *Ist in einem normvollständigen $O\sigma$-Raum (X, K) der Kegel K minihedral und vollregulär, dann ist X endlich dimensional.*

Beweis. Nach Folgerung 2 aus Theorem X.1.1 ist (X, K) einem Banachverband äquivalent, sodass man ohne Beschränkung der Allgemeinheit annehmen darf, dass bereits die in X vorliegende Norm monoton ist. (X, K) ist dann wegen der Vollregularität seines Kegels ein KB-Raum. Wir zeigen, dass die Einheitskugel $B \subset X$ der Bedingung (α) aus Theorem X.2.2 genügt. Ist $x_n \in B$ und $\lambda_n \xrightarrow[n\to\infty]{} 0$, dann gilt $\lambda_n x_n \xrightarrow[n\to\infty]{\|\cdot\|} 0$ und daher auch $\lambda_n x_n \xrightarrow[n\to\infty]{(o)} 0$. Dann ist nach Theorem X.2.2 die Kugel B (o)-beschränkt und folglich nach Theorem II.1.4 der Kegel K solid. Nach der Folgerung aus Theorem IX.3.2 ist nun (X, K) ein O-Raum und nach Theorem IX.1.2 ist X endlich dimensional. □

Am Ende dieses Abschnitts erwähnen wir noch die folgende einfache Charakterisierung von Banachverbänden mit regulärem Kegel:
K-Räume mit regulärem Kegel sind normvollständige K-Räume mit monoton stetiger Norm.
Das erhält man aus Theorem VI.5.1 und seiner Folgerung 2, wobei aus dem gleichen Theorem VI.5.1 auch folgt, dass, falls (X, K) ein normvollständiger K_σ-Raum mit monoton σ-stetiger Norm ist, der Kegel K regulär und daher (X, K) ein K-Raum und seine Norm monoton stetig sind.

X.3 Die Ordnungsvervollständigung eines geordneten normierten Raumes

In der Theorie der Vektorverbände spielt der Satz von A. I. Judin eine exponierte Rolle. Dieser besagt, dass jeder archimedische Vektorverband X unter Beibehaltung der algebraischen Operationen und der exakten Schranken in einen K-Raum Y derart eingebettet werden kann, dass für beliebiges $\hat{x} \in Y$ die Mengen

$$E := \{y \in X : y \le \hat{x}\} \quad \text{und} \quad F := \{y' \in X : y' \ge \hat{x}\}$$

nicht leer sind und

$$\hat{x} = \sup E = \inf F \tag{3}$$

gilt. Mit anderen Worten: Ein Vektorverband X kann auf minimale Weise so vervollständigt werden, dass im vervollständigten Raum jede von oben oder unten beschränkte Menge die entsprechende exakte Schranke besitzt. Die Konstruktion, mit deren Hilfe man dem Raum Y gewinnt, stellt eine Verallgemeinerung der auf R. Dedekind (1831–1916) zurückgehenden Methode der Einführung der irrationalen Zahlen dar, weswegen der K-Raum Y die *Dedekind-Vervollständigung* oder *Vervollständigung mithilfe der Schnittmethode* des Vektorverbandes X heißt.[18]

Ein ausführlicher, bei Weitem nicht kurzer, Beweis dieses Theorems ist in [53, Theorem IV.11.1] dargelegt, den wir hier nicht wiederholen werden. Wir zeigen lediglich, dass durch eine geringfügige Änderung des Beweises der Satz von Judin in einer allgemeineren Form für einen beliebigen archimedischen geordneten Vektorraum mit erzeugendem Kegel Gültigkeit besitzt. Dabei werden wir jene Teile des Beweises, die ohne Veränderung übernommen werden können, nur schematisch reproduzieren.

Sei also (X, K) ein vom Nullelement verschiedener archimedischer geordneter Vektorraum mit erzeugendem Kegel K. Für eine Teilmenge $A \subset X$ bezeichne A^s (entsprechend A^i) die Menge aller oberen (unteren) Schranken der Menge A, wobei $A^{si} = (A^s)^i$ bedeutet. Es gilt immer die Inklusion $A \subset A^{si}$. Ist sogar $A = A^{si}$, dann heiße die Menge A eine *Klasse*. Für eine beliebige Menge $A \subset X$ ist die Menge A^{si} eine Klasse, darüber hinaus sogar die kleinste, die A enthält. Es ist leicht einzusehen, dass die leere Menge die kleinste und X die größte Klasse (überhaupt) sind. Die Menge Y aller übrigen Klassen, im Sinne der Mengeninklusion geordnet, ist ein bedingt vollständiger Verband[19], wobei offensichtlich ist, dass für eine Klasse A die Beziehung $A \neq X$ genau dann gilt, wenn sie von oben beschränkt ist. Jedem $x \in X$ ordnen wir nun die Klasse

$$A_x = \{y \in X : y \le x\}$$

zu, wodurch eine Einbettung von X in Y entsteht, die alle exakten Schranken in X beibehält, d. h., wenn $B \subset X$ und $x_0 = \sup B$ in X gelten, dann ist $x_0 = \sup B$ auch in Y.[20]

---

18 In der russischsprachigen Literatur über Vektorverbände (z. B. in [53]) findet dafür auch der Begriff *K-Vervollständigung* Verwendung. In der neueren Literatur hat sich für die Dedekind-Vervollständigung eines archimedischen Vektorverbandes X die Bezeichnung X^δ durchgesetzt (A. d. Ü.).

19 Eine partiell geordnete Menge E (d. h., für gewisse Paare von Elementen $x, y \in E$ ist eine Relation $x > y$ definiert, die den beiden Eigenschaften

     (i) $x > y$ schließt $x = y$ aus   und   (ii) $x > y$, $y > z$ implizieren $x > z$

genügt) heißt *Verband*, falls außerdem noch die Eigenschaft

     (iii) für beliebige zwei Elemente $x_1, x_2 \in E$ existieren in E ihr Supremum $x_1 \vee x_2$
          und ihr Infimum $x_1 \wedge x_2$

gilt. Ein Verband heißt *bedingt vollständig*, wenn jede nicht leere von oben (von unten) beschränkte Teilmenge aus E ihr Supremum (Infimum) in E besitzt (siehe [53, S. II.3]) (A. d. Ü.).

20 Diese Eigenschaft der Einbettung ist bereits in [McN37] bewiesen worden. Wir übernehmen den Beweis des Erhalts der exakten Schranken aus [53, Theorem II.3.2], da er klärt, was der Autor hier mit

Der weitere in [53] geführte Beweis des Satzes von Judin besteht in der Einführung der algebraischen Operationen in Y (d. h., es werden die Summe von Klassen und das Produkt einer Klasse mit einer reellen Zahl definiert) so, dass Y zu einem Vektorverband (und folglich zu einem K-Raum) wird und die aus Y in X induzierten algebraischen Operationen mit den algebraischen Operationen zusammenfallen, die in X ursprünglich vorhanden waren. Wir behalten die in [53] gemachten Festlegungen für die algebraischen Operationen in Y bei. Auf diese Weise ist die Summe zweier Klassen A und B als die kleinste, alle Elemente der Art $a + b$ ($a \in A$, $b \in B$) enthaltende Klasse, definiert. Das Produkt λA für $\lambda > 0$ ist als die aus allen Elementen der Art λa ($a \in A$) bestehende Klasse definiert, das Produkt λa für $\lambda = 0$ wurde gleich der Klasse $-K = A_0$ gesetzt, und schließlich besteht für $\lambda < 0$ das Produkt (also die Klasse) λA aus allen Elementen der Art $\lambda a'$ mit $a' \in A^s$. Es gilt nun zu zeigen, dass Y tatsächlich ein Vektorraum ist. Das Kommutativgesetz der Addition ist offensichtlich. Die Klasse $-K$ dient als Nullelement der Multiplikation, d. h., es ist $0 \cdot A = -K$ per Definition. Außerdem ist $1 \cdot A = A$ für beliebiges $A \in Y$. Das Assoziativgesetz der Multiplikation ist ebenfalls nahezu offensichtlich, während das Assoziativgesetz der Addition genauso wie in [53] bewiesen wird. Danach wird, wie auch dort, gezeigt, dass $-K$ auch die Null der Addition ist, d. h., $A + (-K) = A$ für jedes $A \in Y$ gilt. In diesem Teil des Beweises aus [53] ist der Fakt, dass X dort ein Verband ist, nicht verwendet worden, weswegen alle dortigen Überlegungen unverändert auf unseren allgemeinen Fall übertragbar sind.

Es gilt weiterhin $A + (-A) = -K$ für beliebiges $A \in Y$ nachzuweisen. In [53] wurde das unter Ausnutzung der exakten Schranken in X erreicht, die in unserem Fall nicht existieren müssen. Wir geben deshalb hier für diesen Sachverhalt einen anderen Beweis an. Seien $a \in A$ und $b \in (-A)$. Letzteres bedeutet $b = -a'$ mit $a' \in A^s$, folglich also $a + b = a - a' \leq 0$. Bezeichnet C die Menge aller Elemente der Form $a + b$ mit $a \in A$, $b \in (-A)$, dann ist $K \subset C^s$. Für beliebiges $z \in C^s$ gilt dann $a - a' \leq z$ bei beliebigen $a \in A$, $a' \in A^s$, folglich $a - z \leq a'$ und daher $a - z \in A^{si} = A$. Hieraus gewinnt man durch Induktion[21] $a - nz \in A$ für beliebiges $n \in \mathbb{N}$, folglich $a - nz \leq a'$ bzw. $-nz \leq a' - a$ und nach dem archimedischen Prinzip in X schließlich $-z \leq 0$, d. h. $z \in K$. Somit hat man $C^s = K$ sowie $C^{si} = -K$. C^{si} ist aber laut Definition gerade die Klasse $A + (-A)$.

———————

der ungenauen Sequenz „dann ist $x_0 = \sup B$ auch in Y" für eine Menge $B \subset X$ meint. Seien C die Menge $C = \bigcup_{x \in B} A_x$ und $A = C^{si}$. Dann ist $A \in Y$, und man kann zeigen, dass $A = \sup_{x \in B} \{A_x\}$ gilt. Wir beweisen $A_{x_0} = A$. Klar ist $B^s = C^s$, folglich ist x_0 das kleinste Element in C^s, und deswegen gilt

$$C^{si} = \{y \in X : y \leq x_0\}, \text{ also } A = A_{x_0}.$$

Analog zeigt man für $x_0 = \inf B$, dass $A_{x_0} = \inf_{x \in B} \{A_x\}$ mit $A_{x_0} = \bigcap_{x \in B} A_x$ gilt (A. d. Ü.).

21 Gilt bereits $a - (k-1)z \in A$, so hat man für $z \in C^{si}$ die Beziehung $a - (k-1)z - a' \leq z$ für alle $a' \in A^s$, also $a - kz = a - (k-1)z - z \leq a'$, d. h. $a - kz \in A$ (A. d. Ü.).

Nunmehr ist es möglich, zu [53] zurückzukehren und, genau wie dort, das (erste) Distributivgesetz

$$\lambda(A + B) = \lambda A + \lambda B \quad \text{für beliebige } A, B \in Y$$

nachzuweisen. Hier zeigen wir das zweite Distributivgesetz

$$(\lambda + \mu)A = \lambda A + \mu A \tag{4}$$

für $\lambda, \mu > 0$. Die Inklusion $(\lambda + \mu)A \subset \lambda A + \mu A$ ist offensichtlich. Um die umgekehrte Inklusion zu erhalten, sei $b \in ((\lambda + \mu)A)^s$. Es gilt $(\lambda + \mu)a \le b$ für beliebiges $a \in A$, d. h. $a \le \frac{1}{\lambda+\mu} b$. Für beliebige $a_1, a_2 \in A$ gilt jetzt

$$\lambda a_1 + \mu a_2 \le \frac{\lambda}{\lambda + \mu} b + \frac{\mu}{\lambda + \mu} b = b$$

und daher

$$\lambda a_1 + \mu a_2 \in ((\lambda + \mu)A)^{si} = (\lambda + \mu)A .$$

Somit ist $\lambda A + \mu A \subset (\lambda + \mu)A$. Nachdem die Gleichung (4) für $\lambda, \mu > 0$ gezeigt worden ist, kann der verbleibende Teil des Beweises einschließlich der Formel (3) genau wie in [53] zu Ende geführt werden.

Im Weiteren werden wir die Elemente der Vervollständigung Y mit gewöhnlichen Buchstaben $x, y, \dots$ bezeichnen. Wir bemerken, dass aus der Konstruktion von Y sofort folgt, dass für ein beliebiges Element $x \in Y$ ein $u \in X$ mit $u \ge x$ existiert. Dann findet sich aber auch ein solches $u \in K$, dass $u \ge x$ gilt.[22]

Wir werden weiter $(X, \|\cdot\|, K)$ als archimedischen geordneten normierten Raum mit erzeugendem Kegel K und Y als seine Dedekind-Vervollständigung annehmen und werfen die Frage auf, unter welchen Bedingungen in Y eine Norm eingeführt werden kann, mit der sich Y in einen normierten K-Raum so umwandeln lässt, dass die aus Y in X induzierte Topologie mit der ursprünglichen identisch ist. In [53] wurde eine Lösung dieser Aufgabe unter der Voraussetzung, dass X ein normierter Verband ist, gegeben und für diesen Fall gezeigt, dass eine solche Fortsetzung der in X gegebenen Norm auf ganz Y existiert, mit der Y zu einem normierten K-Raum wird. Für eine allgemeinere Situation ist diese Frage von I. F. Danilenko behandelt worden, der u. a. das folgende Resultat bewies.

Theorem X.3.1. *Seien $(X, \|\cdot\|, K)$ ein geordneter normierter Raum mit abgeschlossenem, normalem und nichtabgeflachtem Kegel K sowie Y die Dedekind-Vervollständigung von X. Dann existiert in Y eine monotone Norm, die auf X der Norm $\|\cdot\|$ äquivalent ist.*

Beweis. Wir bemerken zunächst, dass nach Theorem II.3.2 der geordnete normierte Raum X archimedisch ist und daher Y existiert. Wir setzen für beliebiges $x \in Y$

$$\|x\|^* := \inf_{u \in K, u \ge |x|} \{\|u\|\} \tag{5}$$

---

22 Der Kegel K ist erzeugend (A. d. Ü.).

und zeigen, dass $\|\cdot\|^*$ eine Norm in Y definiert. Die Gleichheit $\|\lambda x\|^* = |\lambda| \|x\|^*$ ist offensichtlich. Ist $\|x\|^* = 0$, dann existieren $u_n \in K$ derart, dass $u_n \geq |x|$ und $\|u_n\| \xrightarrow[n \to \infty]{} 0$. Sei $y \in X$ und $y \leq |x|$. Dann folgt wegen der Abgeschlossenheit des Kegels K aus der Ungleichung $y \leq u_n$, dass $y \leq 0$ und daher

$$|x| = \sup\{y \in X \colon y \leq |x|\} \leq 0$$

gilt. Das bedeutet $|x| = 0$ und damit auch $x = 0$.

Seien $x_1, x_2 \in Y$ und $u, v \in K$ derart, dass $u \geq |x_1|$, $v \geq |x_2|$ gilt, dann erhält man $u + v \geq |x_1 + x_2|$. Deshalb ist

$$\|x_1 + x_2\|^* \leq \inf_{\substack{u \geq |x_1|, v \geq |x_2| \\ u, v \in K}} \{\|u + v\|\} \leq \inf_{\substack{u \geq |x_1| \\ u \in K}} \{\|u\|\} + \inf_{\substack{v \geq |x_2| \\ v \in K}} \{\|v\|\} = \|x_1\|^* + \|x_2\|^*$$

und damit $\|\cdot\|^*$ eine Norm. Ihre Monotonie ist offensichtlich, infolgedessen ist Y mit der Norm $\|\cdot\|^*$ ein normierter K-Raum.

Wir beweisen jetzt, dass auf X beide Normen äquivalent sind. Sei M eine Nichtabgeflachtheitskonstante des Kegels K. Für beliebiges $x \in X$ existieren $u, v \in K$ mit $x = u - v$ und $\|u\|, \|v\| \leq M\|x\|$. Dann gilt $|x| \leq u + v$ ($|x|$ existiert in Y) und daher

$$\|x\|^* \leq \|u + v\| \leq \|u\| + \|v\| \leq 2M\|x\| .$$

Umgekehrt, ist $u \in K$ und $u \geq |x|$, dann gelten $u \geq \pm x$ sowie $0 \leq u + x \leq 2u$. Aufgrund der Normalität des Kegels K ist die Norm $\|\cdot\|$ auf ihm semimonoton; sei N ihre Halbmonotoniekonstante. Es gilt dann

$$\|x\| \leq \|u + x\| + \|u\| \leq (2N + 1)\|u\| ,$$

woraus man (nach dem Übergang zum Infimum) $\|x\| \leq (2N + 1)\|x\|^*$ erhält. $\quad\square$

Theorem X.3.2. *Ist unter den Bedingungen des vorhergehenden Theorems der Raum X normvollständig, dann ist der Raum Y mit der durch die Formel (5) definierten Norm ebenfalls normvollständig.*

Beweis. Nach Theorem IV.2.6 genügt es zu zeigen, dass jede monoton wachsende Cauchy-Folge $(x_n)_{n \in \mathbb{N}}$ positiver Elemente $x_n \in Y$ (o)-beschränkt ist. Das wiederum führt zu der Überprüfung folgender Bedingung: Ist $(x_n)_{n \in \mathbb{N}}$ eine beliebige Folge positiver Elemente aus Y mit $\sum_{n=1}^{\infty} \|x_n\|^* < +\infty$, dann ist die Folge der Partialsummen der Reihe $\sum_{n=1}^{\infty} x_n$ (o)-beschränkt. Aus Formel (5) folgt, dass für jedes n ein solches $y_n \in X$ existiert, für das $y_n \geq x_n$ und $\|y_n\| \leq 2\|x_n\|^*$ gelten. Wegen der Normvollständigkeit von X konvergiert die Reihe $\sum_{n=1}^{\infty} y_n$ bezüglich der Norm, weswegen die Menge ihrer Partialsummen (o)-beschränkt ist. Umso mehr ist auch die Menge der Partialsummen der Reihe $\sum_{n=1}^{\infty} x_n$ (o)-beschränkt. $\quad\square$

Seien jetzt (X, K) ein archimedischer geordneter normierter Raum mit solidem Kegel K, $u \gg 0$ und die Norm in X mit der u-Norm identisch. Der Kegel K ist dann abgeschlossen, normal und nichtabgeflacht (Abschnitt IV.4 und Abschnitt III.1), sodass auf den Raum (X, K) das Theorem X.3.1 angewendet werden kann. Aus der Konstruktion der Vervollständigung durch Schnitte ist ersichtlich, dass das Element u auch in Y eine starke Einheit bleibt. Wir zeigen, dass die in Y durch Formel (5) definierte Norm ebenfalls die u-Norm ist. In der Tat, für beliebiges $x \in Y$ ist wegen $\lambda u \in K$ bei $\lambda > 0$

$$\|x\|^* = \inf_{v \geq |x|,\ v \in K} \{\|v\|\} \leq \inf_{|x| \leq \lambda u} \{\lambda\} \ .$$

Andererseits gilt für beliebiges $v \in K$

$$v \leq \|v\|\, u \ ,$$

weswegen das Zeichen $<$ in der vorhergehenden Ungleichung nicht möglich ist.

In der Theorie der Vektorverbände wird bewiesen, dass ein normierter K-Raum mit starker Einheit u und der mit ihrer Hilfe eingeführten u-Norm normvollständig ist, siehe ([53, S. 200]). Man nennt einen solchen Raum dann normvollständigen oder Banach'schen K-Raum beschränkter Elemente. Auf diese Weise münden die vorangegangenen Überlegungen in dem folgenden Resultat.

Theorem X.3.3. *Sei u eine starke Einheit in einem archimedischen geordneten normierten Raum (X, K). Dann kann die u-Norm in X auf Y so fortgesetzt werden, dass sich Y als normvollständiger K-Raum beschränkter Elemente erweist, in dem die Norm die mithilfe der starken Einheit u konstruierte u-Norm ist.*

Es könnte nun der folgende Gedanke aufkommen: Ersetzt man in den Bedingungen des Theorems X.3.1 die Normalität des Kegels K durch irgendeine stärkere Eigenschaft, kann man dann erwarten, dass sich diese Eigenschaft auch auf die Dedekind-Vervollständigung überträgt? Dem ist jedoch nicht so; insbesondere gelingt es auf diesem Wege nicht, eine Charakterisierung der Räume zu erhalten, für die sich die Dedekind-Vervollständigung als KB-Raum erweist. Die letzte Bemerkung wird durch ein von A. Waterman [50] konstruiertes Beispiel bekräftigt, in dem für (X, K) ein endlich dimensionaler geordneter Banachraum mit abgeschlossenem, folglich normalem und (nach Folgerung aus Theorem VII.2.1) sogar bepflasterbarem Kegel K gewählt wurde, wobei sich seine Dedekind-Vervollständigung als unendlich dimensionaler Banach'scher K-Raum beschränkter Elemente erweist und daher sein Kegel der positiven Elemente, nach Theorem VI.2.4, nicht regulär sein kann.

XI Der Kegel der positiven linearen Operatoren

XI.1 Halbordnung im Raum der linearen stetigen Operatoren

Seien (X, K) und (Y, L) zwei geordnete normierte Räume und Z der auf übliche Weise normierte Raum aller stetigen linearen Operatoren[1] von X nach Y. Wir setzen voraus, dass die Kegel K und L jeweils von null verschieden sind. Ein linearer Operator A aus X in Y heißt *positiv*, falls $A(K) \subset L$. Es ist klar, dass die positiven stetigen linearen Operatoren einen Keil im Raum Z bilden, den wir mit H bezeichnen. Alle diese Bezeichnungen werden wir auch im Weiteren beibehalten.

In H sind speziell alle „eindimensionalen" Operatoren der Form $Ax = f(x)y_0$ enthalten[2] mit $f \in K'$ und $y_0 \in L$. Gilt $\overline{K} \neq X$, dann existiert (siehe Theorem II.6.1) ein von Null verschiedenes Funktional $f \in K'$ und folglich auch ein von null verschiedener Operator $A \in H$. Gilt hingegen $\overline{K} = X$ und ist der Kegel L abgeschlossen, dann besteht H, wie leicht einzusehen ist, nur aus dem Nulloperator. Wenn man jedoch dem Kegel L überhaupt keine Beschränkungen auferlegt, dann können selbst bei $\overline{K} = X$ durchaus positive stetige lineare von Null verschiedene Operatoren existieren. Beispielsweise ist für jeden beliebigen Kegel K die Identitätsabbildung in X positiv.[3]

Analog zu Theorem I.8.1 beweist man, dass die Räumlichkeit des Kegels K eine notwendige und hinreichende Bedingung dafür ist, dass der Keil H ein Kegel ist.

Wir vermerken hier die folgenden einfachen Fakten:

(a) Ist der Kegel L abgeschlossen, dann ist auch der Keil H abgeschlossen.

Beweis. Aus $A_n \in H$ und $A_n \xrightarrow{\|\cdot\|} A$ folgt insbesondere $A_n x \xrightarrow{\|\cdot\|} Ax$ für jedes $x \in X$ und, da $A_n x \in L$ für alle $x \in K$ und $n \in \mathbb{N}$ gilt, folgt auch $Ax \in L$ für $x \in K$. $\qquad\square$

(b) Ist der Raum (Y, L) archimedisch und K ein räumlicher Kegel, dann ist der Raum (Z, H) ebenfalls archimedisch.

---

[1] In den meisten Büchern zur Funktionalanalysis haben sich für den Raum Z und den Keil H die Bezeichnung $L(X, Y)$ und $L_+(X, Y)$ durchgesetzt. Sehr oft wird für Z auch die Bezeichnung $B(X, Y)$ verwendet, da die stetigen linearen Operatoren mit der Menge aller beschränkten linearen Operatoren $A: X \to Y$ (d. h., $\|Ax\| \leq C\|x\|$ für alle $x \in X$ und einer Konstanten $C > 0$) zusammenfallen. Als Norm eines Operators $A \in L(X, Y)$ bezeichnet man die Zahl

$$\|A\| := \sup_{\|x\| \leq 1} \{\|Ax\|\} \quad \text{oder äquivalent} \quad \|A\| = \min\{C : \|Ax\| \leq C\|x\|\} ,$$

siehe [40, Chapter V.1] (A. d. Ü.).

[2] In der modernen Literatur ist für derartige Operatoren die Bezeichnung $f \otimes y_0$ üblich. Wir behalten aber in diesem Kapitel die Bezeichnungsweise des Autors bei (A. d. Ü.).

[3] Eine ausführliche und systematische Darstellung der Theorie von Kegeln linearer positiver Operatoren in Banachräumen (bis etwa 1977) findet man in der im Jahre 1978 (in russischer Sprache) erschienenen Monografie von I. A. Bachtin [B78]. Viele Resultate im vorliegenden Kapitel gehen auf einzelne Veröffentlichungen von I. A. Bachtin und seinem Schüler V. I. Azhorkin zurück (A. d. Ü.).

DOI 10.1515/9783110478884-011

Beweis. Hat man $A, B \in Z$ und $nA \le B$ für alle $n \in \mathbb{N}$, dann gilt $n(Ax) \le Bx$ für alle $x \in K$ und daher $Ax \le 0$. Das bedeutet für den Operator $A \le 0$. $\qquad\square$

Die beiden Aussagen (a), (b) erlauben eine Umkehrung:
Es existiere im Raum X ein Funktional $f \in K'$, das auf K nicht identisch null ist. Dann folgt aus der Abgeschlossenheit von H die Abgeschlossenheit von L. Ist Z archimedisch, dann ist es auch Y (offensichtlich).

Befassen wir uns jetzt mit der Frage der Dedekind-Vollständigkeit des Raumes (Z, H). Für den dualen Raum ist diese Frage in Abschnitt III.4 betrachtet worden. Indem man den Beweis des Lemmas aus dem Abschnitt III.4 wiederholt, überzeugt man sich sofort davon, dass dieses Lemma auch für Operatoren von X nach Y gilt, wenn außer der Nichtabgeflachtheit des Kegels K auch noch die Normalität des Kegels L gefordert wird. Die Normalität von L wird benötigt, um im Raum Y den Satz über die „eingeschlossene" Folge (Satz von den zwei Polizisten) anwenden zu können. Danach erhält man leicht die folgende Verallgemeinerung von Theorem III.4.1

Theorem XI.1.1. *Sind der Kegel K nichtabgeflacht, der Kegel L normal und der Raum Y Dedekind-vollständig (bzw. σ-Dedekind-vollständig), dann ist der Raum Z ebenfalls Dedekind-vollständig (bzw. σ-Dedekind-vollständig).*

Der Beweis unterscheidet sich in nichts Prinzipiellem vom Beweis des Theorems III.4.1. Die umgekehrte Aussage gilt unter schwächeren Bedingungen.

Theorem XI.1.2. *Ist $\overline{K} \ne X$ und (Z, H) ein Dedekind-vollständiger (bzw. σ-Dedekind-vollständiger) geordneter normierter Raum, dann ist der Raum (Y, L) ebenfalls Dedekind-vollständig (bzw. σ-Dedekind-vollständig).*

Beweis. Da (Z, H) ein geordneter Vektorraum ist, muss H ein Kegel sein,[4] sodass der Kegel K räumlich ist. Dann kann aber $\overline{K}$ kein linearer Raum sein,[5] und nach Theorem II.6.1 existieren solche $f \in K'$ und $x_0 \in K$, dass $f(x_0) = 1$.

Wir setzen nun Z als σ-Dedekind-vollständig voraus, betrachten eine monoton wachsende (o)-beschränkte Folge von Elementen $y_n \in Y$ mit $y_n \le v$ und führen mithilfe eines solchen Funktionals f die Operatoren $A_n = f \otimes y_n$ und $B = f \otimes v$, also $A_n, B: X \to Y$, definiert durch

$$A_n x = (f \otimes y_n)(x) = f(x)y_n \quad \text{und} \quad Bx = (f \otimes v)(x) = f(x)v$$

ein. Es gilt dann $A_n \le B$ für alle $n \in \mathbb{N}$, und folglich existiert der Operator $A = \sup_n \{A_n\}$. Setzt man $w := Ax_0$, dann gilt $w \ge A_n x_0 = y_n$ für alle n und $w \le Bx_0 = v$. Da v aber eine beliebige obere Schranke der Folge $(y_n)_{n \in \mathbb{N}}$ sein konnte, bedeuten die erhaltenen Beziehungen $w = \sup_n \{y_n\}$. Die σ-Dedekind-Vollständigkeit des Raumes Y

---

4 Wir erinnern daran, dass, falls in einem Vektorraum X die Relation $\ge$ mithilfe eines Keils eingeführt worden ist, X kein geordneter Vektorraum ist, siehe Abschnitt I.2.

5 Unter der Annahme des Gegenteils wäre $K - K \subset \overline{K}$, und daher $\overline{K - K} \ne X$.

ist damit bewiesen. Ganz analog betrachtet man den Fall der Dedekind-Vollständigkeit. □

Bemerkung. Nach dem gleichen Schema beweist man, dass der Kegel L minihedral
ist, falls $\overline{K} \neq X$ und der Kegel H minihedral ist.

XI.2 Bedingungen für die Stetigkeit positiver linearer Operatoren

Es ist bekannt (siehe Theoreme II.2.1 und III.2.2), dass unter bestimmten Bedingungen jedes positive lineare Funktional stetig ist. Wir zeigen jetzt, dass sich diese Sätze
auch auf den Fall von Operatoren verallgemeinern lassen. Wir bemerken, dass Theorem III.2.2 in der Arbeit [12] von I. A. Bachtin, M. A. Krasnoselskij und W. J. Stezenko
unter der Bedingung der Normalität des Kegels L auf Operatoren übertragen wurde.
G. J. Lozanowskij bemerkte jedoch, dass mithilfe des Satzes vom abgeschlossenen Graphen das folgende erheblich allgemeinere Theorem gilt.

Theorem XI.2.1. *Besitze der geordnete Banachraum (X, K) die Eigenschaft, dass jedes
positive lineare Funktional auf X stetig ist, und sei (Y, L) ein geordneter Banachraum
mit abgeschlossenem Kegel L. Dann ist jeder positive lineare Operator A von X nach Y
stetig.*[6]

Beweis. Auf Grundlage des Satzes vom abgeschlossenen Graphen genügt es zu be-
weisen, dass aus $x_n \xrightarrow[n\to\infty]{\|\cdot\|} 0$ und $Ax_n \xrightarrow[n\to\infty]{\|\cdot\|} y_0$ die Beziehung $y_0 = 0$ folgt. Nehmen
wir $y_0 \neq 0$ an. Da L ein abgeschlossener Kegel ist, existiert nach dem Lemma aus
Abschnitt II.4 ein Funktional $\varphi \in L'$ mit $\varphi(y_0) \neq 0$. Die Superposition $f = \varphi \circ A$ ist
ein lineares positives Funktional auf X, das nach Voraussetzung stetig ist und für das
daher $f(x_n) \xrightarrow[n]{} 0$ gilt. Jedoch ist

$$f(x_n) = \varphi(Ax_n) \xrightarrow[n]{} \varphi(y_0) \neq 0 \,,$$

sodass wir einen Widerspruch erzeugt haben, woraus sich die Stetigkeit des Operators A ergibt. □

Folgerung 1. *Sind (X, K) ein geordneter Banachraum mit abgeschlossenem erzeugendem Kegel K und (Y, L) ein geordneter normierter Raum mit normalem Kegel L, dann ist
jeder lineare positive Operator von X nach Y stetig.*

Dieses ist genau das oben erwähnte Resultat von Bachtin, Krasnoselskij und Stezenko. Man erhält es aus dem vorausgegangenen Satz aufgrund der Tatsache, dass die

---

6 Die dem Raum (Y, L) auferlegten Bedingungen kann man offensichtlich abschwächen: Es ist ausreichend vorauszusetzen, dass (Y, L) ein geordneter normierter Raum ist und die Abschließung des
Kegels L in der Normvervollständigung des Raumes Y ebenfalls ein Kegel ist.

Abschließung eines normalen Kegels in der Normvervollständigung des Raumes Y ebenfalls ein Kegel ist.

Folgerung 2. *Sei (X, K) ein geordneter Vektorraum mit erzeugendem Kegel K. Sind auf X zwei Normen $\|\cdot\|_1$, $\|\cdot\|_2$ derart gegeben, dass mit jeder von ihnen X ein Banachraum und der Kegel K abgeschlossen sind, dann sind diese Normen äquivalent.[7]*

Beweis. Der identische, einen der Räume $(X, \|\cdot\|_1)$ und $(X, \|\cdot\|_2)$ auf den anderen abbildende Operator ist positiv und nach dem bewiesenen Theorem (und der Folgerung 1) stetig, weswegen die Beziehungen $\|x_n\|_1 \xrightarrow[n]{} 0$ und $\|x_n\|_2 \xrightarrow[n]{} 0$ äquivalent sind. $\quad\square$

Verzichtet man auf die Normvollständigkeit des Raumes X, dann kann man – allerdings unter der zusätzlichen Voraussetzung der Normalität des Kegels L – ein zu Theorem XI.2.1 analoges Resultat erhalten.

Theorem XI.2.2. *Besitze der geordnete normierte Raum (X, K) die Eigenschaft, dass jedes positive lineare Funktional auf X stetig ist, und sei der Kegel L im geordneten normierten Raum (Y, L) normal. Dann ist jeder positive lineare Operator A von X nach Y stetig.*

Beweis. Wir zeigen, dass das Bild $A(B)$ der Einheitskugel $B \subset X$ normbeschränkt ist. Für ein beliebiges Funktional $\varphi \in L'$ ist das Funktional $\varphi \circ A$ ein positives lineares Funktional auf X und nach Voraussetzung also stetig. Folglich ist die Menge $\varphi(A(B))$ beschränkt. Da aber der Kegel L normal ist, kann[8] jedes Funktional $\varphi \in Y'$ als Differenz zweier Funktionale aus L' dargestellt werden. Somit ist die Menge $\varphi(A(B))$ auch für jedes $\varphi \in Y'$ beschränkt. Dann ist die Menge $A(B)$ normbeschränkt. $\quad\square$

Folgerung. *Sind der Kegel K solid und der Kegel L normal, dann ist jeder positive lineare Operator von X nach Y stetig.*

Das erhält man sofort aus dem bewiesenen Theorem und Theorem II.2.1.

Wir zeigen nun, dass die Bedingung der Normalität des Kegels L sowohl im Theorem XI.2.2 als auch in seiner Folgerung wesentlich ist. Betrachten wir einen geordneten Banachraum (Y, L) mit abgeschlossenem aber nicht normalem Kegel L (derartige Räume existieren, siehe Beispiel 6 aus Abschnitt IV.1) und betrachten darin ein Element $u > 0$, für das das Intervall $[-u, u]$ nicht normbeschränkt ist. Ein solches Element existiert ebenfalls, da der Kegel L nicht normal ist (siehe Folgerung 2 aus Theorem IV.2.1). Als X nimmt man nun den Raum $(Y_u, \|\cdot\|_u, L_u)$. In diesem Raum ist der Kegel $K = L_u$ abgeschlossen, solid und normal, während die abgeschlossene Einheitskugel B in Raum X das Intervall $[-u, u]$ ist. Betrachtet man den Einbettungsope-

---

7 Für normierte Verbände wurde diese Folgerung unmittelbar gezeigt und ist als Satz von Nakano-Makarow bekannt (siehe [42, Theorem 30.28] und [41]).

8 Das ist nach dem Satz von Krein, siehe Theorem IV.5.1, möglich (A. d. Ü.).

rator I des Raumes X in Y, dann ist dieser linear und positiv, sein Bild $I(B)$ ist aber im Raum Y nicht normbeschränkt, sodass der Operator I nicht stetig sein kann.

XI.3 Bedingungen, unter denen der Kegel *H* erzeugend ist

Wir betrachten hier die in der Überschrift dieses Abschnitts aufgeworfene Frage, wobei wir zulassen, dass der Kegel H auch uneigentlich, also ein Keil sein kann.

Theorem XI.3.1. *Ist der Kegel H erzeugend, dann ist es auch der Kegel L. Ist darüber hinaus $\overline{L} \neq Y$, dann ist der Kegel K normal.*

Beweis. Sei $y \in Y$. Es existiert ein Funktional $f \in X'$, für das $f(x_0) = 1$ bei einem gewissen $x_0 > 0$ gilt. Wir betrachten den durch $Ax = f(x)y$ definierten Operator $A\colon X \longrightarrow Y$. Da H erzeugend ist, gilt $A = A_1 - A_2$ mit $A_1, A_2 \in H$. Dann hat man auch $y = A_1 x_0 - A_2 x_0$, wobei $A_i x_0 \in L$, $i \in \{1, 2\}$ gilt. Somit ist L erzeugend.

Wir zeigen nun, dass unter der zusätzlichen Voraussetzung $\overline{L} \neq Y$ der Keil K' erzeugend und daher nach dem Satz von Krein (Theorem IV.5.1) der Kegel K normal ist. Sei $f \in X'$. Da $\overline{L} \neq Y$, existiert ein solches $\varphi \in L'$, dass bei einem gewissen $y \in Y$ die Gleichheit $\varphi(y) = 1$ gilt. Setzt man $Ax := f(x)y$, dann ist $A = A_1 - A_2$ mit $A_1, A_2 \in H$. Hieraus folgt

$$f(x) = \varphi(Ax) = \varphi(A_1 x) - \varphi(A_2 x) ,$$

und folglich ist $f = f_1 - f_2$ mit $f_i = \varphi \circ A_i \in K'$, $i \in \{1, 2\}$. $\qquad\qquad\square$

Bemerkung. Die Bedingung $\overline{L} \neq Y$ ist in dem bewiesenem Satz wesentlich. Wir demonstrieren das an dem folgendem Beispiel:

Seien X der mithilfe des Kegels

$$K = \left\{ x = (\xi_1, \xi_2) \in \mathbb{R}^2 : \xi_2 > 0 \right\} \cup \{0\}$$

geordnete Raum $\mathbb{R}^2$ mit der euklidischen Norm und (Y, L) die mithilfe aus Beispiel 2 (II.5) partiell geordnete Teilmenge aller finiten Vektoren aus ℓ^1 (d. h. $y > 0$, wenn die letzte von Null verschiedene Koordinate des Elements y positiv ist). Die Einheitsvektoren in $\mathbb{R}^2$ bezeichnen wir mit e_1, e_2, die in Y mit j_k, $(k \in \mathbb{N})$. Sei A ein stetiger linearer Operator $A\colon X \longrightarrow Y$. Die Elemente $y_i := Ae_i$, $i \in \{1, 2\}$ sind finite Vektoren, sodass ein k existiert mit der Eigenschaft, dass alle ihre Koordinaten mit den Indizes größer als k gleich null sind. Wir definieren den Operator $C\colon X \rightarrow Y$, indem wir für $x = (\xi_1, \xi_2)$

$$Cx := \xi_1 j_{k+1} + \xi_2 j_{k+2}$$

setzen. Dieser Operator ist offensichtlich linear, positiv und stetig. Der Operator $C - A$ ist ebenfalls positiv, infolgedessen ist der Kegel H erzeugend. Gleichzeitig ist $\overline{L} = Y$ und der Kegel K nicht normal.

Den bewiesenen Satz kann man als Verallgemeinerung des Satzes von Krein (IV.5.1) im Teil der Notwendigkeit auffassen. Im Unterschied zum Satz von Krein erlaubt Theorem XI.3.1 allerdings keine Umkehrung. Wir erläutern nun an einigen von I. I. Tschutschaew stammenden Beispielen, dass, obwohl die Kegel K normal und L erzeugend sind und noch einigen zusätzlichen Bedingungen genügen, der Kegel H trotzdem nicht erzeugend zu sein braucht.

Beispiel 16. Seien $X = Y = \mathbf{c_0}$, die Ordnung in Y die klassische (der Kegel L besteht aus allen Folgen mit nicht negativen Koordinaten), während die Ordnung in X mithilfe des über die Menge $x_0 + B$ mit $\|x_0\| > 1$ und der abgeschlossenen Einheitskugel B in $\mathbf{c_0}$ aufgespannten Kegels K eingeführt ist. Dann ist der Kegel K abgeschlossen, solid und bepflasterbar,[9] der Kegel L abgeschlossen, normal und infrasolid und (Y, L) ein Banach'scher K-Raum. Der Kegel H ist jedoch nicht erzeugend. Wir zeigen, dass beispielsweise der identische Operator I von X nach Y nicht als Differenz zweier positiver stetiger linearer Operatoren darstellbar ist.

Sei $A \in H$. Da der Kegel K solid ist, ist die Kugel B (o)-beschränkt in X. Dann ist aber auch die Menge $A(B)$ (o)-beschränkt in Y. Besäße der Operator I eine Darstellung $I = A_1 - A_2$ mit $A_1, A_2 \in H$, dann müsste auch die Menge $I(B) = B$ in Y (o)-beschränkt sein. Letzteres ist aber nicht der Fall.

Beispiel 17 ([48]). Sei $X = Y = \ell^2$, wobei die Ordnung in X die klassische ist (der Kegel K besteht aus allen Folgen mit nicht negativen Koordinaten), während die Ordnung in Y mithilfe des über der Menge $y_0 + B$ mit $y_0 = (2, 0, 0, \ldots)$ und der abgeschlossenen Einheitskugel B in ℓ^2 aufgespannten Kegels L eingeführt ist. Dann sind (X, K) ein KB-Raum und L ein abgeschlossener, solider und bepflasterbarer Kegel. Wir zeigen, dass der Kegel H nicht erzeugend ist.

Jedem Operator $A \in Z$ entspricht eine unendliche Zahlenmatrix $(a_{ik})_{i,k \in \mathbb{N}}$, wobei mithilfe des Skalarprodukts $\langle \cdot, \cdot \rangle$ und den Folgen e_i in ℓ^2 für die Einträge dieser Matrix $a_{ik} = \langle Ae_k, e_i \rangle$ gelten. Ist $A \in H$, dann liegt Ae_k für beliebiges k in L, sodass

$$Ae_k = \lambda_k (y_0 + u_k) \text{ mit } \lambda_k \geq 0,\ \|u_k\| \leq 1$$

gilt. Daraus hat man

$$a_{ik} = \langle Ae_k, e_i \rangle = \lambda_k \langle y_0, e_i \rangle + \lambda_k \langle u_k, e_i \rangle$$

und bei $i = 1$

$$a_{1k} = 2\lambda_k + \lambda_k \langle u_k, e_1 \rangle .$$

Es gilt aber $|\langle u_k, e_1 \rangle| \leq \|u_k\| \leq 1$ und daher $a_{1k} \geq \lambda_k$. Aus den Eigenschaften der Matrixdarstellung der linearen Operatoren im Raum ℓ^2 folgt[10] $a_{1k} \xrightarrow[k\to\infty]{} 0$ und deshalb

---

9 Der Kegel K ist nach Folgerung 4 aus Theorem VII.1.1 auch normal. Seine Normalität wird für die Bemerkung unmittelbar nach der Formulierung von Theorem XI.3.2 benötigt (A. d. Ü.).
10 Klar ist $e_k \xrightarrow[k\to\infty]{\sigma(\ell^2,\ell^2)} 0$. Dann gilt aber auch $Ae_k \xrightarrow[k\to\infty]{\sigma(\ell^2,\ell^2)} 0$ und speziell $(Ae_k, e_1) \xrightarrow[k]{} 0$.

auch $\lambda_k \xrightarrow{k} 0$. Weiterhin ist $\langle y_0, e_i \rangle = 0$ für $i > 1$ und deshalb $a_{kk} = \lambda_k \langle u_k, e_k \rangle$ bei $k \geq 2$, sodass sich folglich $a_{kk} \xrightarrow{k \to \infty} 0$ ergibt.

Nimmt man jetzt den Kegel H als erzeugend an, dann ist der identische Operator von X nach Y in der Form $I = A_1 - A_2$ mit $A_1, A_2 \in H$ darstellbar. Seien $(\delta_{ik})_{i,k}$, $(a_{ik}^{(1)})_{i,k}$, $(a_{ik}^{(2)})_{i,k}$ die diesen Operatoren entsprechenden unendlichen Matrizen. Es gilt dann $\delta_{kk} = a_{kk}^{(1)} - a_{kk}^{(2)} \longrightarrow 0$, was aber wegen $\delta_{kk} = 1$ unmöglich ist.

Theorem XI.3.2 (V. I. Azhorkin, I. A. Bachtin [5]). *Sind der Kegel K normal, der Kegel L solid und normal und ist (Y, L) ein (o)-vollständiger verbandsgeordneter normierter Raum, dann ist der Keil H erzeugend.*

Beispiel 16 zeigt, dass die Bedingung der Solidität des Kegels L in diesem Satz nicht einmal durch die Infrasolidität ersetzt werden kann.

Beweis. Nach Lemma 2 aus Abschnitt IV.1 kann der Kegel K in einen normalen und soliden Kegel K_1 eingebettet werden. Ist H_1 der Kegel der positiven stetigen linearen Operatoren von (X, K_1) nach (Y, L), dann gilt $H_1 \subset H$. Folglich genügt es zu zeigen, dass H_1 erzeugend ist. Somit kann ohne Einschränkung der Allgemeinheit bereits der Kegel K als normal und solid angenommen werden.

Das weitere Vorgehen unterscheidet sich wesentlich vom ursprünglichen Beweis, der von den Autoren dieses Satzes gegeben worden ist.

Die dem Kegel L auferlegten Bedingungen bedeuten, dass durch Übergang zu einer äquivalenten Norm der Raum Y in einen Banach'schen K-Raum beschränkter Elemente umgewandelt[11] werden kann.[12] Nach dem Satz von M.G. Krein, S.G. Krein und S. Kakutani kann Y als Raum $C(T)$ der reellen stetigen Funktionen auf einem gewissen kompakten Hausdorff-Raum T dargestellt werden. Wir betrachten jetzt den Raum $B(T)$ aller reellen beschränkten Funktionen auf T mit seiner natürlichen Halbordnung und der gleichmäßigen Norm ($B(T)$ ist ebenfalls ein Banach'scher K-Raum beschränkter Elemente). $C(T)$ ist ein Teilraum, der den Raum $B(T)$ majorisiert (die Definition dieses Begriffs wurde in Abschnitt I.6 gegeben). Sei P der identische $C(T)$ auf $C(T)$ abbildende Operator. Für Operatoren mit Werten in einem K-Raum behält der Beweis von Theorem I.6.2 über die Fortsetzung eines positiven linearen Funktionals von einer majorisierenden Teilmenge ohne jegliche Veränderung volle Gültigkeit. Der Operator P ist daher als Operator mit Werten im K-Raum $C(T)$ unter Beibehaltung der Linearität und Positivität auf ganz $B(T)$ fortsetzbar. Wir bezeichnen die Fortsetzung wieder mit P. Der Operator P ist somit linear und positiv und stellt eine Projektion des Raumes $B(T)$ auf $C(T)$ dar.[13]

---

11 Siehe Theorem X.1.4 (A. d. Ü.).

12 Wir erinnern daran, dass jeder normierte K-Raum beschränkter Elemente normvollständig ist, siehe [53, S. 200].

13 Man sieht leicht ein, dass dieser Operator P linear und stetig und seine Norm gleich eins ist.

Sei nun A ein beliebiger stetiger linearer Operator von X nach Y, d. h. in $C(T)$. Wir werden ihn als Operator mit Werten im Raum $B(T)$ behandeln. Mit φ_t bezeichnen wir das auf $B(T)$ gegebene Funktional, das jeder Funktion aus $B(T)$ ihren Wert im Punkt $t \in T$ zuordnet. Das Funktional φ_t ist linear, positiv, stetig, und es gilt $\|\varphi_t\| = 1$. Ist $y = Ax$ ($y \in C(T)$), dann gilt

$$y(t) = \varphi_t(Ax) .$$

Aufgrund der Normalität des Kegels K ist der duale Kegel K' im Banachraum X' erzeugend; er ist außerdem abgeschlossen und folglich auch nichtabgeflacht. Jedes Funktional $\varphi_t \circ A$ kann man daher als Differenz $\varphi_t \circ A = \varphi_t^{(1)} - \varphi_t^{(2)}$ mit $\varphi_t^{(1)}, \varphi_t^{(2)} \in K'$ und $\|\varphi_t^{(i)}\| \le M\|\varphi_t \circ A\| \le M\|A\|$, $i \in \{1, 2\}$ darstellen. Wir betrachten jetzt die Operatoren aus $C_i \colon X \longrightarrow B(T)$, wobei wir

$$y = C_i x \quad \text{mit} \quad y(t) = \varphi_t^{(i)}(x) \quad i \in \{1, 2\}$$

setzen. Diese Operatoren sind linear und positiv, wobei $A = C_1 - C_2$ gilt. Weiterhin setzen wir $A_i = P \circ C_i$, $i \in \{1, 2\}$, woraus sich ebenfalls lineare positive auf X definierte Operatoren ergeben, deren Werte jedoch in Y liegen. Da die Kegel K solid sowie L normal sind, sind nach der Folgerung aus Theorem XI.2.2 die Operatoren A_i stetig und deshalb $A_i \in H$. Dabei gilt

$$A_1 - A_2 = P \circ (C_1 - C_2) = P \circ A = A . \qquad \square$$

Am Ende dieses Abschnitts erörtern wir den Fall, dass einer der Räume X oder Y endlich dimensional ist.

Theorem XI.3.3 (A. Wickstead [51]). *Sind der Kegel K normal, der Raum Y endlich dimensional und der Kegel L erzeugend, dann ist der Keil H erzeugend.*

Beweis. Ist n die Dimension des Raumes Y, dann entnehmen wir – so wie im Beweis von Theorem II.1.2 – dem Kegel L genau n linear unabhängige Elemente $y_1, \ldots, y_n$. Zerlegt man nun ein beliebiges $y \in Y$ nach den Elementen y_i, $i \in \{1, \ldots, n\}$, also $y = \sum_{i=1}^n \lambda_i y_i$, dann sind die Koeffizienten $\lambda_i = \varphi_i(y)$ stetige lineare Funktionale auf Y. Für einen beliebigen Operator $A \in Z$ setzen wir $f_i := \varphi_i \circ A$, $i \in \{1, 2, \ldots, n\}$. Dann gilt $f_i \in X'$, und wegen der Normalität des Kegels K ist jedes f_i in der Form $f_i = g_i - h_i$ mit $g_i, h_i \in K'$ darstellbar. Wir führen die Operatoren $A_1, A_2 \in Z$ mittels der Festlegungen

$$A_1 x := \sum_{i=1}^n g_i(x) y_i \quad \text{und} \quad A_2 x := \sum_{i=1}^n h_i(x) y_i$$

ein. Offensichtlich gelten $A_1, A_2 \in H$ und

$$A_1 x - A_2 x = \sum_{i=1}^n f_i(x) y_i = \sum_{i=1}^n \varphi_i(Ax) y_i = Ax . \qquad \square$$

Lemma. *Ist (X, K) ein endlich dimensionaler geordneter Banachraum mit abgeschlossenem und erzeugendem Kegel K, dann existiert in X ein abgeschlossener minihedraler Kegel $K_1 \supset K$.*

Beweis. Wir zeigen zunächst, dass ein minihedraler Kegel K_2 existiert, der in K enthalten ist. Da der Kegel K erzeugend ist, folgt nach Theorem II.1.2 seine Solidität. Ist $u \gg 0$, dann existiert in X ein $(n-1)$-dimensionaler Simplex F (wobei n die Dimension des Raumes X ist), der u enthält, selbst in $K \setminus \{0\}$ enthalten ist und dessen Ecken linear unabhängig sind. Setzt man $K_2 := K(F)$, dann ist, wie in Abschnitt I.5 gezeigt worden ist, dieser Kegel minihedral und offensichtlich abgeschlossen.

Wir betrachten nun den dualen Raum (X', K'). Nach Theorem IV.1.1 ist der Kegel K normal, folglich K' erzeugend[14], und nach dem bereits Bewiesenen existiert in X' ein abgeschlossener minihedraler Kegel $L' \subset K'$. Für ihre dualen Kegel gilt die umgekehrte Inklusion $L'' \supset K''$. Identifiziert man aber X'' mit X, dann ist $K'' = K$ und daher $L'' \supset K$. Andererseits ist der Kegel L' normal und genügt daher allen Bedingungen des Theorems V.3.1. Sein dualer Kegel L'' erweist sich dann als minihedral (und abgeschlossen) und man kann $K_1 := L''$ setzen. □

Theorem XI.3.4 (A. Wickstead [51]). *Sind der Raum X endlich dimensional, der Kegel K normal sowie L erzeugend, dann ist der Keil H erzeugend.*

Beweis. Dank Lemma 2 aus Abschnitt IV.1 kann ohne Beschränkung der Allgemeinheit angenommen werden, dass der Kegel K normal, solid und abgeschlossen ist (da die Abschließung eines normalen Kegels ebenfalls ein normaler Kegel ist). Ein solider Kegel ist erzeugend, sodass auf K das vorhergehende Lemma angewandt und infolgedessen K auch noch als minihedral angenommen werden kann (die Normalität geht dabei nicht verloren, da sie aus der Abgeschlossenheit folgt). Wegen Folgerung 3 aus Theorem IV.2.1 ist der Raum X archimedisch, und nach dem in Abschnitt I.5 erwähnten Satz von A. I. Judin kann man (X, K) mit dem n-dimensionalen und mit der koordinatenweisen Halbordnung versehenen Raum $\mathbb{R}^n$ identifizieren (n ist die Dimension des Raumes X).

Seien $A \in Z$, e_i die Einheitsvektoren in $\mathbb{R}^n$ und $y_i := Ae_i$. Da der Kegel L erzeugend ist, hat jedes y_i eine Darstellung der Form $y_i = u_i - v_i$ mit $u_i, v_i \in L$. Für beliebiges $x \in X$, $x = (\xi_1, \ldots, \xi_n)$ definiert man die Operatoren $A_i \in Z$, $i \in \{1, 2\}$ mittels

$$A_1 x := \sum_{i=1}^n \xi_i u_i \quad \text{und} \quad A_2 x := \sum_{i=1}^n \xi_i v_i.$$

Dann gelten offensichtlich $A_1, A_2 \in H$ und $A = A_1 - A_2$. □

---

[14] Nach Abschnitt XI.1 Fakt (a) ist der Kegel K' auch abgeschlossen (A. d. Ü.).

XI.4 Bedingungen für die Normalität des Kegels der positiven linearen Operatoren

Theorem XI.4.1. *Sei $\overline{K} \neq X$. Für die Normalität des Kegels H ist notwendig und hinreichend, dass der Kegel L normal ist und der Kegel K der Bedingung des Theorems IV.6.1 genügt: Es existiert eine solche Konstante M, dass jedes $x \in X$ eine Darstellung der Form $x = \|\cdot\|\text{-lim}(u_n - v_n)$ mit $u_n, v_n \in K$ und $\|u_n\|, \|v_n\| \leq M\|x\|$ besitzt. Sind insbesondere X ein Banachraum und der Kegel K abgeschlossen, dann ist für die Normalität von H notwendig und hinreichend, dass K erzeugend und L normal sind.*[15]

Beweis. (a) Notwendigkeit. Sei H normal. Wir zeigen, dass der duale Kegel K' ebenfalls normal ist, sodass dann nach Theorem IV.6.1 der Kegel K der dort aufgeführten Bedingung genügt. Seien $f, g \in K'$ und $g \leq f$. Für beliebiges $y_0 \in L \setminus \{0\}$ betrachten wir die Operatoren $A_f, A_g \in Z$ mit

$$A_f x = f(x)y_0 \quad \text{und} \quad A_g x = g(x)y_0 .$$

Dabei ist klar, dass $A_f, A_g \in H$ und $A_g \leq A_f$ gilt. Folglich hat man $\|A_g\| \leq N\|A_f\|$, wobei N eine Halbmonotoniekonstante der Norm auf H bezeichnet. Dann gilt auch $\|g\| \leq N\|f\|$,[16] was die Normalität von K' beweist.

Wir zeigen nun die Normalität von L. Seien $y_1, y_2 \in L$ und $y_1 \leq y_2$. Wir betrachten dazu die Operatoren $A_i x = f(x)y_i$, $i \in \{1, 2\}$, wobei f ein von Null verschiedenes Funktional aus K' ist. Dabei ist klar, dass $A_1, A_2 \in H$ und $A_1 \leq A_2$ gilt. Unter erneuter Verwendung der Halbmonotoniekonstanten N der Norm auf H erhält man leicht $\|y_1\| \leq N\|y_2\|$.

(b) Hinlänglichkeit. Ist die Bedingung des Theorems erfüllt, dann ist jedes $x \in X$ mit $\|x\| \leq 1$ in der Form $x = \|\cdot\|\text{-lim}(u_n - v_n)$ mit $u_n, v_n \in K$ und $\|u_n\|, \|v_n\| \leq M$ darstellbar. Seien jetzt $A, B \in H$ und $A \leq B$. Dann gilt $0 \leq Au_n \leq Bu_n$ und, wenn Q eine Halbmonotoniekonstante der Norm auf L ist, auch

$$\|Au_n\| \leq Q\|Bu_n\| \leq QM\|B\| .$$

Eine analoge Abschätzung erhält man ebenfalls für $\|Av_n\|$. Folglich ist

$$\|Ax\| \leq 2QM\|B\| ,$$

woraus sich

$$\|A\| \leq 2QM\|B\|$$

ergibt. □

---

[15] Der im Theorem aufgezeigte Spezialfall ist in [5] enthalten.
[16] Dies gilt wegen $\|A_f\| = \|f\| \cdot \|y_0\|$ und $\|A_g\| = \|g\| \cdot \|y_0\|$ (A. d. Ü.).

XI.5 Bedingungen für Solidität und Bepflasterbarkeit des Kegels der positiven linearen Operatoren

In diesem Abschnitt befassen wir uns mit Verallgemeinerungen der Theoreme VII.3.1 und VIII.6.2.

Theorem XI.5.1 (V. I. Azhorkin, I. A. Bachtin [5]). *Für die Solidität des Keils H ist notwendig und hinreichend, dass der Kegel K bepflasterbar und der Kegel L solid ist.*

Beweis. (a) Notwendigkeit. Sei der Operator A ein innerer Punkt in H. Folglich hat man $\overline{B(A;r)} = \{T \in Z : \|A - T\| \leq r\} \subset H$ bei einem gewissen $r > 0$. Wir beweisen, dass für $x_0 > 0$ ($x_0 \in K$) und $\|x_0\| = 1$ die Inklusion $\overline{B(Ax_0;r)} \subset L$ gilt, womit die Solidität des Kegels L gezeigt wäre. Sei $y \in Y$ mit $\|y\| \leq r$. Mithilfe eines Funktionals $f \in X'$ mit $f(x_0) = 1$ und $\|f\| = 1$ konstruieren wir den Operator $B: X \longrightarrow Y$ durch die Festlegung $Bx := f(x)y$ für $x \in X$. Dann ist $Bx_0 = y$ und $\|B\| = \|y\| \leq r$. Folglich liegt $A + B$ in H und daher $(A + B)x_0$ in L, d. h. $Ax_0 + y \in L$.

Wir weisen nun die Bepflasterbarkeit des Kegels K nach. Da L solid ist, existiert in Y ein von Null verschiedenes positives stetiges lineares Funktional g (siehe Abschnitt II.2). Wir setzen $f(x) := g(Ax)$ für $x \in X$. Nach dem oben Bewiesenen hat man für beliebige $x > 0$ und $y \in Y$ mit $\|y\| \leq r\|x\|$

$$A\left(\frac{x}{\|x\|}\right) \pm \frac{y}{\|x\|} \in L\,,$$

folglich $Ax \geq y$ und daher $f(x) \geq g(y)$ für beliebiges y mit $\|y\| \leq r\|x\|$. Dann gilt aber $f(x) \geq r\|g\|\|x\|$,[17] sodass sich f als gleichmäßig positives Funktional erweist. Jetzt braucht nur noch Theorem VII.1.1 herangezogen werden.

(b) Hinlänglichkeit. Sei f ein gleichmäßig positives Funktional auf X. Ohne Beschränkung der Allgemeinheit kann $f(x) \geq \|x\|$ für $x \in K$ angenommen werden. Sei v ein innerer Punkt des Kegels L mit $\overline{B(v;\rho)} \subset L$ (bei einem gewissen $\rho > 0$). Wir beweisen, dass der Operator $V \in Z$, definiert durch $Vx = f(x)v$, ein innerer Punkt von H ist, und zwar zeigen wir $\overline{B(V;\rho)} \subset H$. Sei $A \in \overline{B(V;\rho)}$, d. h. $A \in Z$ und $\|A - V\| \leq \rho$. Für beliebiges $x > 0$ hat man

$$\|Ax - Vx\| \leq \rho \|x\| \leq \rho f(x)$$

und daher, wegen $f(x) > 0$,

$$Ax = Vx + (A - V)x = f(x)\left(v + \frac{Ax - Vx}{f(x)}\right) \in f(x) \cdot \overline{B(v;\rho)} \subset L\,.$$

Da diese Beziehung offensichtlich auch für $x = 0$ gilt, ergibt sich $A(K) \subset L$, also $A \in H$. $\qquad\square$

---

17 Man sieht leicht $f(x) \geq \sup_{\|y\|\leq r\|x\|}\{|g(y)|\} = r\|x\|\sup_{\|y\|\leq r\|x\|}\{|g(\frac{y}{r\|x\|})|\} = r\|x\|\|g\|$ (A. d. Ü.).

Theorem XI.5.2. *Seien X ein Banachraum und der Kegel K abgeschlossen. H ist ein bepflasterbarer Kegel genau dann, wenn der Kegel K infrasolid und der Kegel L bepflasterbar sind.*

Beweis. (a) Notwendigkeit. Wir setzen H als bepflasterbar voraus und beweisen, dass der duale Kegel K' ebenfalls bepflasterbar ist, woraus sich nach Theorem VIII.6.2 die Infrasolidität von K ergibt. Sei F ein gleichmäßig positives Funktional auf Z mit $F(A) \geq \delta\|A\|$ für beliebiges $A \in H$. Für $y \in L$ mit $\|y\| = 1$ und für beliebiges $f \in X'$ setzen wir zunächst $A_f x := f(x)y$ und danach $G(f) := F(A_f)$. Offenbar ist G ein stetiges lineares Funktional auf X', wobei für beliebiges $f \in K'$

$$G(f) \geq \delta\|A_f\| = \delta\|f\|$$

gilt. Somit ist G ein gleichmäßig positives Funktional auf X' und daher der Kegel K' bepflasterbar.[18]

Wir zeigen jetzt, dass L bepflasterbar ist. Dafür betrachten wir zu $f \in K'$ mit $\|f\| = 1$ und für beliebiges $y \in Y$ den Operator $B_y: X \to Y$, definiert durch $B_y x := f(x)y$, für $x \in X$ und setzen danach $g(y) := F(B_y)$. Für $y \in L$ gilt dann $g(y) \geq \delta\|B_y\| = \delta\|y\|$, und aus der Existenz dieses gleichmäßig positiven Funktionals g auf Y ergibt sich die Bepflasterbarkeit des Kegels L.

(b) Hinlänglichkeit. Da der Kegel K infrasolid ist, ist er nichtabgeflacht (siehe Abschnitt VIII.4). Sei M eine Nichtabgeflachtheitskonstante. Wir definieren für beliebiges $A \in Z$ die Norm

$$\|A\|_0 := \sup_{x \in B_+} \{\|Ax\|\}$$

(wobei B wie stets die abgeschlossene Einheitskugel aus X ist und $B_+ = B \cap K$). Es gilt offenbar $\|A\|_0 \leq \|A\|$. Da jedes $x \in B$ als $x = u - v$ mit $u, v \in MB_+$ darstellbar ist, gilt andererseits

$$\|A\| = \sup_{x \in B}\{\|Ax\|\} \leq \sup_{u,v \in MB_+}\{\|Au - Av\|\} \leq 2M\|A\|_0 . \tag{1}$$

Sei g ein der Ungleichung $g(y) \geq \|y\|$ für beliebiges $y \in L$ genügendes gleichmäßig positives Funktional auf Y. Aus der Infrasolidität von K folgt nach Theorem VIII.6.2 die Bepflasterbarkeit von K'. Die Bepflasterbarkeit von H werden wir mithilfe des Theorems VIII.1.3 zeigen. Für eine beliebige endliche Anzahl von Operatoren $A_1, \ldots, A_n \in H \setminus \{0\}$ konstruieren wir die Funktionale $f_i(x) = g(A_i x)$, $i \in \{1, 2, \ldots, n\}$, die offenbar zu K' gehören. Definiert man $\|f_i\|_0$ analog zu $\|A\|_0$, dann hat man

$$\|f_i\|_0 = \sup_{x \in B_+}\{g(A_i x)\} \geq \sup_{x \in B_+}\{\|A_i x\|\} = \|A\|_0 .$$

---

[18] Der Kegel K ist dann nach Theorem VIII.6.2 infrasolid (A. d. Ü.).

Mithilfe von (1) und unter Berücksichtigung von $\|f_i\|_0 \leq \|f_i\|$ für $i \in \{1, 2, \ldots, n\}$ erhält man weiter

$$\sum_{i=1}^{n} \|A_i\| \leq 2M \sum_{i=1}^{n} \|A_i\|_0 \leq 2M \sum_{i=1}^{n} \|f_i\|_0 \leq 2M \sum_{i=1}^{n} \|f_i\| \ .$$

Da der Kegel K' bepflasterbar ist, sind seine Normalitätskonstanten in ihrer Gesamtheit nach Theorem VIII.1.3 beschränkt, also $N(K', n) \leq C$. Daher gilt

$$\sum_{i=1}^{n} \|f_i\| \leq C \left\| \sum_{i=1}^{n} f_i \right\| = C \left\| g \circ \sum_{i=1}^{n} A_i \right\| \leq C \|g\| \left\| \sum_{i=1}^{n} A_i \right\| \ .$$

Somit ist

$$\sum_{i=1}^{n} \|A_i\| \leq 2MC \|g\| \left\| \sum_{i=1}^{n} A_i \right\| \ ,$$

woraus sich für die Normalitätskonstanten des Kegels H die Beziehung $N(H, n) \leq 2MC\|g\|$ ergibt. Die Normalitätskonstanten des Kegels H erweisen sich also in ihrer Gesamtheit ebenfalls als beschränkt, sodass H bepflasterbar ist. ☐

Bemerkung. Da die Hinlänglichkeit des Theorems VIII.6.2 in einem beliebigen geordneten normierten Raum gilt, behält das soeben bewiesene Theorem im Teil seiner Hinlänglichkeit ebenfalls in einem beliebigen geordneten normierten Raum seine Gültigkeit.

XI.6 Der Kegel der positiven linearen Operatoren in einem Raum mit solidem Kegel

Wir werden nunmehr den Kegel K im normierten Raum X als solid voraussetzen. Aus Beispiel 16 sieht man, dass in diesem Fall aus der Reproduzierbarkeit[19] des Kegels L nicht die Reproduzierbarkeit von H geschlussfolgert werden kann. Viele andere Eigenschaften des Kegels L übertragen sich jedoch auf H (H ist ein Kegel, da K solid ist). Indem wir die in dem vorausgegangenen Abschnitt bereits erhaltenen Resultate zusammenstellen und diese noch durch einige ergänzen, können wir den folgenden Satz formulieren.

Theorem XI.6.1. *Sei der Kegel K solid. Besitzt der Kegel L eine der folgenden Eigenschaften,*

(a) normal, (b) regulär und normal, (c) vollregulär, (d) bepflasterbar,
dann besitzt H dieselbe Eigenschaft.

Beweis. Fall (a) ergibt sich aus Theorem XI.4.1, da der solide Kegel K nichtabgeflacht und seine Abschließung $\overline{K} \neq X$ sind (II.5). Fall (d) ergibt sich aus Theorem XI.5.2 (unter

---

[19] Die Reproduzierbarkeit von L ergab sich aus seiner Infrasolidität, siehe Fußnote 15 im Abschnitt VIII.4 (A. d. Ü.).

Berücksichtigung der Bemerkung dazu), während die Fälle (b) und (c) aus dem weiter unter zu beweisenden allgemeineren Theorem XI.6.2 folgen. ◻

Das formulierte Theorem gestattet eine Umkehrung – sogar ohne Forderung der Solidität des Kegels K – in folgender Weise:
Wenn $\overline{K} \neq X$ gilt und der Kegel H normal, regulär oder vollregulär ist, dann besitzt auch der Kegel L die gleiche Eigenschaft. Der Fall des normalen Kegels ist im Verlauf des Beweises von Theorem XI.4.1 erörtert worden. Die Fälle eines regulären und vollregulären Kegels behandelt man analog. Die Umkehrung von Theorem XI.6.1 für einen bepflasterbaren Kegel ist im Beweis des Theorems XI.5.2 enthalten.
Für eine Verstärkung der Aussagen des Theorems XI.6.1 in den Punkten (b) und (c) nutzen wir den folgenden von V. I. Azhorkin stammenden Begriff.[20]

Definition. Der Kegel K in einem geordneten normierten Raum (X, K) heißt *abzählbar erzeugend* oder *σ-erzeugend*, wenn jede abzählbare normbeschränkte Menge von Elementen (o)-beschränkt[21] ist.

Jeder solide Kegel ist abzählbar erzeugend, aber nicht umgekehrt.

Beispiel. X bestehe aus allen auf einer überabzählbaren Menge T gegebenen beschränkten Funktionen, die (nur) auf einer nicht mehr als abzählbaren Menge von Punkten verschieden von null sind. In X führen wir die natürliche Ordnung und die gleichmäßige Norm $\|x\| = \sup_{t \in T}\{|x(t)|\}$ ein. Man sieht leicht, dass der Kegel der positiven Elemente in X nicht solid, aber abzählbar erzeugend ist.

Theorem XI.6.2. *Ist der Kegel K abzählbar erzeugend und ist der Kegel L regulär und normal (bzw. vollregulär), dann ist H ebenfalls ein regulärer (bzw. vollregulärer) Kegel.*

Beweis. Wir führen den Beweis für den Fall, dass der Kegel L regulär und normal ist. Seien A_n, $n \in \mathbb{N}$ Operatoren aus H mit $A_n \uparrow \leq B$, mit einem Operator $B \in H$, und nehmen wir an, die Folge $(A_n)_{n \in \mathbb{N}}$ sei keine $\|\cdot\|$-Cauchy-Folge in Z. Dann existiert für ein gewisses $\varepsilon > 0$ eine solche wachsende Indexfolge n_k, für die

$$\|A_{n_{k+1}} - A_{n_k}\| > \varepsilon, \quad k \in \{1, 2, \ldots\}$$

gilt. Zu jedem k existiert ein solches x_k aus der Einheitskugel des Raumes X mit

$$\|(A_{n_{k+1}} - A_{n_k})x_k\| > \varepsilon. \tag{2}$$

Da der Kegel K abzählbar erzeugend ist, erweist sich die Menge $\{x_k : k \in \mathbb{N}\}$ als (o)-beschränkt. Also gilt $\pm x_k \leq u$ mit $u \in K$ und $A_n u \uparrow \leq Bu$. Wegen der Regularität des

---

20 Siehe [B78, S. II.2] (A. d. Ü.).
21 D. h. für eine beliebige abzählbare Menge $\{x_n : n \in \mathbb{N}\} \subset X$ mit $\|x_n\| \leq C$ für jedes n existiert ein $z \in X$, sodass $\pm x_n \leq z$ für jedes n gilt (A. d. Ü.).

Kegels L ist dann $(A_n u)_{n\in\mathbb{N}}$ eine Cauchy-Folge. Man hat weiterhin $\pm(A_{n_{k+1}} - A_{n_k})x_k \le$ $(A_{n_{k+1}} - A_{n_k})u$ und gewinnt daraus

$$\|(A_{n_{k+1}} - A_{n_k})x_k\| \le (2M+1)\|(A_{n_{k+1}} - A_{n_k})u\| \xrightarrow[k\to\infty]{} 0$$

(M ist eine Halbmonotoniekonstante der Norm auf L). Auf diese Weise gelangt man zu einem Widerspruch mit der Ungleichung (2). Den Fall eines vollregulären Kegels L betrachtet man ganz analog. $\square$

Seien X und Y jetzt O-Räume. Da der duale Raum X' kein O-Raum zu sein braucht (siehe Abschnitt IX.4), muss umso mehr Z nicht unbedingt ein O-Raum sein. Da der Kegel der positiven Elemente in einem O-Raum immer solid ist, folgt aus dem Theorem XI.5.1, dass der Kegel K bepflasterbar (und demzufolge X' ein O-Raum) ist, unter der Voraussetzung, dass Z ein O-Raum ist. Das umgekehrte Resultat können wir jedoch nur in einem nicht ganz vollkommenen Umfang[22] beweisen.

Theorem XI.6.3. *Sind (X, K) ein O-Raum mit bepflasterbarem Kegel K und (Y, L) ein O-Raum mit regulärem Kegel L, dann ist (Z, H) ein O-Raum mit regulärem Kegel H.*

Beweis. Wegen der Folgerung aus dem Theorem IX.1.1 genügt es zu zeigen, dass der Kegel H abgeschlossen, solid und regulär ist. Die Abgeschlossenheit von H folgt aus der Abgeschlossenheit von L (siehe Abschnitt XI.1), die Solidität von H ergibt sich nach Theorem XI.5.1 aus der Solidität von L, während man die Regularität von H mithilfe von Theorem XI.6.1 aus der Regularität und Normalität von L erhält. $\square$

Bemerkung. Ein analoger Satz für $O\sigma$-Räume gilt nicht. Darüber hinaus kann man unter Verwendung eines Beispiels aus [48] zeigen: Selbst im Falle, dass (X, K) ein O-Raum mit bepflasterbarem Kegel K und (Y, L) ein $O\sigma$-Raum mit ebenfalls bepflasterbarem Kegel L sind, muss der Kegel H noch nicht einmal erzeugend sein.

Beispiel. [23] Sei der Raum $X = C[0, 1]$ versehen mit der klassischen Norm, in dem die Ordnung durch den über der Menge $u_0 + B$ aufgespannten Kegel K eingeführt ist, wobei u_0 die Funktion mit $u_0(t) = 2$ für alle $t \in [0, 1]$ und B die abgeschlossene Einheitskugel aus X sind. Nach der Bemerkung zu Theorem IX.1.1 ist (X, K) ein O-Raum und damit der Kegel K bepflasterbar.

Sei der Raum $Y = C[0, 1]$ versehen mit der klassischen Norm, in dem die Ordnung durch den Kegel

$$L := \{y \in Y : y(0) \ge 0, |y(t)| \le y(0) \text{ für alle } t \in [0, 1]\}$$

eingeführt ist. Der Kegel L ist abgeschlossen. Das Funktional f, definiert durch $f(x) = x(0)$, ist ein lineares stetiges Funktional auf $C[0, 1]$, was wegen $f(x) = \|x\|$ für alle $x \in L$ gleichmäßig positiv ist. Dann ist nach Theorem VII.1.1 der Kegel L bepflasterbar.

(a) Wir beweisen, dass *L* ein erzeugender Kegel ist. Offenbar reicht es aus zu zeigen, dass jede auf [0, 1] stetige Funktion mit nicht negativen Werten als Differenz zweier Funktionen aus *L* dargestellt werden kann. Sei $x \in C[0, 1]$ mit $x(t) \geq 0$ für jedes $t \in [0, 1]$. Man setzt

$$y(t) := \min\{x(t), x(0)\} \quad \text{und} \quad z(t) := x(t) - y(t), \quad \forall t \in [0, 1].$$

Dann gelten $y \in L$, $z(0) = 0$ und $z(t) \geq 0$ für alle $t \in [0, 1]$. Sei *u* die konstante Funktion $u(t) = \|z\|$ für alle $t \in [0, 1]$. Dann liegt *u* in *L*, und demzufolge gilt auch $u + y \in L$. Wegen $0 \leq u(t) - z(t) \leq u(0) - z(0)$ hat man $u - z \in L$. Hieraus erhält man

$$(u + y) - (u - z) = y + z = x,$$

und somit ist der Kegel *L* erzeugend.

(b) Wir beweisen, dass der Kegel *L* infrasolid ist. Nach dem Satz von Krein-Schmuljan (Theorem III.2.1) ist der Kegel *L* nichtabgeflacht. Folglich gibt es eine Konstante $N > 0$, sodass für jedes $x \in B$ ein $y \in L$ existiert mit $x \leq y$ und $\|y\| \leq N$. Für den Nachweis der Infrasolidität von *L* genügt es daher, die Existenz einer solchen Konstanten $\beta > 0$ zu zeigen, dass für jede endliche Menge $\{x_1, \ldots, x_n\}$ von Elementen aus $B \cap (L \setminus \{0\})$ ein Element $z \in L$ existiert mit $x_i \leq z$, $i \in \{1, \ldots, n\}$ und $\|z\| \leq \beta$. Wir setzen für eine solche Menge $\{x_1, \ldots, x_n\} \in B \cap (L \setminus \{0\})$

$$a := \min\{x_i(0) : i \in \{1, \ldots, n\}\}, \quad b := \max\{x_i(0) : i \in \{1, \ldots, n\}\}$$

und $m_i := b - x_i(0)$ für $i \in \{1, \ldots, n\}$. Offenbar gilt $a > 0$. Aufgrund der Stetigkeit der Funktionen x_i findet man ein $\delta \in (0, 1)$, sodass für jedes $t \in [0, \delta]$ und alle $i \in \{1, \ldots, n\}$ die Ungleichung $x_i(t) \geq \frac{1}{2}a$ erfüllt ist. Wir betrachten nun die mittels

$$y(t) = \min\{x_i(t) + m_i : i \in \{1, \ldots, n\}\}$$

definierte Funktion *y*. Die Funktion *y* ist stetig auf [0, 1], und es gilt $y(0) = b$. Sei

$$z(t) = \begin{cases} \min\{3 + y(t) - b, \ \delta^{-1}(3\delta - 3t)\}, & \text{für } t \in [0, \delta], \\ 0, & \text{für } \delta < t \leq 1. \end{cases}$$

Man hat $z \in C[0, 1]$, $0 \leq z(t) \leq 3$ und $z(0) = 3$, also $z \in L$. Wir zeigen, dass $x_i \leq z$ für alle $i \in \{1, \ldots, n\}$ gilt.

Für $t \in [0, \delta]$ gilt dann

$$-1 \leq z(t) - x_i(t) = \min\left\{3 + y(t) - b - x_i(t), \ \delta^{-1}(3\delta - 3t - \delta x_i(t))\right\}$$

$$\leq 3 + y(t) - b - x_i(t) \leq 3 + x_i(t) + m_i - b - x_i(t) \leq 3 + b - x_i(0) - b$$

$$= 3 - x_i(0) = z(0) - x_i(0),$$

während für $t \in (\delta, 1]$

$$|z(t) - x_i(t)| = |x_i(t)| \leq 1 < 3 - x_i(0) = z(0) - x_i(0)$$

gilt. Da $z(0) - x_i(0) \geq 2$, ergibt sich aus dem Vorhergehenden

$$|z(t) - x_i(t)| \leq z(0) - x_i(0) \text{ für alle } t \in [0, 1] \,.$$

Das bedeutet $z - x_i \in L$ für alle $i \in \{1, \ldots, n\}$. Aus $\|z\| = 3$ folgt daher, dass L ein infrasolider Kegel ist. Schließlich impliziert Theorem IX.2.1, dass (Y, L) ein $O\sigma$-Raum mit bepflasterbarem Kegel L ist.

(c) Wir beweisen jetzt, dass der Kegel L nicht solid ist. Unter Annahme des Gegenteils gibt es ein solches Element $u \in L$, für das $u + B \subset L$ gilt. Sei v die identische Funktion gleich 1 auf $[0, 1]$. Wegen $u - v \in L$ muss $u(0) - 1 \geq 0$, d. h. $u(0) \geq 1$, gelten. Da u eine stetige Funktion ist, existiert ein Punkt $t_1 \in (0, 1]$ mit $u(t_1) \geq u(0) - \frac{1}{3}$. Sei

$$w(t) = \begin{cases} 0, & \text{für } t = 0, \\ \frac{2}{3}, & \text{für } t \geq t_1, \\ \text{linear}, & \text{auf } [0, t_1] \,. \end{cases}$$

Für die Funktion w gelten $w \in C[0, 1]$ und $\|w\| = \frac{2}{3}$. Aus den Ungleichungen

$$u(t_1) + w(t_1) \geq u(0) - \frac{1}{3} + \frac{2}{3} > u(0) = u(0) + w(0)$$

folgt $u + w \notin L$, obwohl $w \in B$. Der erhaltene Widerspruch zeigt, dass L nicht solid ist.

(d) Der Kegel H ist nicht erzeugend. So kann beispielsweise der identische Operator $I \colon X \to Y$ – völlig analog wie im Beispiel 16 – nicht als Differenz zweier positiver Operatoren dargestellt werden.

XI.7 Bedingungen für die Minihedralität des Kegels der positiven linearen Operatoren

Am Ende von Abschnitt XI.1 ist bereits erwähnt worden, dass, falls der Raum (Z, H) ein Vektorverband ist und $\overline{K} \neq X$ gilt, dann auch der Raum (Y, L) ein Vektorverband ist.

Der Versuch, diese Aussage umzukehren, und aus der Minihedralität des Kegels L die Minihedralität von H abzuleiten, stößt auf gewisse Schwierigkeiten. Das ist ganz natürlich, da selbst die Minihedralität des dualen Kegels K', d. h. des Kegels H im Falle $Y = \mathbb{R}^1$, nur unter bestimmten starken Eigenschaften des Kegels K gewährleistet werden kann.[24] Der folgende Satz ist eine Verallgemeinerung von Theorem V.3.1.

---

24 Nach Theorem V.3.1 sind dafür die Riesz'sche Interpolationseigenschaft sowie die Nichtabgeflachtheit und Normalität des Kegels hinreichende Bedingungen. Die dort vom Kegel K geforderte Normalität wird in der nachfolgenden Verallgemeinerung von Theorem V.3.1 durch die Reproduzierbarkeit des Kegels H ersetzt (A. d. Ü.).

Theorem XI.7.1. *Wenn der geordnete normierte Raum (X, K) die Riesz'sche Interpolationseigenschaft besitzt, der Kegel K nichtabgeflacht und (Y, L) ein (o)-vollständiger verbandsgeordneter normierter Raum mit normalem Kegel ist und wenn der Kegel H erzeugend ist, dann ist (Z, H) ein K-Raum.*

Um diesen Satz zu erhalten, ist der Beweis von Theorem V.3.1 unter Berücksichtigung der Tatsache zu wiederholen, dass das dort verwendete Lemma aus Abschnitt III.4 auch – wie im Abschnitt XI.1 im Zusammenhang mit der Dedekind-Vollständigkeit des Raumes (Z, H) erörtert wurde – für den Fall eines nichtabgeflachten Kegels K und normalen Kegels L gilt.

Das folgende, im Wesentlichen von A. Wickstead [51] erhaltene Resultat kann als Verallgemeinerung des Satzes von Ando (V.4.1) angesehen werden.

Theorem XI.7.2. *Seien (X, K) ein geordneter Banachraum mit abgeschlossenem und erzeugendem Kegel K sowie (Y, L) ein beliebiger geordneter normierter Raum, für den $\overline{L}$ kein linearer Teilraum ist. Ist (Z, H) ein Vektorverband, dann besitzt (X, K) die Riesz'sche Interpolationseigenschaft, der Kegel K ist normal und (Y, L) ist ein Vektorverband.*

Beweis. Da der Kegel K abgeschlossen ist, folgt aus der Minihedralität des Kegels H die Minihedralität des Kegels L. Aus Theorem XI.3.1 erhält man somit die Normalität des Kegels K.

Wir zeigen jetzt, dass der duale Raum (X', K') die Riesz'sche Interpolationseigenschaft besitzt. Seien vier Funktionale aus X' gegeben: f_1, f_2, g_1, g_2, wobei $f_i \leq g_j, i, j \in \{1, 2\}$ gelte. Da $\overline{L}$ nicht linear ist, existieren $\varphi \in L'$ und $y_0 \in L$ derart, dass $\varphi(y_0) = 1$ erfüllt ist. Für die nun zu betrachtenden stetigen linearen Operatoren

$$A_i x = f_i(x) y_0, \quad B_j x = g_j(x) y_0, \quad i, j \in \{1, 2\}$$

gilt dann $A_i \leq B_j$ für $i, j \in \{1, 2\}$. Da der Raum Z als Vektorverband die Riesz'sche Interpolationseigenschaft besitzt, existiert ein solches $C \in Z$, für das $A_i \leq C \leq B_j$ für $i, j \in \{1, 2\}$ gilt. Dann gilt aber auch $\varphi \circ A_i \leq \varphi \circ C \leq \varphi \circ B_j$ für $i, j \in \{1, 2\}$, d. h. $f_i \leq \varphi \circ C \leq g_j$, wobei $\varphi \circ C$ ein Element aus X' ist. Somit besitzt der Raum (X', K') die Riesz'sche Interpolationseigenschaft. Nun ist nach der Folgerung aus Theorem V.2.1 der Kegel K' minihedral, weswegen nach Theorem V.4.1 der Raum (X, K) die Riesz'sche Interpolationseigenschaft besitzt. □

Bemerkung. Setzt man in Theorem XI.7.2 zusätzlich (Z, H) als K-Raum voraus, so erweist sich auch (Y, L) als solcher. Ausgehend von Theorem XI.1.2 folgt nämlich die Dedekind-Vollständigkeit von (Y, L) aus der Dedekind-Vollständigkeit von (Z, H). Eine analoge Bemerkung gilt auch für K_σ-Räume.

Anhang

1 Der Satz über die Vollständigkeit eines Raumes, der von einer abgeschlossenen symmetrischen konvexen Menge erzeugt wird

Wir fügen hier den Beweis des im Abschnitt IV.4 formulierten Satzes an.

Theorem. *Seien $(X, \| \cdot \|)$ ein Banachraum, B eine abgeschlossene, symmetrische, konvexe Teilmenge von X, X_B die lineare Hülle der Menge B, d. h.*

$$X_B = \{x \in X \colon x = \lambda y, \text{ wobei } y \in B, \ \lambda \in \mathbb{R}\} \,,$$

und p das von der Menge B in X_B erzeugte Minkowski-Funktional. Das Funktional p ist genau dann eine Norm und (X_B, p) ein Banachraum, wenn die Menge B in X normbeschränkt ist.

Beweis. (a) Notwendigkeit. Seien das Minkowski-Funktional p eine Norm und (X_B, p) ein Banachraum. Zunächst zeigen wir, dass der Einbettungsoperator von (X_B, p) in $(X, \| \cdot \|)$ stetig ist, wofür es ausreicht, die Abgeschlossenheit seines Graphen nachzuweisen. Sei $(x_n)_{n \in \mathbb{N}}$ eine Folge aus X_B mit $p(x_n) \longrightarrow 0$ (man kann sich auf letzteren Fall beschränken) und gelte $x_n \xrightarrow{\|\cdot\|} x$ im Raum X. Dann gilt für beliebiges $\varepsilon > 0$ und alle $m \geq n(\varepsilon)$ die Beziehung $x_m \in \varepsilon B$. Daraus folgt $x \in \varepsilon B$, da die Menge εB im Raum $(X, \| \cdot \|)$ abgeschlossen ist. Somit ist $p(x) = 0$ und daher $x = 0$. Aus der Stetigkeit des Einbettungsoperators folgt nun, dass die bezüglich der Norm p im Raum X_B beschränkte Menge B auch im Raum $(X, \| \cdot \|)$ (bezüglich der Norm $\| \cdot \|$) beschränkt ist.
(b) Hinlänglichkeit. Die Menge B sei normbeschränkt im Raum $(X, \| \cdot \|)$. Daraus ergibt sich unmittelbar, dass p eine Norm in X_B ist. Die Menge B ist nichts anderes als die abgeschlossene Einheitskugel des Raumes (X_B, p), weswegen eine Konstante M existiert mit der $\|x\| \leq Mp(x)$ für beliebiges $x \in X_B$ gilt. Betrachten wir nun eine Cauchy-Folge (x_n) bezüglich der Norm p im Raum X_B, d. h. $p(x_m - x_n) \xrightarrow[m,n \to \infty]{} 0$. Dann gilt auch $\|x_m - x_n\| \xrightarrow[m,n \to \infty]{} 0$, weswegen im Raum X der Grenzwert

$$x = \|\cdot\| \text{-} \lim_{n \to \infty} x_n$$

existiert. Für beliebiges $\varepsilon > 0$ hat man $x_m - x_n \in \varepsilon B$ sowie $p(x - x_n) \leq \varepsilon$. Somit gilt $p(x - x_n) \longrightarrow 0$, was die Vollständigkeit des Raumes (X_B, p) bedeutet. $\qquad \square$

2 Über kompakte Mengen in topologischen Räumen

Wir führen zunächst den Begriff eines Teilnetzes ein. Es sei ein Netz $(x_\alpha)_{\alpha \in A}$ mit der gerichteten Menge A als Indexmenge gegeben, das aus Elementen einer belie-

bigen Menge bestehe. Ein Netz $(y_\beta)_{\beta \in B}$ heißt *Teilnetz* von (x_α), wenn es eine solche Abbildung $\beta \mapsto \alpha_\beta$ der Menge B in die Menge A gibt, für die die Bedingungen,

(1) $y_\beta = x_{\alpha_\beta}$ für alle $\beta \in B$,

(2) für jedes $\alpha \in A$ existiert ein solches $\beta_0 \in B$, sodass $\alpha_\beta \geq \alpha$ für alle $\beta \geq \beta_0$ gilt, erfüllt sind.

Klar ist der folgende Sachverhalt: Ist $(y_\beta)_{\beta \in B}$ ein Teilnetz von $(x_\alpha)_{\alpha \in A}$ und $(z_\gamma)_{\gamma \in \Gamma}$ ein Teilnetz von $(y_\beta)_{\beta \in B}$, dann ist $(z_\gamma)_{\gamma \in \Gamma}$ ebenfalls ein Teilnetz von $(x_\alpha)_{\alpha \in A}$.

Theorem. *Die Menge E eines topologischen Raumes ist genau dann kompakt, wenn jedes, aus Elementen der Menge E bestehendes Netz ein Teilnetz besitzt, dass im Sinne der Topologie zu einem gewissen Element aus E konvergiert.*

Den Beweis dieses Satzes kann man in dem Buch [27, Theorem 5.2] finden. In unserem Buch wird der Satz über kompakte Mengen auf schwach*-kompakte Mengen, also auf Mengen, die im Sinne der schwach*-Topologie kompakt sind, angewandt. Die schwach*-Topologie im dualen Raum X' eines normierten Raumes X wurde im Beweis des Theorems II.4.2 in Abschnitt II.4 in der Fußnote 9 beschrieben.

3 Trennbarkeitssätze

Im Kapitel II ist der Satz von M. Eidelheit (Theorem II.2.3) über die Trennbarkeit konvexer Mengen in normierten Räumen bewiesen worden. Dieser Satz behält seine Gültigkeit auch in topologischen Vektorräumen, insbesondere gilt er im mit der schwach*-Topologie versehenen dualen Raum (siehe [47]). Dabei gilt es zu berücksichtigen, dass jedes lineare, bezüglich der schwach*-Topologie stetige Funktional F auf X' von der Form $F(f) = f(x)$ ist, wobei x ein gewisses Element aus X ist (siehe z. B. in [AB94, Theorem 4.69] und [W07, S. 410])[1].

4 Der Satz über präkompakte Mengen

Wir fügen hier den Beweis des Sachverhalts ein, der im Beweis von Theorem IX.2.2 verwendet worden ist.[2]

---

[1] Der diesbezüglich im Original enthaltene Hinweis auf das bereits zitierte Buch von L. W. Kantorowitsch und G. P. Akilow ist hier ungeeignet (A. d. Ü.).
[2] Im Original ist der vorstehende Beweis als Abschnitt IX.5 enthalten. Im Zuge der Vereinheitlichung der Darlegungen wurde er in der Übersetzung als Anhang 4 angegliedert (A. d. Ü.).

Theorem. *Ist A eine präkompakte Teilmenge eines normierten Raumes X, dann existiert eine solche Folge $(x_n)_{n \in \mathbb{N}}$ in X mit $x_n \xrightarrow{\|\cdot\|} 0$, sodass A in der abgeschlossenen symmetrischen konvexen Hülle der Menge $\{x_n : n \in \mathbb{N}\}$ liegt.*

Beweis. Wir geben uns Zahlen $\lambda_n > 0$ mit $\sum_{n=1}^{\infty} \lambda_n = 1$ vor und setzen $\varepsilon_n := \lambda_{n+1}^2$. Aufgrund der Präkompaktheit von A gibt es für jedes n jeweils ein endliches ε_n-Netz $P_n = \{y_1^{(1)}, \ldots, y_{m_n}^{(n)}\}$ in A. Mit $B := \overline{\bigcup_{n=1}^{\infty} P_n}$ hat man dann offenbar $A \subset B$.
Wir konstruieren nun einige neue endliche Mengen wie folgt: Sei

$$Q_1 := \left\{x_1^{(1)}, \ldots, x_{m_1}^{(1)}\right\} \quad \text{mit } x_i^{(1)} := \frac{1}{\lambda_1} y_i^{(1)} \text{ für } i \in \{1, 2, \ldots, m_1\} \ .$$

Weiterhin, ist $n > 1$, dann findet man für jedes $y_i^{(n)}$ ein solches Element $z_i^{(n)} \in P_{n-1}$, dass $\|y_i^{(n)} - z_i^{(n)}\| < \varepsilon_{n-1}$ gilt. Man setzt dann für $i \in \{1, 2, \ldots, m_n\}$

$$x_i^{(n)} := \frac{1}{\lambda_n} \left(y_i^{(n)} - z_i^{(n)}\right) \ .$$

Es gilt $\|x_i^{(n)}\| < \lambda_n$. Sei $Q_n := \{x_1^{(n)}, \ldots, x_{m_n}^{(n)}\}$. Aus den Elementen der Mengen Q_n bilden wir die Folge

$$x_1^{(1)}, \ldots, x_{m_1}^{(1)}, \ldots, x_1^{(n)}, \ldots, x_{m_n}^{(n)}, \ldots \xrightarrow[n \to \infty]{\|\cdot\|} 0 \tag{1}$$

und zeigen, dass diese Folge die erforderliche Eigenschaft besitzt.
Ist $y \in P_n$, also $y = y_i^{(n)}$ für gewisses $i \in \{1, \ldots, m_n\}$ und $n \geq 2$, dann hat man $y = \lambda_n x + z_n$ mit $x \in Q_n$ und $z_n \in P_{n-1}$. Durch Induktion erhält man hieraus die Darstellung

$$y = \lambda_n x_{i_n}^{(n)} + \lambda_{n-1} x_{i_{n-1}}^{(n-1)} + \ldots + \lambda_1 x_{i_1}^{(1)}$$

mit $1 \leq i_k \leq m_k$. Folglich ist die Menge P_n in der symmetrischen konvexen Hülle der Menge der Elemente der Folge (1) enthalten. Dann aber liegt B in der abgeschlossen symmetrischen konvexen Hülle der gleichen Menge und somit gilt dieses auch für die Menge A. $\square$

Nachbetrachtungen des Herausgebers der deutschen Ausgabe

Historisches

Ziel dieser Nachbetrachtungen ist es, die Ideen der Halbordnung, Positivität und Monotonie in normierten Räumen, ihre Weiterentwicklung und einige ihrer Anwendungen in groben Schritten bis in die Gegenwart zu skizzieren. Außerdem ist beabsichtigt, nach der Lektüre der Monografie dem Leser Orientierungsmöglichkeiten zu eröffnen und ggf. ihn zu eigenen Untersuchungen anzuregen.

Ein halbes Jahr nach Erscheinen des zweiten Teils (Kapitel VI–XI) der vorliegenden Monografie[1] veröffentlichte unabhängig davon I. A. Bachtin in Woronesch die Monografie[2] [B78] unter dem Titel *Kegel von linearen positiven Operatoren*. Diese basierte auf den systematischen Untersuchungen von Keilen und Kegeln linearer positiver Operatoren im Banachraum $L(X, Y)$ aller stetigen linearen Operatoren von einem reellen Banachraum X mit einem Keil K in einen reellen Banachraum Y mit einem Keil L. Diese Untersuchungen wurden ursprünglich in den 1930–40er Jahren von M. G. Krein (1907–1989) in Odessa initiiert, dann in den 1950er Jahren, beginnend in der Gruppe von M. A. Krasnoselskij (1920–1997), weitergeführt und später von I. A. Bachtin, seinem Schüler V. I. Azhorkin u. a. in den 1960–1970er Jahren in Woronesch intensiv vorangetrieben. Im Unterschied zur vorliegenden Übersetzung werden dort (etwa in [6]) die Räume X und Y stets als geordnete Banachräume vorausgesetzt und zugelassen, dass K, L und die Menge H aller Operatoren $A \in L(X, Y)$ mit $A(K) \subset L$ lediglich Keile sind.

In der Regel ist bei Wulich (siehe Abschnitt I.2) in einem geordneten Vektorraum (X, K) die Menge K der positiven Elemente stets ein Kegel, obwohl hin und wieder auch Vektorräume mit einem Keil betrachtet werden, was dann aber ausdrücklich hervorgehoben wird (z. B. Abschnitt II.2, Kapitel III, Satz von Krein-Schmuljan). Das erweist sich als sinnvoll, da die Abschließung eines Kegels in einem normierten Raum zwar stets ein Keil ist, aber nicht unbedingt ein Kegel sein muss (Abschnitt II.5). Gilt ein Resultat nur für einen Banachraum, so wird das in der Monografie jeweils explizit erwähnt.

Die in [B78] und bereits früher in [W73, W75, BB76, 47, 7] verwendete Terminologie unterscheidet sich teilweise von der, die sich in der Leningrader Schule und somit auch in diesem Buch etabliert hatte. Die Terminologie in der deutschen Fassung des Buches orientiert sich stark an den Begriffen, die in der englischsprachigen Literatur existieren (siehe beispielsweise [23]), bzw. an denen, die durch die Übersetzung russischer

---

1 Druckfreigabe am 10.01.1978.
2 Druckfreigabe am 01.06.1978.

mathematischer Literatur wie etwa [KLS89] oder [29] bereits ins Englische übertragen worden sind.

Da die speziell der Kegeltheorie gewidmeten russischen Bücher, wie z. B. die in dieser Übersetzung zusammengefassten beiden Bücher von B. Z. Wulich oder die von I. A. Bachtin, nach unserer Kenntnis weder ins Englische[3] noch in eine andere Sprache übersetzt worden sind, hat sich, etwa im Französischen, eine nahezu eigenständige „Kegelterminologie" herausgebildet (siehe z. B. [B06, B08, D74] sowie [BR84, 23]). Andererseits haben auch viele englische (beziehungsweise deutsche) Begriffe zu einer Veränderung der russischen Terminologie geführt. Beispiele dafür sind etwa Begriffe wie Dedekind-Vollständigkeit, Vektorverband, Riesz-Raum, normierter Verband, Banachverband oder Verbandskegel (englisch: lattice cone), die an die Stelle der in der russischen (m. E. auch in der ostdeutschen) mathematischen Literatur bis in die 1990er Jahre gebräuchlichen Begriffe (o)-Vollständigkeit, K-Lineal, KN-Lineal, KB-Lineal oder minihedraler Kegel traten.

Erfreulicherweise verschwinden seit Beginn der uneingeschränkten Kommunikationsmöglichkeiten der Mathematiker untereinander mithilfe des Internets, der freien Publikation von Resultaten in internationalen Fachzeitschriften und einer steigenden Zahl von regelmäßigen internationalen Fachkonferenzen[4] die erwähnten Unterschiede sehr schnell und spürbar, sodass man heute eine wünschenswerte, fast einheitliche Begriffswelt vorfindet, die nicht nur das mathematische Teilgebiet der vorliegenden Monografie umfasst. Die ausgewiesene Zeitschrift für dieses Teilgebiet der Funktionalanalysis ist das 1997 gegründete Journal *Positivity*.

Wie bereits vom Autor im Vorwort I kurz erwähnt,[5] gehen die ersten Anregungen eines systematischen Studiums von Ordnungsstrukturen in linearen und normierten Räumen und der entsprechenden Klassen von positiven, monotonen oder majorisierten Operatoren auf den Vortrag „Sur la décomposition des opérations fonctionelles linéaires" von F. Riesz (1880–1956) auf dem Internationalen Mathematikerkongress 1928 in Bologna zurück [R28]. Diese Ideen wurden im Weiteren in der Mitte der 1930er Jahre in den Niederlanden von H. Freudenthal (1905–1990), in der UdSSR von M. G. Krein[6]

---

3 Mit Ausnahme von [29].

4 Zu Problemstellungen, die im weitesten Sinne mit „Positivität" umrissen werden können, haben sich seit 1998 die im Rhythmus von zwei bis drei Jahren stattfindenden „International Conferences Positivity" etabliert.

5 Etwas ausführlicher sind die Anfänge der Theorie der partiell geordneten linearen Räume im Vorwort zur Monografie [53] beschrieben worden.

6 In [34] wird erwähnt, dass ein großer Teil der dort publizierten Resultate aus einer Monografie von M. G. Krein mit dem Titel *Theorie der Kegel in einem Banachraum und ihre Anwendungen* stammt, die noch unmittelbar vor dem II. Weltkrieg geschrieben wurde, aber nicht mehr veröffentlicht werden konnte.

in Odessa, L. W. Kantorowitsch[7], B. Z. Wulich, A. G. Pinsker (1925–1985) in Leningrad, in Japan von F. Maeda, H. Nakano, T. Ogasawara, S. Kakutani (1911–2004) u. a. aufgegriffen und zur Grundlage einer eigenständigen Theorie geformt. Später leisteten G. Birkhoff (1911–1996), M. A. Krasnoselskij, T. Ando, W. A. J. Luxemburg, A. C. Zaanen (1913–2003), B. de Pagter, H. H. Schaefer (1925–2005), M. Wolff, R. Nagel, B. Fuchssteiner, C. D. Aliprantis (1946–2009), O. Burkinshaw, A. W. Wickstead, P. Meyer-Nieberg, I. A. Polyrakis, A. I. Wexler, I. A. Bachtin, G. J. Lozanowskij, J. A. Abramowitsch (1945–2003), A. W. Buchwalow, S. S. Kutateladze, A. G. Kusraew und viele andere Mathematiker aus China, Deutschland, Frankreich, Großbritannien, Israel, Kanada, den Niederlanden, Polen, Rumänien, Russland, Südafrika, Tunesien, den USA und weiteren Ländern entscheidende Beiträge zur Vervollkommnung der Theorie und ihren Anwendungen.

Stimuliert wurden die Ideen der Halbordnung und Positivität in der Mitte des vorigen Jahrhunderts auch im Zusammenhang mit der allgemeinen Optimierungstheorie und der Begründung und Weiterentwicklung der Maß- und Integrationstheorie. Bei letzterer hat man oft die folgende Ausgangssituation: Sind $(X, \mathfrak{A})$ ein messbarer Raum (auch *Messraum* genannt)[8] und K der Kegel aller auf X definierten nicht negativen messbaren Funktionen, dann kann man das Integral als eine Abbildung $K \times \mathfrak{A} \to \overline{\mathbb{R}}$ (ein Funktional) interpretieren, die jedem Paar $(f, A) \in K \times \mathfrak{A}$ den Wert $\int_A f$ zuordnet. Hat man nun auf $K \times \mathfrak{A}$ ein Funktional $\mathfrak{J} \colon K \times \mathfrak{A} \to \overline{\mathbb{R}}$, das die folgenden Eigenschaften besitzt,

(i) $\mathfrak{J}(f, A) \geq 0$ für alle $f \in K$ und $A \in \mathfrak{A}$ (Positivität),

(ii) ist $A \cap B = \emptyset$, dann gelte $\mathfrak{J}(f, A \cup B) = \mathfrak{J}(f, A) + \mathfrak{J}(f, B)$ (Mengenadditivität),

(iii) nimmt eine Funktion in allen Punkten der Menge A den Wert $a \geq 0$ an, dann gelte
  $\mathfrak{J}(f, A) = a\mathfrak{J}(\mathbf{1}, A)$,

(iv) ist $(f_n)_{n \in \mathbb{N}}$ eine wachsende Funktionenfolge auf X mit $\lim_{n \to \infty} f_n(x) = f(x)$ für alle
  $x \in X$, dann gelte $\mathfrak{J}(f_n, A) \longrightarrow_{n \to \infty} \mathfrak{J}(f, A)$ für beliebiges $A \in \mathfrak{A}$,

dann kann man zusätzlich auch noch die Eigenschaften

(v) $\mathfrak{J}(f + g, A) = \mathfrak{J}(f, A) + \mathfrak{J}(g, A)$ (Additivität),

(vi) $\mathfrak{J}(\alpha f, A) = \alpha \mathfrak{J}(f, A)$ für $\alpha > 0$ (positive Homogenität)

nachweisen. Interessanterweise ist jedes derartige Funktional das Integral bzgl. eines gewissen Maßes (siehe [MP11, Theorem IV.2.5]).

– Sei $\mathfrak{J} \colon K \times \mathfrak{A} \to \overline{\mathbb{R}}$ ein Funktional mit den Eigenschaften (i) – (iv). Dann gestattet $\mathfrak{J}$ eine Integraldarstellung $\mathfrak{J}(f, A) = \int_A f d\mu$ für alle $(f, A) \in K \times \mathfrak{A}$, wobei μ ein auf $\mathfrak{A}$ definiertes Maß ist.

---

7 1975 erhielt Leonid W. Kantorowitsch gemeinsam mit dem amerikanischen Wissenschaftler Tjalling C. Koopmans (1910–1985) den Nobelpreis für Wirtschaftswissenschaften für ihre *Grundlegenden Beiträge zur Theorie der optimalen Nutzung von Ressourcen in der Ökonomie*.

8 X ist hier eine beliebige nicht leere Menge und $\mathfrak{A}$ eine σ-Algebra von Teilmengen aus X. Mit $\mathbf{1}$ wird die Funktion auf X bezeichnet, die für alle $x \in X$ den Wert 1 annimmt.

Startet man die Konstruktion eines Integrals sofort mit einem Maßraum $(X, \mathfrak{A}, \mu)$, dann definiert man zunächst für elementare nicht negative messbare Funktionen das Integral über eine messbare Menge. Danach definiert (erweitert) man das Integral (der Wert $+\infty$ ist dabei nicht ausgeschlossen) für eine beliebige messbare nicht negative Funktion als Supremum der Integrale aller nicht negativen elementaren Funktionen $g \leq f$ und verwendet zur Definition des Integrals einer beliebigen messbaren Funktion f (ohne Vorzeichenbeschränkung) die Zerlegung $f = f_+ - f_-$. Dieses Vorgehen führt im Endeffekt auf die Fortsetzung linearer positiver ordnungsstetiger Funktionale von einem geordneten Vektorraum (meistens von einem Vektorverband) auf einen umfassenderen Funktionenraum (in einer speziellen Situation wird dies in Abschnitt I.6 des Buches angesprochen).

Weitere Kegel und Dualität von Kegeln

Schwerpunktmäßig wurden ab den 60er Jahren des vergangenen Jahrhunderts vor allem normierte und lokalkonvexe Vektorverbände studiert. Das führte u. a. zu vielen neuen und interessanten Resultaten sowohl für die Geometrie derartiger Räume und ihrer dualen Räume als auch für entsprechende Klassen von Operatoren auf solchen Räumen. Im Einzelnen kann an dieser Stelle darauf nicht eingegangen werden – zu umfangreich und tief liegend erweisen sich die untersuchten Themenstellungen, um auch nur annähernd einer anspruchsvollen Darstellung gerecht werden zu können. Dennoch – um eine gewisse Übersicht zu gewinnen – sei der Leser etwa auf die Monografie [AA02] und die Arbeit [W11] verwiesen.

Die Theorie der Kegel in normierten und lokalkonvexen Räumen geriet dabei zunächst etwas in den Hintergrund. Trotzdem ist neben der umfangreichen Literatur zu Banachverbänden und positiven Operatoren (siehe z. B. [AA02, AB03, AB06, K00, MeN91, Sch74, S84, Z83, Z97] u. a.) auch die Literatur zur Theorie der Kegel in normierten und lokalkonvexen Räumen in den vergangenen fast 40 Jahren stark angewachsen: Beispielsweise erschien bereits 1967 das Buch [P67] *Ordered Topological Vector Spaces* von A. L. Peressini, dann 1971 das Buch *Topologische Vektorräume* [47] von H. H. Schaefer, 1981 [FL81] *Convex Cones* von B. Fuchssteiner und W. Lusky und 2007 [AT07] *Cones and Duality* von C. D. Aliprantis und R. Tourky. Das zeugt einerseits von der Aktualität des Gegenstands innerhalb der Funktionalanalysis, wurde andererseits aber in verstärktem Maße von Anwendungen inspiriert, in denen die Theorie der Vektorverbände nicht mehr ausreichend war.[9] Außerdem hat die stürmische Entwicklung

---

9 Zum Beispiel ist der Raum aller regulären (i.e. als Differenz zweier positiver Operatoren darstellbaren) Operatoren eines Vektorverbandes in einen anderen im Allgemeinen kein Vektorverband. Geordnete normierte Räume differenzierbarer Funktionen oder von Polynomen sind ebenfalls häufig keine Vektorverbände.

der Theorie der Banachverbände Wege und Sicht für erforderliche Verallgemeinerungen auf den Nichtverbandsfall geebnet, wozu auch neue Methoden erforderlich waren und weiter zu erarbeiten sind. Das Interesse an der Theorie der Kegel stieg im Zusammenhang mit dringend zu lösenden Problemen, insbesondere mit Fragestellungen im Rahmen der Spektraltheorie und Anwendungen in der Optimierungstheorie, in der mathematischen Ökonomie, mit Untersuchungen von positiven dynamischen Systemen u. a. wieder spürbar an. Von zunehmender Bedeutung sind nunmehr die Untersuchungen von Operatoren in solchen Räumen, in denen die Kompatibilität zwischen algebraischer Struktur, Topologie und Ordnung durch algebraische und topologische Eigenschaften des Kegels festgelegt und schwächer (allgemeiner) als im lokalkonvexen Verbandsfall sein kann.

Aus der großen Anzahl der gegenwärtig vorhandenen einschlägigen Literatur zur Theorie der Kegel in normierten Räumen sollen und können hier exemplarisch nur einige wenige erwähnt werden, die dem durch die vorliegende Monografie (die im Original, wie bereits bemerkt wurde, in Form zweier kleiner getrennter Broschüren veröffentlicht worden ist) erfassten Material etwas näher liegen als andere und durchaus auch subjektive Interessen des Herausgebers widerspiegeln.

Die in der Monografie betrachteten Kegel sind stets Teilmengen eines Vektorraumes oder eines lokalkonvexen, insbesondere normierten, Raumes und werden daher mit ihren aus dem Ambiente induzierten algebraischen und topologischen Strukturen untersucht. Daraus ergibt sich u. a. die Möglichkeit, den entsprechenden dualen Kegel einzuführen und wichtige Dualitätsbeziehungen herzustellen. Kegel als eigenständige Objekte,[10] wie etwa in [FL81, KR92, MS08], werden, um sich nicht allzu weit von Geist und Anliegen der Monografie zu entfernen, ebenfalls in diesen Nachbetrachtungen nicht oder nur fragmentarisch berücksichtigt, obwohl viele Anknüpfungspunkte und Überschneidungen vorhanden sind und sich abstrakte Kegel oft als Ausgangspunkt neuer Ideen erweisen (siehe z. B. das „Strict Open Mapping Theorem" in [JM14]).

---

10 Eine Abelsche Halbgruppe $(G, +)$ mit neutralem Element ist per Definition ein *konvexer* oder (in [JM14]) ein *abstrakter Kegel*, wenn es eine Abbildung von $\mathbb{R}_+ \times G \to G$, $(\lambda g) \mapsto \lambda g$ gibt, die den üblichen Gesetzen der skalaren Multiplikation genügt. Ein solcher Kegel heißt *prägeordnet*, wenn er mit einer Präordnung $<$ (also einer reflexiven und transitiven Relation) versehen ist, die den Kompatibilitätsbedingungen $g_1 < g_2$ und $h_1 < h_2 \Longrightarrow g_1 + h_1 < g_2 + h_2$ und $\lambda g_1 < \lambda g_2$ mit $g_i, h_i \in G$, $i \in \{1, 2\}$, $\lambda > 0$ genügt. Beispiele dafür, dass gewisse mathematische Objekte zwar keine lineare Menge sind, aber noch eine Kegelstruktur besitzen, findet man in [FL81, Bou77], etwa die Menge aller auf einem topologischen Raum oberhalb stetigen (ebenfalls die aller unterhalb stetigen) Funktionen mit Werten in der erweiterten Zahlengeraden, oder in der Integrationstheorie – wie bereits im vorhergehenden Abschnitt kurz erwähnt – der Kegel K aller nicht negativen messbaren Funktionen (mit Werten in $[0, \infty]$) auf einem messbaren Raum $(X, \mathfrak{A})$. Beschränkt man sich dabei auf additive Funktionale mit Werten in $[-\infty, +\infty)$, dann kann eine (algebraische) Dualitätstheorie entwickelt werden. Abstrakte Kegel, die zusätzlich auch mit einer Nullumgebungsbasis, also einer Topologie ausgerüstet werden können, gestatten dann auch, Dualitätsaussagen zu beweisen, siehe z. B. [MS08].

Ebenso kann die sehr umfangreiche (und natürlicherweise recht spezielle) Literatur zu Kegeln in endlich dimensionalen Räumen keine Berücksichtigung finden.

In diesem Zusammenhang sei auf [AT07] und insbesondere auch auf die interessante Klasse der Kegel $K(k, \mathbb{R}^n)$ im Raum $\mathbb{R}^n$ mit einem fixierten orthogonalen Koordinatensystem verwiesen, wobei ein Vektor $x \in \mathbb{R}^n$ zu $K(k, \mathbb{R}^n)$ gehört, wenn die Anzahl der Vorzeichenwechsel unter seinen von null verschiedenen Koordinaten höchstens $k - 1$ ist (siehe auch [KLS89, Chapter 1.7.3]).

Im Weiteren heben wir einige verschiedene Aspekte der allgemeinen Kegeltheorie hervor.

(1) In der Arbeit [GT82] beweisen die Autoren W. A. Geiler (1943–2007) und I. I. Tschutschaew eine verallgemeinerte Version des sogenannten lokalen Lindenstrauss-Rosenthal-Reflexivitätsprinzips[11], mit dessen Hilfe einige Dualitätsbeziehungen zwischen Kegeln in einem lokalkonvexen Raum E und deren dualen Kegeln im (topologischen) Dualraum E' bewiesen werden können. Die wichtigsten sind die Dualität der Eigenschaftspaare[12]

normal – erzeugend, bepflasterbar – solid, RDP – DV,

die im Kontext von lokalkonvexen Räumen durch geeignete Verfeinerungen bzw. Lokalisierungen zu (im Vergleich mit dem Fall normierter Räume) umfassenderen und vollkommen symmetrischen Dualitätsaussagen führen. Als Beispiel sei hier nur das Ergebnis für das erste Paar angeführt. In einem lokalkonvexen Raum X bezeichne $\mathfrak{V}$ die Gesamtheit aller absolut konvexen Nullumgebungen und $\mathfrak{B}$ die Gesamtheit aller beschränkten Mengen. Ein Kegel $K \subset X$ heißt *lokaler $\mathfrak{B}$-Kegel*, wenn für jedes $A \in \mathfrak{B}$ ein $B \in \mathfrak{B}$ so existiert, dass für jedes $V \in \mathfrak{V}$ die Inklusion $A \subset (B + V) \cap (K + V) - (B + V) \cap (K + V)$ gilt.[13] Ein Kegel K in einem lokalkonvexen Raum X heißt *normal*, wenn der Satz über die eingeschlossenen Netze gilt, d. h. $0 \le x_\alpha \le y_\alpha$ und $y_\alpha \to 0$ (in der Topologie von X) impliziert $x_\alpha \to 0$ (vgl. mit Folgerung 1 zu Theorem IV.2.1 aus der vorliegenden Monografie). Eine *Tonne* in einem lokalkonvexen Raum X ist eine abgeschlossene, absolutkonvexe Menge, die jede endliche Teilmenge aus X absorbiert. In einem *tonnelierten* lokalkonvexen Raum (d. h., jede Tonne ist eine Nullumgebung) gilt nun das folgende vollständige Dualitätsresultat (siehe [GT82, Theorem 2.6]):

---

11 Eine kurze Erklärung dieses Prinzips findet man z. B. in [W07, Kapitel VIII.7.].

12 Seien P und Q ein Paar gewisser dualer Eigenschaften, und stehe $E \in (P)$ dafür, dass der geordnete lokalkonvexe Raum E oder sein Kegel E_+ die Eigenschaft P besitzt, dann haben die wichtigsten Dualitätssätze die Gestalt:
$$E \in (P) \Longleftrightarrow E' \in (Q) \quad \text{und} \quad E \in (Q) \Longleftrightarrow E' \in (P).$$
Im Weiteren stehen hier RDP für Riesz'sche Interpolationseigenschaft, die im Englischen (wegen der in Abschnitt V.1 erwähnten äquivalenten Eigenschaft) häufig auch *Riesz decomposition property* genannt wird, und DV für Dedekind-Vollständigkeit.

13 In einem Banachraum mit abgeschlossenem Kegel fallen die Begriffe lokaler $\mathfrak{B}$-Kegel und erzeugender Kegel zusammen [GT82, Satz 2.2].

– Seien (X, K) ein tonnelierter durch den Kegel K geordneter Raum, K' der duale Kegel und $\beta(X', X)$ die starke Topologie auf X'. Dann gelten die folgenden Äquivalenzen:

(i) K ist normal $\iff$ K' ist ein lokaler $\mathfrak{B}$-Kegel im (stark dualen) Raum $(X', \beta(X', X))$.

(ii) K ist ein lokaler $\mathfrak{B}$-Kegel in $X \iff K'$ ist ein normaler Kegel in $(X', \beta(X', X))$.

In der vorgelegten Monografie, die ausdrücklich nur die Situation für geordnete normierte Räume erfasst, findet man die Sätze IV.5.1 (M. G. Krein), IV.6.2 (T. Ando), III.4.1, VII.3.1 (A. M. Rubinow), VII.3.2 sowie die Sätze des Kapitels V (V.3.1, V.4.1 von T. Ando, V.4.2 und V.4.3) als Spezialfälle dieser allgemeinen Dualitätsaussagen.

(2) In der Monografie [B08] von R. Becker wird einleitend in kurzer Form die Entwicklung der Kegeltheorie bis 1962 skizziert, allerdings unter Berücksichtigung lediglich einer der Arbeiten russischen Ursprungs auf diesem Gebiet, nämlich der – wie damals üblich ins Französische übersetzten – Arbeit [33]. Für einen Keil K in einem Banachraum X wird der wichtige und interessante Begriff des *Index $i(K)$* eingeführt, mit dessen Hilfe die Einbettbarkeit der (endlich dimensionalen) Räume ℓ_n^p, deren Basisvektoren aus X sind, in den geordneten Banachraum (X, K) mit normalem Kegel K charakterisiert werden kann. Darüber hinaus ergeben sich Anwendungen in der Operatortheorie (summierbare Operatoren, Pietsch-Ungleichung, Faktorisierung u. a.). In [B06] werden weitere verschiedene Klassen von Kegeln in Banachräumen untersucht, z. B. *biretikuläre* (englisch: *bireticulated*) Kegel, d. h. schwach vollständige Kegel K in einem separablen lokalkonvexen Raum X derart, dass die positiven linearen stetigen Funktionale auf K eine Vektorverbandsstruktur auf dem Vektorraum aller linearen stetigen Funktionale $L(X)$ erzeugen. Diese wurden eingehend in [G71] untersucht, und es wurde gezeigt, dass ein biretikulärer Kegel mit einer Basis (mittels einer geeigneten stetigen linearen Bijektion) als dichte Seitenfläche des Kegels der positiven Radon-Maße auf einer gewissen kompakten Teilmenge eines lokalkonvexen topologischen Vektorraumes aufgefasst werden kann.

(3) Eine *Kappe* (englisch: *cap*) eines abgeschlossenen Kegels K in einem lokalkonvexen Raum X ist eine konvexe kompakte Teilmenge $C \subset K$ mit der Eigenschaft, dass die Menge $K \setminus C$ ebenfalls konvex ist.[14] Kegel mit Kappen spielen in der Choquet-Theorie, auf die wir weiter unten (siehe Seite 204) noch etwas ausführlicher eingehen werden, eine wichtige Rolle.

Als Beispiel dafür sei zunächst lediglich der folgende *Satz von Choquet* (siehe [P67], Chapter 11]) angeführt, der eine Verallgemeinerung des Satzes von Krein-Milman ist:

---

[14] Besitzt ein Kegel K eine kompakte Basis D (siehe Abschnitt VII.1), dann ist für jedes $\lambda \geq 0$ die Menge $[0, \lambda]D := \{\alpha x; \alpha \in [0, \lambda], x \in D\}$ eine Kappe von K.

– In einem lokalkonvexen Raum X sei der abgeschlossene Kegel K die Vereinigung seiner Kappen. Dann ist K die abgeschlossene konvexe Hülle seiner Extremalstrahlen.

(4) Eine interessante Klasse von Kegeln wurde von einer Gruppe um I. A. Polyrakis in [CM13] analysiert. Ein Kegel X_+ in einem Banachraum X heißt *reflexiv*, wenn sein Durchschnitt $B_X^+ = B_X \cap X_+$ mit der Einheitskugel B_X von X schwach kompakt ist. Ist B_X^+ sogar (bezüglich der Norm) kompakt, dann heißt X_+ *streng reflexiv* (in [KLS89] heißt ein solcher Kegel *lokalkompakt*). In der genannten Arbeit werden reflexive und streng reflexive Kegel in Banachräumen zur Charakterisierung der Reflexivität, der Gültigkeit der Schur-Eigenschaft (d. h., jede schwach konvergente Folge in X ist normkonvergent, siehe auch die Sätze VII.2.1 und VII.2.2) und dem Nachweis weiterer interessanter Eigenschaften eingesetzt. Die wichtigsten sind:
– Ein Banachraum X ist genau dann reflexiv, wenn es einen abgeschlossenen Kegel $X_+ \subset X$ gibt, sodass X_+ und der duale Kegel X_+' beide reflexiv sind.
– Ein Banachraum X hat genau dann die Schur-Eigenschaft, wenn jeder reflexive Kegel in X mit einer beschränkten Basis streng reflexiv ist.
– Ein erzeugender, normaler und reflexiver Kegel in einem Banachraum X ist genau dann minihedral, wenn X die Riesz'sche Interpolationseigenschaft besitzt.
– Seien (X, X_+) und (Y, Y_+) Banachräume mit abgeschlossenen Kegeln X_+ und Y_+. Ist X_+ nicht abgeflacht und Y_+ reflexiv (streng reflexiv), dann ist jeder positive lineare Operator $T\colon X \to Y$ schwach kompakt (kompakt).

(5) In [JM14] zeigen M. de Jeu und M. Messerschmidt, dass die im Theorem III.2.1 (Satz von Krein-Schmuljan)[15] bewiesene Nichtabgeflachtheit verallgemeinert werden kann, indem man die Reproduzierbarkeit des Kegels, also $K + (-K) = X$ durch $X = \bigcup_{j=1}^{\infty} K_j$ mit abgeschlossenen Keilen K_j ersetzt. Es wird bewiesen (Theorem 1.2), dass für eine stetige additive, positiv homogene Abbildung $T\colon K \to Y$ (X, Y sind reelle oder komplexe Banachräume und K ist ein abgeschlossener Keil in X) die folgenden Aussagen äquivalent sind:
(i) T ist surjektiv.
(ii) Es existiert eine Konstante $N > 0$, sodass es für jedes $y \in Y$ ein $x \in K$ gibt mit $Tx = y$ und $\|x\| \le N \|Tx\|$.
(iii) T ist eine offene Abbildung.
(iv) Null ist ein innerer Punkt von $T(K)$.

Eine Kombination dieses Resultats mit dem „Michael's Selection Theorem" (siehe [AB94, Theorem 14.60]) garantiert die Existenz einer stetigen rechtsinversen Abbil

---

15 In [JM14] wird dieser Satz T. Ando zugeschrieben. Er wurde aber bereits 1940 von Krein und Schmuljan bewiesen (siehe [32]).

dung für eine surjektive Abbildung T des beschriebenen Typs. Es gilt das „Strict Open Mapping Theorem" [JM14, Theorem 3.6]:

- Seien X, Y, K wie oben, $T\colon K \to Y$ eine surjektive stetige additive, positiv homogene Abbildung. Dann existieren eine Konstante $N > 0$ und eine stetige positiv homogene Abbildung $\Gamma\colon Y \to K$ mit
  (i) $T \circ \Gamma = I_Y$ (I_Y ist der identische Operator auf Y),
  (ii) $\|\Gamma(y)\| \leq N\|y\|$ für alle $y \in Y$.

Mithilfe dieser Resultate ist es möglich, die folgende Fragestellung zu beantworten. Sei X ein reeller, durch einen abgeschlossenen erzeugenden Kegel X_+ geordneter Banachraum und $C_0(\Omega, X)$ der Banachraum aller X-wertigen, auf dem topologischen Raum Ω stetigen Funktionen, die im Unendlichen[16] verschwinden. Letzterer sei auf natürliche Weise (punktweise) durch den Kegel $C_0(\Omega, X_+)$ geordnet. Ist $C_0(\Omega, X_+)$ erzeugend? Die Antwort ist „ja", falls X ein Banachverband ist, denn die Funktionen $f^\pm(t) := \pm f(t)$, $t \in \Omega$ sind stetig, und aus $\|f^\pm\| \leq \|f\|$ folgt, dass die Funktionen $f^\pm$ im Unendlichen verschwinden (in der Terminologie der vorliegenden Monografie erweist sich der Kegel als nichtabgeflacht).

Für allgemeinere Räume X ist die Situation komplizierter. Der zentrale Aspekt ist die Stetigkeit und Beschränktheit der Zerlegungsabbildungen $x \mapsto x^{(k)}$ mit $x^{(k)} \in X_+$, $k \in \{1, 2\}$ für $x = x^{(1)} - x^{(2)}$ im Raum X. Beispielsweise gelten für Banachräume X, die als endliche Summe $X = \sum_{j=1}^m X_+^{(j)}$ von abgeschlossenen Keilen $X_+^{(j)}, j \in \{1, \ldots, m\}$ darstellbar sind, die folgenden Sachverhalte der Reproduzierbarkeit in $C(\Omega, X)$ und seiner Teilräume:

- Für die Räume X- bzw. $X_+^{(j)}$-wertiger stetiger Funktionen auf einem topologischen Raum Ω gelten die Beziehungen
  (i) $C(\Omega, X) = \sum_{j=1}^m C(\Omega, X_+^{(j)})$,
  (ii) $C_\delta(\Omega, X) = \sum_{j=1}^m C_\delta(\Omega, X_+^{(j)})$, wobei unter C_δ für $\delta = b$ alle beschränkten stetigen Funktionen auf Ω, für $\delta = 0$ alle stetigen Funktionen auf Ω, die im Unendlichen verschwinden, und für $\delta = c$ alle finiten stetigen Funktionen auf Ω zu verstehen sind.

(6) Ausgangspunkt der Untersuchungen in [M15] sind die drei Sätze von Krein-Schmuljan (Theorem III.2.1), Krein (Theorem IV.5.1) und Ando (Theorem IV.6.2). Schreibt man im Falle eines normalen Kegels K mit der Halbmonotoniekonstanten M zunächst die Normabschätzung für die Elemente x eines Ordnungsintervalls $[a, b]$ in der Form

$$\|x\| \leq M\|b - a\| + \|a\| \leq M\|b\| + (M+1)\|a\| \leq (M+1)\max\{\|a\|, \|b\|\} \tag{1}$$

---

16 Eine auf einem nicht kompakten topologischen Raum Ω stetige Funktion f *verschwindet im Unendlichen*, wenn für jedes $\varepsilon > 0$ eine kompakte Menge $F \subset \Omega$ existiert, sodass $|f(t)| \leq \varepsilon$ für alle $t \in \Omega \setminus F$ gilt.

(siehe Folgerung 2 aus Theorem IV.2.1) und die sich für ein beliebiges Funktional $f \in X'$ mit $f = f_1 - f_2$ und $f_1, f_2 \in K'$ aufgrund der in der Bemerkung zum Satz von Krein erwähnten Nichtabgeflachtheit des dualen Kegels K' mit einer Nichtabgeflachtheitskonstanten N ergebende Abschätzung $\|f_1\|, \|f_2\| \leq N\|f\|$ in der Form

$$\|f_1\| + \|f_2\| \leq 2N \|f_1 + f_2\| \quad \text{oder als} \quad \max\{\|f_1\|, \|f_2\|\} \leq N \|f\|, \tag{2}$$

so erhält man mit geeignet gewählten Zahlen die Bedingungen der Dualitätssätze Theoreme 1.2 und 1.3 aus [M15]. Die Gültigkeit derartiger Normabschätzungen ist natürlich nichts anderes als jeweils eine Kompatibilitätsbedingung zwischen der Norm und der durch den entsprechenden Kegel erzeugten Ordnung im Banachraum X. Die erste, (1), ist zur Normalität und jede der beiden aus (2) zur Nichtabgeflachtheit[17] des Kegels äquivalent. In [M15, W73, W75, 23] werden diese auf endliche Summen von Elementen bezogenen Eigenschaften *additivity*- und *coadditivity-property* bzw. *normality*- und *conormality-property* genannt. Explizit werden die (dualen) Eigenschaften der Additivität und Koadditivität in der vorliegenden Monografie nicht betrachtet. Jedoch werden ähnliche, auf Asimow [4], Ellis [20], Lifschitz [35, 36], Abramowitsch und Lozanowskij [1] zurückgehende Zahlencharakteristika von Kegeln im Kapitel VIII untersucht. Eine Verallgemeinerung des Satzes von Krein-Schmuljan ist das folgende Resultat (siehe [M15, Theorem 1.4]):

– Sei $(K_\alpha)_{\alpha \in A}$ eine erzeugende Familie abgeschlossener Kegel in einem reellen oder komplexen Banachraum X, d. h., jedes $x \in X$ kann als $x = \sum_{\alpha \in A} c_\alpha$ mit $c_\alpha \in K_\alpha$ und $\sum_{\alpha \in A} \|c_\alpha\| < \infty$ geschrieben werden. Dann existiert eine Konstante $N \geq 0$, sodass jedes $x \in X$ eine Darstellung $x = \sum_{\alpha \in A} c_\alpha$ mit $c_\alpha \in K_\alpha$ und $\sum_{\alpha \in A} \|c_\alpha\| \leq N\|x\|$ besitzt.

Mithilfe einer speziell für die Polaren von Mengen in dualen Systemen entwickelten Technik gelingt es, auf dem formulierten Satz basierende Verallgemeinerungen (einerseits die Dualität zwischen Additivität und Koadditivität und andererseits die Dualität zwischen Normalität und Konormalität) der Dualitätssätze von Krein und Ando für den Fall einer erzeugenden Familie von abgeschlossenen Kegeln zu beweisen.

(7) M. van Haandel führte 1993 in der Arbeit [vH93] den Begriff eines *Prä-Riesz-Raumes* ein. Darunter versteht man einen partiell geordneten Vektorraum (X, K), dessen Kegel ein *Prä-Riesz-Kegel* ist, d. h., die folgende Eigenschaft besitzt: Ist für $x, y, z \in X$ die Menge aller oberen Schranken der Menge $\{x + y, x + z\}$ in der Menge aller oberen Schranken von $\{y, z\}$ enthalten, dann gilt $x \in K$.
Jeder Prä-Riesz-Kegel ist erzeugend, und in einem archimedischen geordneten Vektorraum ist jeder erzeugende Kegel auch ein Prä-Riesz-Kegel. In der Klasse der geordneten Vektorräume sind die Prä-Riesz-Räume genau diejenigen, für die die Riesz-Ver-

---

[17] Die Eigenschaften der Nichtabgeflachtheit, „conormality" und „giving an open decomposition" sind für einen Kegel in einem normierten Raum äquivalent.

vollständigung existiert, d. h. ein Vektorverband X^ϱ und eine bipositive Abbildung $\varrho\colon X \to X^\varrho$ so, dass $\varrho(X)$ in X^ϱ ordnungsdicht[18] liegt und jedes Element $y \in X^\varrho$ als $y = \bigvee_{l=1}^{m} \varrho(a_l) - \bigvee_{k=1}^{n} \varrho(b_k)$ mit Elementen $a_1, \ldots, a_m, b_1, \ldots, b_n \in X$ dargestellt werden kann. Auf diese Weise gelingt es (mithilfe der Extensions- und Restriktions-eigenschaften), viele in Vektorverbänden bekannte Begriffe und Eigenschaften, wie Ideale, Bänder, Disjunktheit, finite Elemente, spezielle Operatoren u. a., auf diesen speziellen (aus Sicht der Theorie der Kegel aber doch erstaunlich allgemeinen) Nicht-verbandsfall von Prä-Riesz-Räumen zu verallgemeinern und dort zu untersuchen (siehe z. B. [KvG06, KvG08]). Die Untersuchung dieser Kegel in normierten Räumen ist erst in den Anfängen, sodass weitere Dualitätsaussagen im Sinne der vorliegenden Monografie zu erwarten sind.

(8) In der Monografie [AT07] von C. D. Aliprantis (1946–2009) und R. Tourky werden weitere Klassen von Keilen und Kegeln[19] in topologischen Vektorräumen und normierten, insbesondere auch in endlich dimensionalen Räumen und damit im Zusammenhang stehende Probleme untersucht. Es werden die sogenannten *Eiscremekegel* (Kreiskegel) in einem normierten Raum X mithilfe der Parameter $f \in X'$ und $0 < \varepsilon < 1$ durch

$$X_+^{f,\varepsilon} := \{x \in X\colon f(x) \geq \varepsilon \, \|x\|\}$$

definiert und ihre wesentlichen Eigenschaften beschrieben. Ausführlich werden Poly-eder, *polyedrische* Keile und Kegel (als Lösungsmenge einer endlichen Anzahl linearer Ungleichungen $f_k(x) \leq \alpha_k$ mit $f_k \in X'$ und $\alpha_k \in \mathbb{R}$), deren Facetten (Seitenflächen), Extremvektoren und -strahlen sowie deren geometrische Struktur in endlich dimen-sionalen Räumen analysiert. Darüber hinaus wird deren Bedeutung für die Lösungs-theorie linearer Operatorungleichungen und die Verknüpfung mit dem Prinzip der li-nearen Optimierung im $\mathbb{R}^n$ u. a. herausgestellt. Auf Details aus diesen interessanten Teilgebieten kann hier leider nicht eingegangen werden. Der Leser findet eine kur-ze Zusammenfassung zu polyedrischen Kegeln und linearen Ungleichungen in einem topologischen Vektorraum in den Abschnitten 3.3–3.5 aus [AT07]. Weiterhin werden dort *Judin*-Kegel (wie in dem Beispiel aus Abschnitt II.3 der vorliegenden Monografie durch eine Hamel-Basis erzeugte Kegel) betrachtet, ihre Eigenschaften sowie der Satz von Judin (Theorem 3.21) bewiesen, wonach im endlich dimensionalen Vektorraum ein Kegel genau dann ein Judin-Kegel ist, wenn er ein archimedischer Verbandskegel ist. *Pull-back-Kegel* (Kegel K in einem Vektorraum X von der Form $K = A^{-1}(L)$, wobei $A\colon X \to Y$ ein linearer injektiver Operator von X in den geordneten Vektorraum (Y, L) ist) werden für den detaillierten Beweis des folgenden Satzes (Theorem 3.51) verwen-det:

---

18 Ein linearer Teilraum Y eines geordneten Vektorraumes X heißt *ordnungsdicht*, wenn für jedes $x \in X$ die Beziehungen $x = \sup\{y \in Y\colon y \leq x\} = \inf\{y \in Y\colon y \geq x\}$ gelten.

19 Reguläre bzw. vollreguläre Kegel heißen dort *Levi-* bzw. *strenge Levi*-Kegel.

- Jeder abgeschlossene Kegel K in einem endlich dimensionalen Vektorraum X ist ein *Pull-back-Kegel* des (natürlichen) Kegels aus $C([0, 1])$. Ist K darüber hinaus auch noch erzeugend (in diesem Falle besitzt K innere Punkte) in X, dann ist K der *Pull-back-Kegel* eines surjektiven Operators $T\colon X \to C([0, 1])$ mit $Tu = \mathbf{1}$ für einen inneren Punkt u aus K.

Dieses Buch ist in einigen seiner Teile sowohl eine Ergänzung als auch, was die Darlegung in lokalkonvexen Räumen betrifft, eine Verallgemeinerung einiger Teile des Materials der vorliegenden Monografie. Viele Sachverhalte werden durch Skizzen recht anschaulich verdeutlicht.

(9) Mit Kegeln in Hilberträumen und deren Anwendungen bei Komplementärproblemen befassten sich G. Isac und S. Z. Nemeth in einer Reihe von Arbeiten. Die Spezifik des Hilbertraumes $\mathbb{H}$ mit einem Skalarprodukt $\langle \cdot, \cdot \rangle$ und insbesondere die duale Beziehung $\mathbb{H}' = \mathbb{H}$ führen zu neuen interessanten Fragestellungen, von denen hier nur einige wenige kurz umrissen werden können (siehe [N10, Theoreme 2-4]). Für eine nicht leere, abgeschlossene konvexe Menge K in einem Hilbertraum $\mathbb{H}$ ist die Projektion $P_K\colon \mathbb{H} \to K$ als das eindeutige Element $P_K(x) \in K$ definiert, für das

$$\|x - P_K(x)\| = \min\{\|x - y\| : y \in K\}$$

gilt. Ist K ein abgeschlossener, normaler und erzeugender Kegel in $\mathbb{H}$ und $\leq$ die entsprechende Ordnung in $\mathbb{H}$, dann heißt K *isotoner Projektionskegel*, falls P_K monoton ist, d. h., $x \leq y$ impliziert $P_K(x) \leq P_K(y)$. Wie üblich ist

$$K' = \{y \in \mathbb{H}\colon \forall x \in K \text{ gilt } \langle y, x \rangle \geq 0\}$$

der zu K duale Kegel. Ein abgeschlossener erzeugender Kegel K heißt *subdual*, falls $K \subseteq K'$ gilt. Isotone Projektionskegel sind Verbandskegel und subduale Kegel sind stets normal[20] und nach [McA71] auch regulär. Einige interessante Ergebnisse sind etwa die Folgenden:

- Seien K ein Verbandskegel in $\mathbb{H}$, $\leq$ und $\wedge$ die entsprechende Ordnung und das Infimum in $\mathbb{H}$. Sei weiter $\curlywedge$ die mittels

$$x \curlywedge y := P_{(x-K)\cap(y-K)}\left(\frac{x+y}{2}\right)$$

definierte binäre Relation in $\mathbb{H}$. Dann gilt $\curlywedge = \wedge$ genau dann, wenn K subdual ist.
- Sei K ein abgeschlossener erzeugender normaler Kegel in $\mathbb{H}$. Dann ist K genau dann ein Verbandskegel, wenn eine stetige isotone Retraktion[21] $\rho\colon \mathbb{H} \to K$ existiert, deren komplementäre Abbildung $\bar{\rho} := I - \rho$ die Eigenschaften $\bar{\rho}(0) = 0$ und $\mathrm{Im}(\bar{\rho}) \cap \mathrm{Im}(-\bar{\rho}) = \{0\}$ hat, d. h., der Wertebereich $\mathrm{Im}(\bar{\rho})$ von $\bar{\rho}$ enthält keine von Null verschiedenen Elemente x, für die $-x \in \mathrm{im}(\bar{\rho})$ gilt.

---

20 Bezüglich der Norm $\|x\| = \sqrt{\langle x, x \rangle}$.

21 Eine Abbildung $\rho\colon \mathbb{H} \to K$ ist eine *Retraktion*, wenn $\rho(x) = 0$ für alle $x \in K$ gilt.

– Sei $K \subseteq \mathbb{H}$ ein abgeschlossener erzeugender subdualer Kegel und $\varrho: \mathbb{H} \to \mathbb{H}$ die durch

$$\varrho(x) := x - P_{(-K) \cap (x-K)}\left(\frac{x}{2}\right)$$

definierte Abbildung. Dann ist ϱ genau dann monoton, wenn K ein Verbandskegel ist.

Die Abbildung ϱ aus letzterem Resultat kann man als eine Verallgemeinerung (für den Fall subdualer Kegel) der in Vektorverbänden vorhandenen Abbildung $x \mapsto x^+$ auffassen.

Für einen Hilbertraum $\mathbb{H}$ mit dem Skalarprodukt $\langle \cdot, \cdot \rangle$ wird, analog dem Eiscremekegel, durch

$$L_{\mathbb{H}} := \{(\lambda, h) \in \mathbb{R} \times \mathbb{H}: \lambda^2 \geq \langle h, h \rangle, \lambda \geq 0\}$$

der *Lorentz*-Kegel definiert. Dieser ist selbstdual, d. h. $L'_{\mathbb{H}} = L_{\mathbb{H}}$. Eine Basis von $L_{\mathbb{H}}$ ist die Menge $D = \{(1, h) \in L_{\mathbb{H}}\}$, deren Menge aller Extremalpunkte genau mit $\{(1, h) \in D: \langle h, h \rangle = 1\}$ zusammenfällt.

Zur Spektral- und Fixpunkttheorie positiver Operatoren

Die Anfänge der Spektraltheorie positiver (sowohl linearer als auch nicht linearer) Operatoren in geordneten normierten Räumen sind bereits zu Beginn des 20. Jahrhunderts bei O. Perron und G. Frobenius für Matrizen mit positiven Einträgen und bei R. Jentzsch für Integraloperatoren mit positivem Kern zu finden. Später wurden diese Resultate auf positive lineare stetige (kompakte) Operatoren in geordneten normierten Räumen verallgemeinert und im Jahre 1948 in der grundlegenden Arbeit [34] von M. G. Krein (1907–1989) und M. A. Rutman (1917–1990) veröffentlicht. Diese wurde erst 1962 ins Englische übersetzt. In den Folgejahren wurden diese Ideen in dem Buch [29] und dann von M. A. Krasnoselskij, I. A. Bachtin sowie von H. H. Schaefer und ihren Schülern entscheidend weiterentwickelt, siehe z. B. [KLS89, 47, AG86]. Es wurden Bedingungen gefunden, die u. a. für positive Operatoren die Existenz positiver Eigenwerte und positiver Eigenvektoren sowie einen positiven Spektralradius garantieren. Eine Erweiterung der Perron-Frobenius-Theorie auf nicht lineare Abbildungen findet man in [LN12].

Wir formulieren hier einige dieser Resultate für lineare stetige Operatoren in geordneten Banachräumen, in deren Beweisen die unterschiedlichen Arten von Kegeln, die im vorliegenden Buch ausführlich untersucht worden sind, zum Tragen kommen. Dabei orientieren wir uns im Wesentlichen an den Darlegungen aus [KLS89].

Bekanntlich ist für einen stetigen linearen Operator T auf einem komplexen Banachraum E (ggf. ist T als die komplexe Erweiterung eines gegebenen Operators auf die

Komplexifizierung eines reellen Banachraumes aufzufassen) die Menge der komplexen Zahlen $\lambda \in \mathbb{C}$, für die der Operator $T - \lambda I$ in E stetig invertierbar ist, eine offene Menge in der komplexen Zahlenebene. Ihr Komplement $\sigma(T)$ ist das *Spektrum von T*. Da $\sigma(T) \subset \mathbb{C}$ kompakt ist, existiert der *Spektralradius*

$$r(T) := \sup\{|\lambda| : \lambda \in \sigma(T)\} = \max\{|\lambda| : \lambda \in \sigma(T)\}$$

des Operators T.

Eine wichtige Verallgemeinerung des klassischen Satzes von Perron-Frobenius ist das Theorem von Krein-Bonsall-Karlin (für den ersten Teil des folgenden Satzes, siehe [KLS89, Theorem 8.1]):
– Sei (X, K) ein geordneter Banachraum mit einem normalen, erzeugenden Kegel K. Für jeden positiven linearen Operator T gilt dann $r(T) \in \sigma(T)$.
– Sei (X, K) ein geordneter Banachraum mit räumlichem Kegel K, d. h. $\overline{K - K} = X$. Für jeden positiven linearen kompakten Operator T mit $r(T) > 0$ gilt dann $r(T) \in \sigma(T)$.

Fragen wie z. B., wann $r(T)$ ein Eigenwert des positiven Operators T ist und wann T einen Eigenvektor im Kegel K besitzt, können folgendermaßen beantwortet werden (siehe [KLS89, Chapter 9]):
– Sei (X, K) ein geordneter Banachraum mit abgeschlossenem Kegel K. Gibt es für einen positiven linearen Operator T ein Element $u \notin -K$ mit $Tu \geq \alpha u$ für ein $\alpha \geq 0$, dann gilt $r(T) \geq \alpha$.
– Seien K ein räumlicher Kegel in einem (geordneten) Banachraum X und T ein positiver linearer kompakter Operator mit $r(T) > 0$. Dann ist $r(T)$ ein Eigenwert von T mit einem zugehörigen Eigenvektor in K.
– Ist der Kegel K streng reflexiv (Definition siehe vorhergehender Abschnitt), dann hat jeder positive Operator wenigstens einen Eigenvektor in K.
– Seien K ein erzeugender normaler minihedraler Kegel und T ein positiver linearer monoton kompakter u-beschränkter Operator[22]. Dann besitzt T einen Eigenvektor in K zum Eigenwert $r(T)$.

Für Banachverbände ist die Anzahl der Spektralaussagen für einen positiven Operator erwartungsgemäß viel umfangreicher. Wir formulieren hier einige der interessantesten Ergebnisse, wobei wir uns auf die Monografie von Abramowitsch und Aliprantis [AA02, Chapters 6, 7, 9] beziehen.

---

22 Ein linearer positiver Operator T ist *monoton kompakt*, wenn aus $x_1 \geq x_2 \geq \cdots \geq x_n \geq \cdots \geq w$ mit $x_n, w \in X$ folgt, dass die Folge Tx_n in X konvergiert. T heißt *u-beschränkt* bezüglich eines Elements $u \in K, u \neq 0$, wenn es für jedes $x \in K$ zwei Zahlen $\alpha, \beta > 0$ mit $\alpha u \leq Tx \leq \beta u$ gibt.

– (B. de Pagter) Jeder ideal-irreduzible[23] kompakte positive Operator auf einem Banachverband hat einen positiven Spektralradius.
– (J. A. Abramowitsch, C. D. Aliprantis, O. Burkinshaw) Kommutiert ein ideal-irreduzibler positiver Operator T auf einem Banachverband mit einem kompakten Operator S, d. h. $ST = TS$, dann gelten sowohl $r(T) > 0$ als auch $r(S) > 0$.
– (H. H. Schaefer, J. J. Grobler) Jeder σ-ordnungsstetige band-irreduzible kompakte positive Operator T hat einen positiven Spektralradius $r(T)$.
– Sei T ein σ-ordnungsstetiger band-irreduzibler kompakter positiver Operator. Dann gilt $r(S) > 0$ für jeden positiven Operator S, der mit T kommutiert.
– (T. Ando, H. J. Krieger) Ist T ein band-irreduzibler abstrakter Integraloperator[24] auf einem Dedekind-vollständigen Banachverband, dann ist $r(T) > 0$.

Für das periphere Spektrum $\{\lambda \in \sigma(T) : |\lambda| = r(T)\}$ eines positiven linearen kompakten Operators T gilt die folgende Eigenschaft [KLS89, Theorem 13.2]:
– Seien (X, K) ein geordneter Banachraum mit einem soliden, normalen, minihedralen Kegel K und T ein positiver linearer kompakter Operator. Wenn T einen Fixpunkt im Inneren von K besitzt, dann ist jeder Eigenwert λ aus dem peripheren Spektrum eine Einheitswurzel von ganzzahligem Grad, d. h., es gilt $\lambda = \varepsilon\, r(T)$, mit $\varepsilon^m = 1$ für eine gewisse Zahl $m \in \mathbb{N}$.

Sei X ein Krein-Raum[25], d. h. ein Banachraum mit abgeschlossenem solidem Kegel. Ein positiver (linearer) Operator $T : X \to X$ heißt *Krein-Operator*[26], wenn für jedes $x > 0$ eine natürliche Zahl $n = n(x)$ existiert, sodass $T^n x$ ein innerer Punkt des Kegels X_+ ist. Eine Liste typischer Krein-Operatoren findet man in [AT07, Abschnitt 4.1]. Einige wichtige Eigenschaften von Krein-Operatoren und allgemeinen positiven Operatoren auf Krein-Räumen betreffen Eigenwerte, Eigenvektoren und Fixpunkte. Es gelten u. a. die folgenden, im Grunde genommen bereits von M. G. Krein und I. A. Bachtin bewiesenen Resultate:
– Jeder Krein-Operator ist stetig und hat einen positiven Spektralradius.
– Jeder Krein-Operator T besitzt einen nicht trivialen hyperinvarianten abgeschlossenen Teilraum $Y \subset X$, d. h., es gilt $S(Y) \subset Y$ für jeden mit T kommutierenden Operator S.

---

23 Ein stetiger linearer Operator T in einem Banachverband E heißt *ideal-irreduzibel*, wenn für jedes abgeschlossene Ideal $\mathcal{J} \subset E$ mit $T(\mathcal{J}) \subset \mathcal{J}$ stets entweder $\mathcal{J} = \{0\}$ oder $\mathcal{J} = E$ folgt. Mit anderen Worten, es gibt kein nicht triviales abgeschlossenes Ideal $\mathcal{J} \subset E$, mit $T(\mathcal{J}) \subset \mathcal{J}$. Entsprechend heißt T *band-irreduzibel*, wenn für jedes Band $\mathcal{B} \subset E$ mit $T(\mathcal{B}) \subset \mathcal{B}$ stets entweder $\mathcal{B} = \{0\}$ oder $\mathcal{B} = E$ folgt.
24 Für die Definition eines abstrakten Integraloperators siehe [AA02, Chapter 5.2].
25 In [53, Kapitel XIII] wird im Unterschied zu [AT07] unter einem Krein-Raum lediglich ein geordneter normierter Raum mit solidem Keil verstanden.
26 In [34] heißen diese Operatoren *streng positiv*.

- Ein Krein-Operator besitzt (bis auf skalare Vielfache) höchstens einen positiven Eigenvektor. Ist x_0 ein solcher mit dem zugehörigen Eigenwert λ_0, dann gilt $\lambda_0 > 0$, und alle weiteren reellen Eigenwerte genügen der Bedingung $|\lambda| < \lambda_0$.
- Sei $(T_\xi)_{\xi \in \Xi}$ eine Familie paarweise kommutierender positiver stetiger Operatoren auf einem Krein-Raum X. Wenn (T_ξ) einen gemeinsamen strikt positiven Fixpunkt besitzen, dann hat auch die Familie (T_ξ^*) ihrer adjungierten Operatoren einen gemeinsamen Fixpunkt $\varphi > 0$.
- Der adjungierte Operator T^* eines positiven stetigen Operators T auf einem Krein-Raum besitzt einen positiven Eigenvektor.
- Ist $(T_\xi)_{\xi \in \Xi}$ eine Familie paarweise kommutierender positiver stetiger Operatoren auf einem Krein-Raum X, dann existiert ein gemeinsamer Eigenvektor $\varphi \in X'_+$ für alle adjungierten Operatoren T_ξ^* (wobei die entsprechenden Eigenwerte im Allgemeinen von ξ abhängen).

Für sogenannte *hyperbolische*[27] Kegel in Banachräumen wird in [Lu95] eine Spektraltheorie für lineare (im Sinne des hyperbolischen Kegels) positive und somit (nach [Lu95, Lemma 1]) stetige Operatoren $A: E \to E$ entwickelt. Die Operatoren haben in diesem Falle die Gestalt $A = \left(\begin{smallmatrix} \eta & \varphi \\ z & T \end{smallmatrix}\right)$ mit $\eta \in \mathbb{R}$, $z \in X$, $\varphi \in X'$ und einem linearen stetigen Operator $T: X \to X$ und genügen der Bedingung[28]

$$\sup_{\|x\|=1} \{\|Tx + z\| + \varphi(x)\} \le \eta \,.$$

Unter anderen werden folgende Fakten bewiesen:
- Für einen positiven linearen Operator A in einem Banachraum mit hyperbolischem Kegel ist der Spektralradius eine maximale nicht negative Wurzel der auf der Resolventenmenge von A definierten charakteristischen Funktion $\Delta_A(\lambda) := \eta - \lambda - \varphi(R_\lambda(A)z)$.
- Im Falle eines reflexiven Banachraumes mit hyperbolischem Kegel ist der Spektralradius eines linearen positiven Operators ein Eigenwert mit einem nicht negativen Eigenvektor.

Aus dem Schauder'schen Fixpunktsatz erhält man als eine Version für kompakte Operatoren in einem geordneten Banachraum X mit abgeschlossenem normalem Kegel den gut bekannten folgenden Fixpunktsatz:

---

[27] Diese Kegel entstehen durch eine etwas allgemeinere Konstruktion als die Eiscremekegel (bzw. die Lorentz-Kegel): In der eindimensionalen Erweiterung $E = \mathbb{R} \oplus X := \{(\xi, x) : \xi \in \mathbb{R}, x \in X\}$ mit der Norm $\|(\xi, x)\|_E := \sqrt{\xi^2 + \|x\|_X^2}$ eines Banachraumes X definiert man einen solchen Kegel als $E_+ := \{(\xi, x) \in E : \xi \ge \|x\|_X\}$. Dieser besitzt ebensolche Eigenschaften wie ein Eiscremekegel.
[28] Die Bedingung charakterisiert genau die Positivität des Operators A bezüglich E_+.

– Sei X ein geordneter Banachraum mit abgeschlossenem, normalem Kegel, und sei $T\colon X \to X$ ein kompakter Operator, der ein Ordnungsintervall $[x, y]$ in sich abbildet, d. h. $T[x, y] \subset [x, y]$. Dann besitzt T wenigstens einen Fixpunkt in $[x, y]$.

In praktischen Belangen ist es häufig schwer, ein derartiges Ordnungsintervall für den Operator zu finden. Außerdem bleibt die Konstruktion eines Fixpunktes unklar. Für stetige monoton wachsende Operatoren $T\colon D \to X$ ($D \subset X$) erleichtern die Normalität des Kegels und die Kompaktheit des Operators oder die Regularität des Kegels die Situation entscheidend, wenn man nur weiß, dass es ein Ordnungsintervall $[x, y] \subset D$ mit $Tx \geq x$ und $Ty \leq y$ gibt (siehe [Am76, 29]):

– Sei X ein geordneter Banachraum mit abgeschlossenem Kegel X_+ und sei $D \subset X$. Sei $T\colon D \to X$ ein stetiger monoton wachsender Operator, für den es ein Ordnungsintervall $[a, b] \subset D$ gibt, sodass $Ta \geq a$ und $Tb \leq b$ gelten. Dann gilt $T[a, b] \subset [a, b]$. Die Folge $(x_n)_{n\in\mathbb{N}}$ mit $x_1 = a$, $x_{n+1} = Tx_n$ ist monoton wachsend und $(y_n)_{n\in\mathbb{N}}$ mit $y_1 = b$, $y_{n+1} = Ty_n$ ist monoton fallend.

– Darüber hinaus besitzt T in $[a, b]$ mindestens einen Fixpunkt, falls eine der beiden Bedingungen,

(i) X_+ ist normal und T ist kompakt,

(ii) X_+ ist regulär,

erfüllt ist. In beiden Fällen konvergiert jede der Folgen (x_n) und (y_n) zu einem Fixpunkt von T in $[a, b]$, genauer, (x_n) konvergiert zum minimalen Fixpunkt und (y_n) zum maximalen.

Dieses Resultat wurde in [Am76] effektiv in der Lösungstheorie von nicht linearen Randwertproblemen eingesetzt. Wir demonstrieren das hier in einer einfachen (klassischen) Situation. Sei

$$(BVP) \quad \begin{cases} Lu = \mathcal{F}u & \text{in } \Omega, \\ B_\delta u = g & \text{auf } \partial\Omega \end{cases}$$

ein auf dem offenen beschränkten Gebiet $\Omega \subset \mathbb{R}^n$ gegebenes nicht lineares elliptisches Randwertproblem (BVP) mit dem streng elliptischen[29] Differenzialoperator $L\colon C^2(\overline{\Omega}, I) \to C(\overline{\Omega})$ (I ist ein beliebiges abgeschlossenes Intervall aus $\mathbb{R}$),

$$Lu = -\sum_{i,k=1}^{n} a_{ik}\frac{\partial^2 u}{\partial x_i \partial x_k} + \sum_{i=1}^{n} b_i\frac{\partial u}{\partial x_i} + cu,$$

mit Funktionen $a_{ik}, b_i, c \in C^\mu(\overline{\Omega})$, $g \in C^{2-\delta+\mu}(\partial\Omega)$, $\mu \in (0, 1)$ und dem durch eine im zweiten Argument streng wachsende Funktion $f \in C^\mu(\overline{\Omega}, I)$ definierten (im Allgemeinen nicht linearen) Nemytskij-Operator[30] $\mathcal{F}$. Die Randoperatoren sind als die linearen

---

29 Es gibt eine Zahl $\lambda > 0$ mit $\lambda\|\xi\|^2 \leq \sum_{i,k=1}^{n} a_{ik}(x)\xi_i\xi_k$ für alle $x \in \Omega$.
30 $(\mathcal{F}u)(x) = f(x, u(x))$ für jede Funktion $u\colon \overline{\Omega} \to I$.

Operatoren

$$B_\delta u = \begin{cases} u, & \delta = 0, \\ \beta u + \frac{\partial u}{\partial v}, & \delta = 1 \end{cases}$$

mit einer glatten Funktion β auf $\partial\Omega$ und bei $\delta = 1$ für ein (nach außen gerichtetes, nirgends tangentiales) Vektorfeld v definiert. Eine Unterlösung von (BVP) ist eine Funktion $\varphi \in C^2(\overline{\Omega}, I)$, sodass $L\varphi \leq \mathcal{F}(\varphi)$ in Ω und $B_\delta\varphi \leq g$ auf $\partial\Omega$ gilt. Eine Oberlösung erhält man, indem man in beiden Ungleichungen $\leq$ durch $\geq$ ersetzt. Man kann zeigen, dass (BVP) einem Fixpunktproblem in $C(\overline{\Omega})$ äquivalent ist, wobei der betreffende Operator den Bedingungen des angeführten Fixpunktsatzes genügt, sodass gilt:

– Das (BVP) besitze eine Unterlösung φ und eine Oberlösung ψ mit $\varphi \leq \psi$. Dann gelten:

(a) Das (BVP) hat sowohl eine minimale Lösung $\underline{u}$ als auch eine maximale Lösung $\overline{u}$ in $[\varphi, \psi]$.

(b) $\underline{u}$ kann mithilfe der Iteration

$$\begin{cases} Lu_{k+1} = \mathcal{F}u_k & \text{in } \Omega, \\ B_\delta u_{k+1} = g & \text{auf } \partial\Omega, \end{cases} \quad \text{mit} \quad u_0 = \varphi$$

berechnet werden.

(c) Analog wird $\overline{u}$ berechnet mit $u_0 = \psi$.

(d) Die Folge $(u_k)_{k=0}^\infty$ konvergiert im Raum $C(\overline{\Omega})$ entsprechend zu $\underline{u}$ bzw. zu $\overline{u}$.

Anwendungen in der Fixpunkttheorie für (im Allgemeinen nicht lineare) Operatoren in sogenannten kegelmetrischen Räumen und Kegel-Banachräumen (d. h. Mengen bzw. Vektorräume mit einer verallgemeinerten Metrik oder Norm, deren Werte jeweils in einem durch einen normalen Kegel geordneten Banachraum liegen) findet man beispielsweise in [K09].

Eigenvektoren, Spektralradius, Fixpunkte von monotonen und nicht monotonen nicht linearen Operatoren in Banachräumen mit bepflasterbaren, vollregulären oder normalen Kegeln, Krein-Operatoren in Krein-Räumen, positive Aspekte im Zusammenhang mit regulären linearen elliptischen Randwertproblemen[31] und weitere Eigenschaften werden in [29, AA02, AT07, B78, KLS89] und vielen anderen Büchern und Artikeln untersucht.

---

31 In [Am83] wird gezeigt, dass von solchen Operatoren kompakte positive analytische Halbgruppen in $L^p(\Omega)$ (insbesondere auch für $p = 1$) auf einem beschränkten Gebiet $\Omega \subset \mathbb{R}^n$ mit glattem Rand erzeugt werden.

Einige weitere Anwendungen

In vielfältigen Anwendungen wie etwa in der Maß- und Wahrscheinlichkeitstheorie, in der Operatortheorie, bei Kegelmaßen und Integraldarstellungen verschiedener mathematischer Objekte im Rahmen der Choquet-Theorie tritt das Konzept der Positivität – wie bereits zu Beginn dieser Nachbetrachtungen hervorgehoben – auf ganz natürliche Weise auf, wobei kegeltheoretische Methoden effektiv zur Lösung der aufgeworfenen Problemstellungen eingesetzt werden. Anwendungen der Theorie geordneter Vektorräume bei der Untersuchung positiver Halbgruppen und dynamischer Systeme findet man z. B. in [HP05, Na86, Ma08, MW00]. Zu Anwendungen in der mathematischen Optimierung, in den Ingenieurwissenschaften, in der mathematischen Ökonomie u. a. sei der Leser etwa auf [ATY00] und auf Literaturverweise im Vorwort zu [AT07] verwiesen. Außerdem erfolgt am Ende dieses Abschnitts eine „ökonomische Interpretation" der Reflexivität eines Banachraumes, wobei die Existenz einer Nachfragefunktion in einen interessanten Zusammenhang mit speziellen Eigenschaften abgeschlossener Kegel gebracht wird. Anwendungen der Theorie geordneter Vektorräume, geordneter normierter Räume, Vektorverbände und normierter Verbände bei Untersuchungen von vektorwertigen Extremalaufgaben, zur Beschreibung des Subdifferenzialkalküls von konvexen Operatoren, bei Fragestellungen aus der Potenzialtheorie, bei der Konstruktion des Choquet-Randes und vieler weiterer Probleme findet man etwa in den Monografien [AK78, B06, KR76] u. a.

Aus der Vielzahl der Forschungsgebiete, in denen kegeltheoretische Methoden angewendet werden, greifen wir nur einige heraus und fassen diese, um dem Leser die Übersicht zu erleichtern, unter gewissen Schwerpunkten zusammen.

1. Choquet-Theorie (G. Choquet (1915–2006))

Zentraler Gegenstand der Choquet-Theorie ist die Integraldarstellung der Punkte einer konvexen kompakten Menge mithilfe von (maximalen) Wahrscheinlichkeitsmaßen, die auf den Extremalpunkten dieser Menge konzentriert sind (siehe Satz von Choquet auf Seite 192 sowie [KR72, KR76, P66]). Darüber hinaus untersucht man die Integraldarstellung konvexer Funktionen mittels Borelmaßen auf den Extremalpunkten von konvexen kompakten Mengen. Für eine metrisierbare[32] kompakte Teilmenge Q eines lokalkonvexen Raumes sei $\overline{R}^Q$ die Menge aller auf Q definierten Funktionen mit Wer-

---

[32] Wir betrachten hier der Einfachheit halber lediglich diesen Fall, da dann die Gesamtheit aller Extremalpunkte einer kompakten konvexen (metrisierbaren) Menge eine Menge vom Typ G_δ ist. Im nicht metrisierbaren Fall ist diese Menge nicht notwendigerweise eine Borelmenge, was die Konstruktion eines entsprechenden Maßes erschwert. Etwas später wurde dieses Problem von Bishop und de Leeuw auch für den nicht metrisierbaren Fall gelöst.

ten in der erweiterten reellen Zahlengeraden $\overline{R} := [-\infty, +\infty]$. Ist H ein Kegel aus $C(Q)$, so heißt eine Funktion $f \in C(Q)$ *H-konvex*, wenn $f(x) = \sup_{h \leq f,\, h \in H}\{h(x)\}$ für alle $x \in Q$ gilt. $P(H)$ bezeichne den Kegel aller *H-konvexen* Funktionen.[33] Für $f \in C(Q)$ heißt $U_f = \{h \in H: h \leq f\}$ die *Stützmenge* von f, wobei $f = \sup U_f$ gilt. Eine Menge $U \subset H$ ist *H-konvex*, wenn U Stützmenge des Elements $\sup U$ ist, d. h. $U = \{h \in H: h \leq \sup U\}$. Sei nun $\mathfrak{V}(H)$ die Menge aller *H-konvexen* Stützmengen der Elemente $f \in C(Q)$. Die Abbildung[34]

$$\varphi: P(H) \to \mathfrak{V}(H), \quad \text{definiert durch} \quad \varphi(p) = U_p$$

ist eine Ordnungsisomorphie zwischen $P(H)$ und der durch Inklusion geordneten Menge aller *H-konvexen* Stützmengen an die Elemente von $C(Q)$. Man nennt die Abbildung φ *Minkowski-Dualität*. Jedem $f \in C(Q)$ ordnet man die Abbildung $\text{co}_H f$ mittels

$$x \mapsto \sup\{\varphi(x): \varphi \leq f,\ \varphi \in P(H)\}$$

zu und definiert den *Choquet-Rand*[35] $Ch(H)$ des Kegels H als die Menge aller Punkte $x \in Q$ mit $\text{co}_H f(x) = f(x)$. In diesem Kontext heißt H ein *Choquet-Kegel*, wenn sein Choquet-Rand $Ch(H)$ eine Borelmenge ist und für $Ch(H)$ eine heraushebende Funktion[36] $f \in C(Q)$ existiert. Es gilt nun der *Satz von G. Choquet* (siehe [KR76, Abschnitt II.7]):

– Sei H ein Choquet-Kegel. Dann sind die $P(H)$-maximalen Maße auf dem Choquet-Rand $Ch(H)$ konzentriert, wobei für jeden Punkt $q \in Q$ ein auf $Ch(H)$ konzentriertes Maß μ existiert, das den Ungleichungen $\mu(h) \geq h(q)$ für alle $h \in H$ genügt.

S. S. Kutateladze und A. M. Rubinow (1940–2006) erzielten in [KR72] mittels spezieller Kegel, der *supremalen Generatoren*, interessante Resultate, z. B. für die Lösung einer Reihe von Fragestellungen im Zusammenhang mit der Konvergenz von Folgen positiver linearer Operatoren. Weitere auf Modifizierungen der Minkowski-Dualität basierende Anwendungen beziehen sich auf Extremalaufgaben aus der Geometrie konvexer Oberflächen und isoperimetrischer Probleme, auf die hier im Einzelnen nicht eingegangen werden kann. Wir verweisen auf die Originalliteratur. Als Stichworte seien lediglich Korowkin-Systeme und die Methoden der Quasilinearisierung und -quadratisierung genannt.

---

[33] Mithilfe von $P(H)$ wird für zwei Maße μ, ν die Relation $\mu \geq \nu$ durch die folgende Konvention festgelegt: $\mu - \nu$ liegt im dualen Kegel von $P(H)$. Unter einem Radon-Maß versteht man hier ein Element des dualen Raumes $C'(Q)$. Ein $P(H)$-maximales Maß ist dann ein Maß, das bezüglich dieser Relation maximal ist.

[34] Hat man $f = \sup U$ für eine Menge $U \subset H$, dann gelten $U \subset U_f$ und $f = \sup U_f$.

[35] Siehe auch [NB85, Section 10.3] (A. d. Ü.).

[36] Eine stetige Funktion f heißt *heraushebend* für $Ch(H)$, wenn f in den Punkten $x \in Q \setminus Ch(H)$ nicht *H-konvex* ist. Hier wird der lokale Charakter der *H-Konvexität* einer Funktion verwendet.

2. Positive Invertierbarkeit von Operatoren

Sehr oft steht die Frage nach der Existenz von positiven Lösungen einer linearen Gleichung, d. h., wann gilt für einen linearen stetigen Operator A in einem geordneten normierten Raum X die Implikation

$$x \in X, \quad Ax \geq 0 \implies x \geq 0?$$

Bereits L. Collatz (1910–1990) und J. Schröder befassten sich in den 1950er und 1960er Jahren mit derartigen „Aufgaben monotoner Art" (siehe [C52, S61]). Zunächst wurden vor allem Matrizen und später Integraloperatoren (siehe z. B. [G1, G2, P91]) auf ihre positive Invertierbarkeit untersucht.

2.1. In den 1970er Jahren begann mit Arbeiten (in Russisch) von M. A. Krasnoselskij, seinen Kollegen und Schülern (siehe z. B. [K74, K80]) das systematische Studium dieser Eigenschaft für lineare stetige Operatoren $T: X \to Y$ in geordneten normierten Räumen $(X, K, \|\cdot\|)$, d. h., man beantwortete die Frage, wann ist für einen invertierbaren Operator T sein inverser Operator T^{-1} positiv? Eine Zerlegung des Operators $T = U - V$ heißt *B-Zerlegung*, wenn die Bedingungen

$$(a)\ \exists\, U^{-1}, \quad (b)\ VU^{-1} \geq 0, \quad (c)\ Ax \geq 0,\ Ux \geq 0 \implies x \geq 0$$

gelten. Gut bekannt sind z. B. die folgenden Resultate:
- Seien $(X, K, \|\cdot\|)$ ein geordneter Banachraum, $T: X \to X$ ein positiver linearer stetiger Operator und $r(T)$ sein Spektralradius. Dann gelten ([KLS89, Theorem 9.2, §25]):
    - Aus $r(T) < 1$ folgt $(I - T)^{-1} \geq 0$, und – falls der Kegel K erzeugend und normal ist – gilt auch umgekehrt, dass die Existenz von $(I - T)^{-1}$ und $(I - T)^{-1} \geq 0$ die Relation $r(T) < 1$ impliziert.
    - Ist der Kegel K räumlich, genügt also der Bedingung $\overline{K - K} = X$, und ist T ein kompakter Operator mit $r(T) > 0$ und $(I - T)^{-1} \geq 0$, dann ist $r(T)$ ein Eigenwert von T mit positivem Eigenvektor und $r(T) < 1$.
- Sei der Kegel K normal und solid. Wir betrachten die folgenden Bedingungen:
    (i) $\exists\, T^{-1}$ und $T^{-1} \geq 0$,
    (ii) $K \subset T(K)$,
    (iii) $\exists\, x_0 \in K$ mit $Tx_0 \in \mathrm{Int}(K)$,
    (iv) $r(VU^{-1}) < 1$ für jede Zerlegung von T, in der U^{-1} existiert.
    Dann gelten die Implikationen (i) $\implies$ (ii) $\implies$ (iii).
    Wenn T eine B-Zerlegung $T = U - V$ besitzt, dann gelten auch (iii) $\implies$ (iv) $\implies$ (i) [W09, Theorem 3.4].

– Ist der Kegel[37] K abgeschlossen, solid und bepflasterbar, dann besitzt ein positiv invertierbarer Operator T eine B-Zerlegung $T = U - V$ mit $r(VU^{-1}) < 1$ [W09, Theorem 3.7].

– Seien X ein geordneter Banachraum und Y ein geordneter normierter Raum,[38] sodass der Kegel $L_+(X, Y)$ aller positiven stetigen linearen Operatoren $X \to Y$ regulär ist. Ein Operator T besitze eine Zerlegung $T = U - V$ mit $U^{-1} \geq 0$ und $U^{-1}V \geq 0$. Dann ist T genau dann positiv invertierbar, wenn $r(U^{-1}V) < 1$ gilt [SW13, Theorem 3.1].

2.2. Für zwei fixierte Operatoren $A, B \in L(X, Y)$ mit $A \leq B$ bezeichne $[A, B]$ das Operatorintervall, d. h.

$$[A, B] := \{T \in L(X, Y) : A \leq T \leq B\}.$$

Bei der Beantwortung einiger Fragen zur positiven Invertierbarkeit von Operatorintervallen im geordneten normierten Raum $L(X, Y)$ aller stetigen linearen Operatoren erweisen sich verschiedene Eigenschaften der entsprechenden Kegel ebenfalls als nützliche Bedingungen.

– Seien X ein geordneter normierter Raum mit abgeschlossenem Kegel X_+ und Y ein geordneter Banachraum mit abgeschlossenem, erzeugendem und normalem Kegel Y_+. Seien $A, B \in L(X, Y)$ mit $A \leq B$. Dann ist jeder Operator $T \in [A, B]$ genau dann positiv invertierbar, wenn A, B beide positiv invertierbar sind [K74, K80].

– Seien X, Y geordnete normierte Räume, wobei Y Dedekind-vollständig ist. Der Kegel X_+ sei normal und solid, Y_+ sei normal, solid und regulär. Dann sind die folgenden Bedingungen äquivalent ([W09] und [SW13, Theorem 4.2]):

(a) Jeder Operator $T \in [A, B]$ ist positiv invertierbar.

(b) $A^{-1} \geq 0$ und $B^{-1} \geq 0$.

(c) $B^{-1} \geq 0$ und $r(B^{-1}(B - A)) < 1$.

3. Positive Halbgruppen

Ein interessantes Anwendungsgebiet für geordnete Banachräume erschließt sich auch beim Studium von Halbgruppen positiver beschränkter linearer Operatoren auf solchen Räumen [BR84]. Dort findet man weitere verfeinerte, die Kompatibilität von Norm und Ordnung betreffende Eigenschaften von Kegeln in Banachräumen und deren Dualitätsbeziehungen.

---

37 Die in der Originalarbeit geforderte Normalität des Kegels ergibt sich aus seiner Bepflasterbarkeit, siehe Folgerung 4 aus Theorem VII.1.1 (A. d. Ü.).

38 In dieser Situation wurden im Kapitel XI die Bezeichnungen $Z = L(X, Y)$ und $H = L_+(X, Y)$ verwendet.

Für die Charakterisierung des asymptotischen Verhaltens positiver einparametrischer Halbgruppen[39] von linearen stetigen Operatoren $(T_s)_{s \geq 0}$ auf einem mittels eines abgeschlossenen soliden Kegels X_+ geordneten Banachraum X erweist sich die folgende Bedingung als hilfreich:

$(\diamond)$ $\begin{cases} \text{Für jeden Vektor } x \in X_+, \, x \neq 0 \text{ schneidet seine Trajektorie (oder sein Orbit)} \\ (T_s(x))_{s \geq 0} \text{ das Innere}^{40} \text{ des Kegels, d.h., es existiert eine Zahl } s_x \in [0, \infty), \\ \text{sodass } T_{s_x}(x) \in \mathrm{Int}(X_+) \text{ gilt.} \end{cases}$

Seien $(X, X_+, \|\cdot\|)$ ein Banachraum mit einem abgeschlossenen normalen soliden Kegel X_+ und $(T_s)_{s \geq 0}$ eine C_0-Halbgruppe[41] in $L(X)$, die der Bedingung $(\diamond)$ genügt. Es gelten die folgenden Eigenschaften und Beziehungen (siehe [MW00]):

– Sei zusätzlich für jeden Vektor $x \in X_+$ seine Trajektorie $(T_s(x))_{s \geq 0}$ relativ kompakt. Dann konvergiert die Familie $(T_s)_{s \geq 0}$ punktweise (bei $s \to \infty$) zu einem Operator A_0. Ist $A_0 \neq 0$, dann existieren ein Vektor $u \in \mathrm{Int}(X_+)$ und ein Funktional $f_0 \in X'_+$, sodass

   (i) $T_s(u) = u$, $T_s^*(f_0) = f_0$ für jedes $s \geq 0$, $f_0(u) = 1$ und $f_0(x) > 0$ für alle $x \in X_+, x \neq 0$ gilt,

   (ii) die Trajektorie jedes von Null verschiedenen Vektors $x \in X_+$ letztlich in $\mathrm{Int}(X_+)$ mündet und dort verbleibt, d.h., es gilt $T_s(x) \in \mathrm{Int}(X_+)$ für alle $s \geq s_x$,

   (iii) $A_0 = f_0 \otimes u$ gilt,

   (iv) für jedes $f \in X'$ die Konvergenz $T_s^*(f) \to A_0^*(f)$ bezüglich der schwach*-Topologie $\sigma(X', X)$ gilt,

   (v) $\lambda = 1$ ein einfacher Eigenwert aller Operatoren T_s und T_s^* mit $s > 0$ ist.

– Es seien außer $(\diamond)$ die folgenden Bedingungen erfüllt:

   (a) Es gibt eine Zahl $\alpha > 0$ und einen kompakten Operator V mit $\|T_\alpha - V\| < 1$,

   (b) $\sup_{s \geq 0}\{\|T_s\|\} < \infty$.

   Dann gelten die vorherigen Aussagen und zusätzlich:

   (vi) Die Operatoren T_s konvergieren bei $s \to \infty$ in der Operatornorm zu A_0.

   (vii) Der Operator $S \equiv S(s) := I - T_s + A_0$ ist für jedes $s > 0$ invertierbar, und die Reihe

$$S^{-1} = I + \sum_{n=1}^{\infty} (T_{ns} - A_0)$$

   konvergiert in der Operatornorm.

---

39 Das heißt $T_0 = I$, $T_{s+t} = T_s T_t$ $(s, t \geq 0)$, wobei I den identischen Operator auf X bezeichnet.

40 Mit $\mathrm{Int}(M)$ bezeichnen wir die Menge aller inneren Punkte einer nicht leeren Menge $M \subset X$.

41 Eine Halbgruppe $(T_s)_{s \geq 0}$ heißt *stark stetig* oder C_0-*Halbgruppe* (siehe [W07, Abschnitt VII.4]), wenn die Abbildung $s \mapsto T_s$ in der starken Operatortopologie stetig ist, also die Funktion $s \mapsto T_s(x)$ für jedes $x \in X$ auf $[0, \infty)$ normstetig ist.

4. Ein Maximumprinzip

In einem geordneten normierten Raum (X, K) mit einem abgeschlossenen soliden Kegel besitzt der duale Kegel K' eine $\sigma(X', X)$-kompakte Basis $\mathscr{F}$ (siehe Theorem VII.3.2). Interpretiert man $x \in X$ als Funktional auf X', dann ist $\alpha(x) := \max\{f(x) : f \in \mathscr{F}\}$ wohldefiniert und $\alpha(x) > 0$ für jedes $0 \neq x \in K$. Für $x \in K \setminus \{0\}$ betrachtet man die Teilmengen

$$\mathscr{F}^{\max}(x) := \{f \in \mathscr{F} : f(x) = \alpha(x)\} \quad \text{und} \quad \mathscr{F}^+(x) := \{f \in \mathscr{F} : f(x) > 0\}.$$

Viele mathematische Modelle technologischer, ökonomischer u. a. Probleme führen auf eine Gleichung $Tx = y$ mit einem positiven linearen stetigen Operator T in einem geordneten normierten Raum X. Man sagt, dass das Paar $(T, \mathscr{F})$ dem *Maximumprinzip* genügt, wenn für jedes Element $x \in K \setminus \{0\}$ die Beziehung $\mathscr{F}^{\max}(Tx) \cap \mathscr{F}^+(x) \neq \emptyset$ gilt. Charakterisierungen dieses Prinzips mittels der Extremalpunkte von $\mathscr{F}$ und der Extremalstrahlen von K sind in [KW00] bewiesen worden. Die endlich dimensionale Version des Maximumprinzips ($X = \mathbb{R}^n$, $K = \mathbb{R}^n_+$ und T eine positive (n, n)-Matrix) entspricht der Frage danach, ob bei positivem x (*input*) in der Gleichung $Tx = y$ wenigstens eine der maximalen Komponenten von y (*output*) auf der Indexmenge angenommen wird, auf der die Komponenten von x streng positiv sind.

5. Verschiedenes

5.1. Für die Existenz des Supremums einer von oben beschränkten endlichen Menge in einem geordneten Banachraum braucht man die Minihedralität des Kegels. Interessant ist daher das folgende Resultat (siehe [KLS89, Theorem 6.5]):
– Sei (X, K) ein geordneter Banachraum mit einem abgeschlossenen, soliden, normalen und minihedralen Kegel K. Dann besitzt jede nicht leere kompakte Teilmenge aus X ihr Supremum.

5.2. In geordneten normierten Räumen (X, K) mit erzeugendem Kegel K wurde in Anlehnung an die bekannte Dualität zwischen AM- und AL-Räumen durch

$$\inf\{\|v\| : x, y \leq v\} \leq \max\{\|x\|, \|y\|\}$$

für $x, y \in X$ die $m_\leq$-*Norm* eingeführt[42] und studiert (siehe [TW05]), die offenbar sowohl eine Verallgemeinerung der M-Norm als auch der sogenannten Ordnungseinheitsnorm (*order unit norm*) ist. Die $m_\leq$-Norm sowie die m-Norm[43] können mittels

---

42 Eine Norm in einem geordneten normierten Raum heißt $m_\leq$-Norm, wenn sie die in der vorherigen Ungleichung angegebene Eigenschaft besitzt.

43 Das heißt, in der Definition der $m_\leq$-Norm wird $\leq$ durch $=$ ersetzt.

der Reproduzierbarkeitskonstanten des Kegels (siehe Abschnitt VIII.3) charakterisiert werden: $V(K, n) \leq 1$ für die $m_{\leq}$-Norm sowie $V(K, n) = 1$ und Monotonie von $\|\cdot\|$ für die m-Norm (jeweils für wenigstens ein $n \geq 2$). Dort werden u. a. auch einige Dualitätsbeziehungen zwischen verschiedenen Kegeleigenschaften und den Normen $\|\cdot\|$ in X und $\|\cdot\|'$ im dualen Raum X' bewiesen, z. B. die folgenden Resultate:

– In einem geordneten normierten Raum $(X, K, \|\cdot\|)$ gilt stets die Implikation

$$\|\cdot\| \text{ ist eine } m_{\leq}\text{-Norm auf } X \implies \|\cdot\|' \text{ ist additiv auf } X'.$$

Die Umkehrung gilt, falls X ein Banachraum mit abgeschlossenem Kegel K ist.

– Ist K erzeugend, dann ist die Norm $\|\cdot\|$ additiv auf K genau dann, wenn $\|\cdot\|'$ eine $m_{\leq}$-Norm ist.

– Ist K ein solider Kegel, dann ist $\|\cdot\|'$ eine $m_{\leq}$-Norm auf X' genau dann, wenn der Kegel K approximativ dominierend (d. h., für jedes $x \in X$ und $\varepsilon > 0$ existiert ein Element $v \in K$ mit $x \leq v$ und $\|v\| \leq (1 + \varepsilon)\|x\|$) und $\|\cdot\|$ additiv auf K sind.

5.3. Um eine spezielle Anwendung der Kegeltheorie in der mathematischen Ökonomie zu erläutern, benötigen wir zunächst den gut bekannten Satz über die Reflexivität eines Banachraumes. D. P. Milman und V. D. Milman in [MM64] und I. A. Polyrakis in [P08] (siehe auch Seite 193) haben mithilfe von Kegeln die (Nicht-)Reflexivität von Banachräumen folgendermaßen charakterisiert: Seien X und Y normierte Räume und $K \subset X$ und $L \subset Y$ Kegel. Die Kegel K und L heißen isomorph, wenn es eine bijektive Abbildung $T: K \to L$ gibt, sodass T positiv homogen und additiv ist und sowohl T als auch T^{-1} stetig sind. Es gilt nun: Für einen Banachraum X sind die folgenden Paare von Bedingungen jeweils äquivalent:

– (i) X ist nicht reflexiv.

  (ii) Es gibt einen abgeschlossenen Kegel $K \subset X$, der zu dem (natürlichen) Kegel ℓ_+^1 des normierten Raums ℓ^1 isomorph ist.

– (i)⋆ X ist reflexiv.

  (ii)⋆ Jeder abgeschlossene Kegel $K \subset X$ besitzt die Eigenschaft: Ist D eine durch ein Funktional aus X' definierte beschränkte Basis[44] von K, dann nimmt jedes streng positive lineare Funktional auf X, dessen Einschränkung auf K stetig ist, auf D sein Minimum an (I. A. Polyrakis).

In diesem Zusammenhang sei daran erinnert, dass im Falle eines Banachverbandes E die folgenden Charakterisierungen der Reflexivität bekannt sind (siehe [AB06, Theoreme 14.22, 14.23]):

– Ein Banachverband E ist reflexiv genau dann, wenn sowohl E als auch E' ein KB-Raum sind (T. Ogasawara).

---

44 Die Definition einer mittels eines Funktionals definierten Basis eines Kegels findet der Leser im Abschnitt VII.1 des vorliegenden Buches, siehe auch Fußnote 1 in Abschnitt VII.1.

– Für einen Banachverband E sind äquivalent (G. J. Lozanowskij):

(i) E ist reflexiv.

(ii) Weder c_0 noch ℓ^1 ist in E verbandseinbettbar[45].

(iii) ℓ^1 ist weder in E noch in E' verbandseinbettbar.

6. Eine Anwendung in der mathematischen Ökonomie

Grundlegende Bedeutung in der mathematischen Ökonomie haben die Existenzsätze von ökonomischen Marktgleichgewichten (auch als „welfare theorems" bezeichnet). Grob gesagt bedeutet das die Existenz eines Preisvektors, der den Markt ausbalanciert, d. h., die Nachfrage-Angebotsfunktion verschwindet bei diesem Preis. Für neoklassische Austauschökonomien[46] bewiesen K. J. Arrow und G. Debreu bereits 1954, W. Hildenbrand und A. P. Kirman 1976 die Existenz von Gleichgewichten (siehe [ABB]). Später wurden diese Resultate auf einen unendlich dimensionalen Güterraum mit solidem Kegel verallgemeinert (siehe [D54]) und schließlich von A. Mas-Colell für Kegel mit einem leeren Inneren bewiesen (siehe [M86]). Eine allgemeine Theorie für Märkte wird durch ein trennendes duales Paar (X, Y) oder – etwas spezieller – durch ein Riesz'sches Dualsystem (E, E') erfolgreich modelliert, wobei man X oder den Vektorverband E (versehen mit einer lokalkonvex-soliden Topologie) als Güterraum und Y bzw. E' (als Punkte trennendes Ideal des Ordnungsduals von E) als Preisraum auffasst. In diesem Kontext können (unter bestimmten Bedingungen an die Nutzenfunktionen und die Präferenzen) für ökonomische Modelle mit endlich vielen Konsumenten verschiedene Gleichgewichte (Walras, Edgeworth, Kern) und die Pareto-Optimalität nachgewiesen werden. Für Details muss auf [ABB] verwiesen werden.

Einen interessanten Zusammenhang von Eigenschaften der Nachfragekorrespondenz einer Wettbewerbsökonomie und der Frage, wann der Güterraum ein reflexiver Banachraum[47] ist, stellte I. A. Polyrakis in [P08] her.[48] Ausgangspunkt dafür ist die auf Seite 210 angegebene Eigenschaft (ii)*, die sich als die Existenz der Nachfragekorrespondenz einer Wettbewerbsökonomie formulieren lässt. Um die Darstellung auch

---

45 Ein Operator $T\colon E \to F$ zwischen zwei Banachverbänden E, F heißt *Verbandseinbettung*, wenn es positive Konstanten m und M gibt, sodass $m\|x\| \leq \|Tx\| \leq M\|x\|$ für alle $x \in X$ gilt und T die Verbandsoperationen erhält.

46 Das heißt, auf dem Markt agieren nur endlich viele Konsumenten mit endlich vielen Waren (Gütern).

47 Daraus ergibt sich eine interessante ökonomische Interpretation der Reflexivität eines Banachraumes.

48 Eine schöne (ausführliche) Zusammenstellung dieser Sachverhalte sowie eine sachgerechte ökonomische Interpretation verschiedener (häufig eher formal-mathematisch anmutender und den Beweistechniken geschuldeter) Bedingungen in deutscher Sprache ist in der Diplomarbeit mit dem Titel „Reflexivität und Nachfragekorrespondenzen in der mathematischen Ökonomie" von F. Oehler (TU Dresden, 2015) enthalten.

für den in der mathematischen Ökonomie weniger versierten Leser verständlich zu machen, benötigen wir vorerst noch eine ganze Reihe ökonomischer Grundbegriffe. Glücklicherweise handelt es sich dabei um Begriffe, die aus funktionalanalytischer Sicht recht anschaulich sind und häufig nur vom ökonomischen Standpunkt aus neu benannt werden.

Sei also (X, X') eine Wettbewerbsökonomie mit dem Banachraum X als Güterraum und (seinem Dualraum) X' als Preisraum. Seien $K \subset X$ ein Kegel, den man die *Konsummenge*, und ω eine Zahl $\omega \in (0, \infty)$, die man das *Budget* dieser Ökonomie nennt. Ein streng positives Funktional[49] $f \in X'$ heißt *Preis*. Die Menge aller Preise ist dann

$$P := \{f \in X' : \forall x \in K \setminus \{0\} \text{ gilt } f(x) > 0\}.$$

Für einen Preis $f \in X'$ und ein Budget $\omega \in (0, \infty)$ heißen $B_\omega(f) := \{x \in K : f(x) \le \omega\}$ und $Bl_\omega(f) := \{x \in K : f(x) = \omega\}$ entsprechend *Budgetmenge* und *Budgetlinie*. Eine reflexive, transitive und vollständige[50] binäre Relation $\succeq$ auf X nennt man eine *Präferenzrelation*. Eine solche charakterisiert den Umstand, dass bei $x \succeq y$ der Konsument das Gut x nicht schlechter findet als das Gut y. Für eine Präferenzrelation $\succeq$ auf dem Kegel K bezeichne

$$\varphi_\succeq(f, \omega) := \{x \in B_\omega(f) : \forall y \in B_\omega(f) \text{ gilt } x \succeq y\}$$

die *Nachfragemenge*. Die Abbildung

$$\varphi_\succeq : P \times (0, \infty) \to 2^X, \ (f, \omega) \mapsto \varphi_\succeq(f, \omega),$$

heißt die *Nachfragekorrespondenz* von $\succeq$. Ist für alle Preise (d.h. streng positiven) $f \in X'$ und $\omega \in (0, \infty)$ die Nachfragemenge $\varphi_\succeq(f, \omega)$ nicht leer, dann sagt man, die *Nachfragekorrespondenz für $\succeq$ existiert.*[51] Eine Präferenzrelation $\succeq$ auf X ist durch eine *Nutzenfunktion* $u : X \to \mathbb{R}$ *darstellbar*, wenn $x \succeq y \implies u(x) \ge u(y)$, $x, y \in X$ gilt. Eine Präferenzrelation auf einem abgeschlossenen Kegel K heißt *linear*, wenn es eine lineare darstellende Nutzenfunktion (also ein $u \in X'$) mit $x \succeq y \implies u(x) \ge u(y)$, $x, y \in K$ gibt. In einem durch einen Kegel K geordneten Vektorraum X heißt eine auf K gegebene Präferenzrelation $\succeq$ *streng monoton*, wenn $x > y \implies x \succeq y$, $y \not\succeq x$ gilt (der Konsument zieht x gegenüber y echt vor). Schließlich heißt $\succeq$ auf dem normierten Raum X *stetig*, wenn für alle $y \in X$ die Mengen $\{x \in X : x \succeq y\}$ und $\{x \in X : y \succeq x\}$ abgeschlossen sind. Die Reflexivität des Banachraumes X als Güterraum einer Wettbewerbsökonomie kann nunmehr wie folgt charakterisiert werden.

In einer Wettbewerbsökonomie (X, X') sei der Güterraum X ein Banachraum und sein Dualraum X' der Preisraum. Dann sind äquivalent:

---

49 Es gilt $f(x) > 0$ für alle $x \in K$, $x \ne 0$, siehe Theorem II.4.2.
50 Das heißt, für beliebige $x, y \in X$ gilt entweder $x \succeq y$ oder $y \succeq x$.
51 Gilt in diesem Falle $f(x) = \omega$ für alle $x \in \varphi_\succeq(f, \omega)$, dann genügt $\varphi_\succeq$ dem Walras-Gesetz.

(a) X ist reflexiv.
(b) Für jede abgeschlossene Konsummenge $K \subset X$, die eine beschränkte Budgetmenge besitzt, und für jede streng monotone, lineare stetige Präferenzrelation $\succeq$ auf K existiert die Nachfragekorrespondenz.

Während sich die Implikation (a)⇒(b) unter viel schwächeren Voraussetzungen ergibt, wird für den Nachweis der Implikation (b)⇒(a) gezeigt, dass (b) die Bedingung (ii)* impliziert, sodass die Reflexivität von X aus dem am Anfang dieses Abschnitts formulierten Resultat folgt. Faktisch hat man also, dass die Reflexivität eines Banachraumes zur Bedingung (ii)* und zu der „ökonomischen" Bedingung (b) äquivalent ist.

Resümee

Allein diese selektive und in keinerlei Hinsicht erschöpfende Aufzählung von Anwendungen und weiteren Ausgestaltungen der Theorie der Kegel gibt Anlass zu der Behauptung, dass dieses Teilgebiet der Funktionalanalysis das Interesse vieler, insbesondere auch junger Mathematiker weltweit geweckt hat und weiterhin große Attraktivität genießt. Diese Entwicklungen unterstreichen zunehmend die Eigenständigkeit und Anwendungsfähigkeit des Konzepts der Positivität und aller seiner Facetten in den unterschiedlichsten Gebieten der Mathematik und Ökonomie. Es zeigt sich, was für ein weit gefächertes Gebiet der Funktionalanalysis (und der modernen Mathematik) die Ideen der partiellen Ordnung, Positivität und Monotonie und damit der Kegeltheorie durchdringen, dort neue interessante Probleme aufwerfen und zu deren Lösung beitragen. Die präsentierte Übersicht möge auch Anregung dazu geben, an dieser oder jener Stelle weiter zu forschen, Bedingungen abzuschwächen, Aussagen zu erweitern, Vermutungen zu formulieren und neue Ideen einzubringen. Man kann also festhalten, dass die Kegeltheorie (nicht nur) in normierten Räumen nichts von ihrer Aktualität verloren hat und auch weiterhin ein interessantes Forschungsgebiet zu bleiben verspricht.

Dresden, August 2016   Martin R. Weber

Literatur

[1]   J. A. Abramowitsch und G. J. Lozanowskij. Über einige Zahlencharakteristiken für normierte Vektorverbände. Mat. Zametki, vol. 5, no. 14, 723–732 (1973).

[2]   J. Amemiya. A generalization of Riesz-Fischer theorem. J. Math. Soc. Japan, vol. 5, 353–354 (1953).

[3]   T. Ando. On fundamental properties of a Banach space with a cone. Pacific J. Math., vol. 12, 1163–1169 (1962).

[4]   L. Asimov. Directed B-spaces of affine functions. Trans. A.M.S., vol. 143, 117–132 (1969).

[5]   V. I. Azhorkin und I. A. Bachtin. Zur Geometrie der Kegel von linearen positiven Operatoren in einem Banachraum. Beiträge der zentralen zonalen Vereinigung der mathematischen Lehrstühle, Funktionalanalysis und Funktionentheorie, vol. 2, 3–10, Kalinin (1971).

[6]   I. A. Bachtin. *Kegel in Banachräumen Teil I* (Russisch), Izd. Staatl. Pädag. Institut Woronesch (1975).

[7]   I. A. Bachtin. Zur Geometrie von Kegeln in einem Banachraum. Sib. Mat. J., vol. 6, no. 2, 262–270 (1965).

[8]   I. A. Bachtin. Zur Geometrie der regulären Kegel. Funktionalanalysis, Mezhvus. Sbornik, vol. 2, 94–104, Ulyanowsk (1974).

[9]   I. A. Bachtin. Über das Problem der Vollständigkeit des Raumes E_{U_0}. Funktionalanalysis, Mezhvus. Sbornik, vol. 3, 24–28, Ulyanowsk (1974).

[10] I. A. Bachtin. Über die Fortsetzung linearer positiver Funktionale. Sib. Mat. J., vol. 9, no. 3, 475–484 (1968).

[11] I. A. Bachtin. Über ein Kriterium für die Normalität eines Kegels. Schriften des Seminars Funktionalanalysis, vol. 6, vol. 19, Woronesch (1958).

[12] I. A. Bachtin, M. A. Krasnoselskij und W. J. Stezenko. Über die Stetigkeit linearer positiver Operatoren. Sib. Mat. J., vol. 3, no. 1, 156–160 (1962).

[13] E. Bishop und R. R. Phelps. Support functionals of a convex set. Amer. Math. Soc. Proc. Symp. Pure Math. Convexity, vol. VII, 27–35 (1963).

[14] F. F. Bonsall. Endomorphisms of a partially ordered vector space without order unit. J. Lond. M. Soc., vol. 30, 144–153 (1955).

[15] I. F. Danilenko. Über normale und bepflasterbare Kegel in lokalkonvexen Räumen. Theoria funkcij, funkcionaln. analiz u prilozhenia, vol. 15, 102–110, Charkow (1972).

[16] R. E. De Marr. Order convergence in linear topological spaces. Pacific J. Math., vol. 14, no. 1, 17–20 (1964).

[17] N. Dunford und J. Schwarz. *Lineare Operatoren*. Izdat. Inostr. Lit., Moskau, vol. 1, 465 (1962).

[18] D. A. Edwards. On the homeomorphic affine embedding of a locally compact cone into a Banach space endowed with the vague topology. Proc. Lond. M. S., vol. 14, 399–414 (1964).

[19] S. R. E. Edwards. *Functional Analysis*. Holt, Rinehart und Winston, New York, 549 (1965).

[20] A. J. Ellis. The duality of partially ordered normed linear spaces. J. Lond. M. Soc., vol. 39, 730–744 (1964).

[21] V. A. Geiler, J. F. Danilenko und I. I. Tschutschaew. Über den Zusammenhang zwischen relativer gleichmäßiger Konvergenz und der Normalität eines Kegels im geordneten Vektorraum. Optimizacia, vol. 12, no. 29, 29–33, Novosibirsk (1973).

[22] E. E. Gurewitsch und G. J. Rotkowitsch. Ein Vergleich verschiedener Definitionen der (o)-Konvergenz in Verbänden. Wiss. Abhandlungen des Leningrader Pädag. Instituts A. I. Herzen, vol. 274, 52–58 (1965).

[23] G. Jameson. *Ordered linear spaces*. Springer-Verlag (1970).

[24] S. Kakutani. Concrete representation of abstract (L)-spaces and the mean ergodic theorem. Ann. of Math., vol. 42, 523–537 (1941).

[25] L. W. Kantorowitsch. Zur allgemeinen Theorie der Operationen in halbgeordneten Räumen. Doklady Akad. Nauk UdSSR, vol. 1, 271–274 (1936).

[26] L. W. Kantorowitsch und G. P. Akilow. *Funktionalanalysis in normierten Räumen*. Dt. Übersetzung. Akademie Verlag, Berlin (1964).

[27] J. L. Kelley. *General Topology*, Van Nostrand Comp. Inc., Princeton- New Jersey (1957).

[28] A. N. Kolmogorov und S. W. Fomin. *Reelle Funktionen und Funktionalanalysis. Hochschulbücher für Mathematik*. VEB Dt. Verlag d. Wissenschaften, Berlin (1975).

[29] M. A. Krasnoselskij. *Positive Lösungen von Operatorgleichungen*. Russisch: Fizmatgiz, Moskau (1962), Englisch: Noordhoff, Groningen (1964).

[30] M. A. Krasnoselskij. Reguläre und vollreguläre Kegel. Doklady Akad. Nauk UdSSR, vol. 135, no. 2, 255–257 (1960).

[31] M. A. Krasnoselskij, J. A. Lifshiz und A. V. Sobolev. *Positive lineare Systeme*. Sigma Series in Applied Mathemathics, Heldermann Verlag, Berlin, no. 5 (1989).

[32] M. G. Krein. Über die minimale Zerlegung eines Funktionals in positive Bestandteile. Doklady Akad. Nauk UdSSR, vol. 28, no. 1, 18–22 (1940).

[33] M. G. Krein. Grundlegende Eigenschaften normaler konischer Mengen in einem Banachraum. Doklady Akad. Nauk UdSSR, vol. 28, no. 4, 13–17 (1940).

[34] M. G. Krein und M. A. Rutman. Lineare Operatoren, die einen Kegel im Banachraum invariant lassen. Uspechi mat. Nauk, vol. 1 (23), no. 3, 3–95 (1948).

[35] E. A. Lifshiz. Zur Theorie der halbgeordneten Banachräume. Funktionaln. analiz i prilozhenia, vol. 3, no. 1, 91–92 (1969).

[36] E. A. Lifshiz. Ideal-konvexe Mengen. Funktionaln. analiz i prilozhenia, vol. 4, no. 4, 76–77 (1970).

[37] G. J. Lozanowskij. Über Kegel in normierten Verbänden. Vestnik der Leningrader Universität, vol. 19, 148–150 (1962).

[38] L. A. Lusternik und W. J. Sobolew. *Elemente der Funktionalanalysis* dt. Übersetzung. Berlin, Akademie-Verlag (1968).

[39] W. A. J. Luxemburg und A. G. Zaanen. Notes on Banach function spaces. X. Proc. Nederl. Akad. Wetensch. Ser. A, vol. 67, no. 5, 493–506 (1964). XVI A, vol. 68, no. 1, 648–657 (1965).

[40] B. M. Makarow. Über die topologische Äquivalenz von Banachräumen. Doklady Akad. Nauk UdSSR, vol. 107, no. 1, 17–18 (1956).

[41] H. Nakano. *Modulared semi-ordered linear spaces*, Maruzen Co., LTD., Tokyo (1970).

[42] I. Namioka. *Partially ordered linear topological spaces*, Memoirs A.M.S., vol. 24 (1957).

[43] H. Nikaido. *Convex structures and economic theory*. Academic Press XII, New York-London (1968).

[44] T. Ogasawara. Theory of vector lattices. J. Hirosima Univ., Ser. A, vol. 12, 37–100 (1942). vol. 13, 41–161 (1944).

[45] F. Riesz. Sur la décomposition des opérations linéarires. Atti Congresso Bologna, vol. 3, 143–148 (1928).

[46] A. M. Rubinow. Unendlichdimensionale Produktionsmodelle. Sib. Mat. J., vol. 10, no. 6, 1375–1386 (1969).

[47] H. H. Schaefer. *Topologische Vektorräume*. Mir, Moskau (1971).

[48] I. I. Tschutschaew. Einige Beispiele von Kegeln in normierten Räumen. Probleme der modernen Mathematik und ihre Vermittlung an höheren Schulen, no. 108, 24–30, Saransk (1974).

[49] I. I. Tschutschaew. Über bepflasterbare Kegel in lokalkonvexen Räumen. Vestnik der Leningrader Universität, vol. 7, 70–77 (1975).

[50] A. G. Waterman. The normal completion of certain paritally ordered vector spaces. Proc. A.M.S., vol. 25, no. 1, 141–144 (1970).

[51] A. W. Wickstead. Spaces of linear operators between partially ordered Banach spaces. Proc. Lond. M.S., vol. 28, no. 1, 141–158 (1974).

[52] Yau-Chuen Wong und Kung Fu Ng. *Partially ordered topological vector spaces*. Clarendon Press, Oxford (1973).

[53] B. Z. Wulich. *Einführung in die Theorie der teilweise geordneten Räume*, Russisch: Fizmatgiz, Moskau (1961), Englisch: Wolters-Noordhoff, Groningen (1967).

[54] B. Z. Wulich. Über lineare Verbände, die zu Verbänden mit monotoner Norm äquivalent sind. Doklady Akad. Nauk UdSSR, vol. 147, no. 2, 271–274 (1962).

[55] B. Z. Wulich und O. S. Korsakowa. Über Räume, in denen die Normkonvergenz mit der Ordnungskonvergenz zusammenfällt. Mat. Zometki, vol. 2, 259–268 (1973).

[56] K. Yosida. *Functional Analysis*. Springer, Berlin-Heidelberg (1995).

Ergänzende Literatur

[AA02]   J. A. Abramowitsch und C. D. Aliprantis. *Invitation to Operator Theory*. Amer. Math. Soc., Graduate Studies in Math., vol. 50 (2002).

[AK78]   G. P. Akilow und S. S. Kutateladze. *Geordnete Vektorräume*. (Russisch), Izd. Nauka, Sibir. Otd., Nowosibirsk (1978).

[AB94]   C. D. Aliprantis und K. C. Border. *Infinite Dimensional Analysis*. Springer-Verlag, Berlin, Heidelberg, New York (1994).

[ABB]   C. D. Aliprantis, D. J. Brown und O. Burkinshaw. *Existence and Optimality of Competitive Equilibria*. Springer-Verlag, Berlin Heidelberg New York Tokyo (1990).

[AB06]   C. D. Aliprantis und O. Burkinshaw. *Positive Operators*. Springer, Dordrecht (2006).

[AB03]   C. D. Aliprantis und O. Burkinshaw. *Locally solid Riesz spaces with applications to economics*. Amer. Math. Soc., Math. Surveys and Monographs, Second Edition, vol. 105 (2003).

[AT07]   C. D. Aliprantis und R. Tourky. *Cones and duality*. Amer. Math. Soc., Graduate Studies in Math., vol. 84 (2007).

[ATY00] C. D. Aliprantis, R. Tourky und N. C. Yannelis. The Riesz - Kanotorovich formula and general equilibrium theory. Journal of Mathematical Economics, 34, 55–76 (2000).

[Am76]   H. Amann. Fixed point equations and nonlinear eigenvalue problems in ordered Banach spaces. SIAM Rev. 18, no. 4, 620–709 (1976).

[Am83]   H. Amann. Dual semigroups and second order linear elliptic boundary value problems. Israel Journal of Mathematics, vol. 45, no. 2–3, 225–254 (1983).

[AG86]   W. Arendt, A. Grabosch, G. Greiner, U. Groh, H. P. Lotz, U. Moustakas, R. Nagel und F. Neubrandner. *One-parameter semigroups of positive operators*. Lecture Notes in Math., 1184, Springer-Verlag, Berlin (1986).

[B78]   I. A. Bachtin. *Kegel von linearen positiven Operatoren* (Russisch). Izd. Staatl. Pädag. Institut Woronesch (1978).

[BB76]   I. A. Bachtin und A. A. Bachtina. *Kegel in Banachräumen*. Teil II (Russisch). Izd. Staatl. Pädag. Institut Woronesch (1976).

[BR84]   C. J. K. Batty und D. W. Robinson. Positive one-parameter semigroups on ordered Banach spaces. Acta Appl. Math. 2, no. 3–4, 221–296 (1984).

[B06]   R. Becker. *Convex cones in analysis*. Hermann Éditeurs des Sciences et Arts, Paris (2006).

[B08]   R. Becker. *Ordered Banach spaces*. Hermann Éditeurs des Sciences et Arts, Paris (2008).

[Bou77] N. Bourbaki. *Éléments de Mathématique. Livre VI. Intégration*. Chapt. III–V, XI. Französisch: Hermann Éditeurs, Paris (1967), Russisch: Izd. Nauka, Moskau (1977).

[CM13]   E. Casini, E. Miglierina, I. A. Polyrakis und F. Xanthos. Reflexive cones. Positivity, vol. 17, no. 3, 911–933 (2013).

[C52]   L. Collatz. Aufgaben monotoner Art. Arch. Math 3, 336–376 (1952).

[D54]   G. Debreu. Valuation equilibrum and Pareto optimum. Proc. Nat. Acad. Sci. USA, 40, 588–592 (1954).

[D74]   M. Duhoux. *Espaces vectoriels topologiels préordonnés*. (French) Séminaires de Mathématique Pure, Rapport No. 48, Institut de Mathématique Pure et Appliquée, Université Catholique de Louvain, Louvain-la-Neuve, pp. iv+188 (1974).

[E36]   M. Eidelheit. Zur Theorie der konvexen Mengen in linearen normierten Räumen. Studia Mathematica. vol. VI, 104–111 (1936).

[FL81]   B. Fuchssteiner und W. Lusky. *Convex Cones*. Mathematical Studies 56, North-Holland Publishing Co., Amsterdam–New York (1981).

[GT82]   V. A. Geiler und I. I. Tschutschaew. Ein allgemeines Prinzip lokaler Reflexivität und seine Anwendungen in der Dualitätstheorie von Kegeln (Russisch). Sibir. Mat. Journal, XXIII, no. 1, 32–43 (1982).

[G1]   M. I. Gil. On positive invertibility of matrices. Positivity, 2, 165–170 (1998).

[G2]   M. I. Gil. Invertibility and positive invertibility of integral operators in L^∞. Integral Equations Appl., 13(1), 1–14 (2001).

[G71]   A. Goullet de Rugy. La théorie des cônes birticulés. (Französich), Annales de l'Inst. Fourier, Grenoble, 21, no. 4, 1–64 (1971).

[vH93]   M. van Haandel. Completions in Riesz Space Theory. PhD thesis, University Nijmegen (1993).

[H03]   H. Heuser. Lehrbuch der Analysis, Teil I. 15. Auflage, B.G. Teubner, Stuttgart (2003).

[JM14]   M. de Jeu und M. Messerschmitt. A strong open mapping theorem for surjections from cones onto Banach spaces. Advances in Mathematics, 259, 43–66 (2014).

[KvG06]   A. Kalauch und O. van Gaans. Disjointness in partially ordered vector spaces. Positivity, 10(3), 573–589 (2006).

[KvG08]   A. Kalauch und O. van Gaans. Ideals and bands in pre-Riesz spaces. Positivity, 12(4), 591–611 (2008).

[KW00]   A. Kalauch und M. R. Weber. On a certain maximum principle for positive operators in an ordered normed space. Positivity, 4, 179–195 (2000).

[KA77]   L. W. Kantorowitsch und G. P. Akilow. Funktionalanalysis. Russisch: Izd. Nauka, Moskau (1977), Englisch: Pergamon Press, Oxford (1982).

[K09]   E. Karapinar. Fixed Point Theorems in Cone Banach Spaces. Hindawi Publ. Corp. Fixed Point Theory and Applications, vol. 2009, 9 pages (2009).

[K74]   M. A. Krasnoselskij, E. A. Lifshiz, Y. A. Pokorni und W. J. Stezenko. Positiv invertierbare lineare Operatoren und die Lösbarkeit nichtlinearer Gleichungen (Russisch). Doklady Akad. Nauk Tadzhik. SSR, XVII, no. 1, 12–14 (1974).

[K80]   M. A. Krasnoselskij, E. A. Lifshiz, Y. A. Pokorni und W. J. Stezenko. Über die positive Invertierbarkeit von linearen Operatoren (Russisch). Kachestv. i priblizh metody issled. operatornykh uravnenij. University of Yaroslawl, 5, 90–99 (1980).

[KLS89]   M. A. Krasnoselskij, E. A. Lifshiz und A. V. Sobolew. Positive Linear Systems - The Method of Positive Operators. Heldermann Verlag, Berlin (1989).

[KR92]   K. Kreimel und W. Roth. Ordered cones and approximations. Lecture Notes in Mathematics 1517, Springer-Verlag, Berlin (1992).

[K00]   A. G. Kusraev. Dominated Operators. Kluwer Acad. Publ., Dordrecht–Boston–London (2000).

[KR76]   A. S. Kutateladze und A. S. Rubinow. Die Minkowski-Dualität und ihre Anwendungen. Izd. Nauka, Sibir. Otd., Nowosibirsk (1976).

[KR72]   A. S. Kutateladze und A. S. Rubinow. Die Minkowski-Dualität und ihre Anwendungen. Usp. Mat. Nauk, vol. XXVII, 3, 127–176 (1972).

[LN12]   B. Lemmens und R. Nussbaum. Nonlinear Perron–Frobenius theory. Cambridge University Press, Cambridge (2012).

[LZ71]   W. A. J. Luxemburg und A. C. Zaanen. Riesz Spaces. I. North Holland Publ. Comp., Amsterdam–London (1971).

[Lu95]   Yu. Lyubich. Theory for Banach Spaces with a Hyperbolic Cone. Integr. Equ. and Oper. Theory, 23, 232–244 (1950).

[McN37]   H. M. MacNeille. Partially ordered sets. Trans. Amer. Math. Soc., 42, 416–460 (1937).

[MP11]   B. Makarow und A. Podkorytow. Real analysis: measures, integrals and applications. Springer, London (2013).

[MW00]   B. M. Makarow und M. R. Weber. On the Asymptotic Behaviour of some Positive Semi-groups. Preprint TU Dresden. MATH-AN-09-2000, 18 (2000).

[M86]   A. Mas-Colell. Valuation equilibrium and Pareto optimum revisited. Contributions to Math. Economics, Eds. W. Hildenbrand and A. Mas-Colell. (North-Holland, New York), chapt. 17, 317–331 (1986).

[Ma08]   A. G. Mazko. Kegelungleichungen und Stabilität von Differentialsystemen (Russisch). Ukrain. Math. J., vol. 60, no. 8, 1058–1074 (2008).

[McA71]   C. W. McArthur. In what spaces is every closed normal cone regular? Proc. Edinburgh Math. Soc., 17, 121–125 (1970/1971).

[M15]   M. Messerschmitt. Geometric duality theory of cones in dual pairs of vector spaces. Journal of Functional Analysis, 269, 2018–2044 (2015).

[MeN91]   P. Meyer-Nieberg. *Banach Lattices*. Springer-Verlag, Berlin, Heidelberg, New York (1991).

[MM64]   D. P. Milman und V. D. Milman. Some properties of non-reflexive Banach spaces (Russisch). Mat. Sbornik, 65(107), 4, 48–497 (1964).

[MS08]   M. R. Motallebi und H. Saiflu. Duality on locally convex cones. Journal Math. Anal. Appl., 337, no. 2, 885–905 (2008).

[N50]   L. Nachbin. A theorem of the Hahn-Banach type for linear transformations. Trans. Amer. Math. Soc., 68, no. 1, 28–46 (1950).

[Na86]   R. J. (editor) Nagel. *One-parameter Semigroups of Positive Operators*. Lecture Notes Math. 1184, Springer-Verlag, Berlin, Heidelberg, New York, Tokyo (1986).

[NB85]   L. Narici und E. Beckenstein. *Topological Vector Spaces*. Marcel Dekker, Inc. Pure and Applied Mathematics. New York, Basel (1985).

[N10]   S. Z. Nemeth. Characterization of latticial cones in Hilbert spaces by isotonicity and generalized inifimum. Acta Math. Hungar., 127(4), 376–390 (2010).

[P67]   A. L. Peressini. *Ordered Topological Vector Spaces*. Harper and Row, New York, London (1967).

[P91]   J. E. Peris. A new characterization of inverse-positive matrices. Linear Algebra Appl., vol. 154–155, 45–58 (1991).

[P66]   R. R. Phelps. *Lectures on Choquet's Theorem*. D. van Nostrand Comp., Princeton, New Jersey, Toronto, New York (1966), Russisch: Izd. Mir, Moskau (1968).

[P08]   I. A. Polyrakis. Demand functions and reflexivity. J. Math. Anal. Appl. 338, 695–704 (2008).

[R40]   F. Riesz. Sur quelques notions fondamentals dans la theorie générale des opérations linéaires. Ann. of Math. 41, 174–206 (1940).

[R28]   F. Riesz. Sur la décomposition des opérations fonctionelles. Atti Congresso internaz. Mat. Bologna 3, 143–148 (1928).

[Sch74]   H. H. Schaefer. *Banach Lattices and Positive Operators*. Springer-Verlag, Berlin, Heidelberg, New York (1974).

[S61]   J. Schröder. Lineare Operatoren und positive Inversen. Arch. Rational Mech. Anal., vol. 8, 408–434 (1961).

[S84]   H. U. Schwarz. *Banach Lattices and Operators*. Teubner-Texte zur Mathematik, 71, B.G. Teubner Verlagsgesellschaft, Leipzig (1984).

[SW13]   K. C. Sivakumar und M. R. Weber. On positive invertibility and splittings of operators in ordered Banach spaces. Vladikaw. Math. Journ., vol. 15 no. 1, 41–50 (2013).

[TW05]   I. Tschichholtz und M. R. Weber. Generalized M-norms on ordered normed spaces. Orlicz Centenary vol. II, Banach Center Publ., Polish Acad. of Sciences, vol. 68, 115–123, Warszawa. Birkhäuser Basel (2005).

[W73]   B. Walsh. Ordered Vector Sequence Spaces and Related Classes of Linear Operators. Math. Ann. 206, 89–138 (1973).

[W09]   M. R. Weber. On positive invertibility of operators and their decompositions. Math. Nachr. 282, no. 10, 1478–1487 (2009).

[W07a]   A. I. Weksler. On the City Seminar of the Theory of Semi-Ordered Spaces (Russisch). Some current problems in modern mathematics and education in mathematics (Russisch), vol. LX, 79, Ross. Gos. Ped. Univ., St. Petersburg (2007).

[W07]   D. Werner. *Funktionalanalysis*. 6. korr. Auflage, Springer-Verlag, Berlin, Heidelberg, New York (2007).

[W75]   A. W. Wickstead. Compact Subsets of Partially Ordered Banach Spaces. Math. Ann. 212, 271–284 (1975).

[W11]   A. W. Wickstead und C. D. Aliprantis. *Positivity*. 15(4), 539–551 (2000).

[Z83]   A. C. Zaanen. *Riesz spaces II*. North Holland, Amsterdam (1983).

[Z97]   A. C. Zaanen. *Introduction to Operator Theory in Riesz spaces*. Springer-Verlag, Berlin, Heidelberg, New York (1997).

Stichwortverzeichnis

www.ingramcontent.com/pod-product-compliance
Lightning Source LLC
Chambersburg PA
CBHW061409210326
41598CB00035B/6154